雪　茄

云南省烟草农业科学研究院　编著

科学出版社

北　京

内 容 简 介

　　一支雪茄，从种子到成品，要经历 500 多个生产步骤，200 多次双手触摸，整个生产周期需要至少 18 个月。雪茄生产属于资金投入大、技术含量高、劳动用工多、生产周期长的设施农业。本书系统介绍了雪茄生产和加工过程的基本概况、共性技术及产品销售和雪茄文化，涵盖农业、工业、销售、文化等领域。全书共分 8 章，第一章概述了雪茄相关定义、发展历史和全球生产概况；第二章介绍了雪茄烟叶种植环境条件和云南雪茄烟叶种植布局；第三章详述了雪茄烟叶栽培技术；第四章阐述了雪茄烟叶采收与晾制技术；第五章叙述了雪茄烟叶发酵机理和发酵技术；第六章介绍了国内外雪茄烟叶分级方法和标准；第七章简述了雪茄烟配方与卷制；第八章介绍了雪茄烟品鉴文化、品牌文化和零售终端建设。

　　本书可供雪茄行业的科研、生产、管理、推广和教育工作者，以及广大雪茄消费者和零售户等人员参考。

图书在版编目（CIP）数据

雪茄 / 云南省烟草农业科学研究院编著. -- 北京 ： 科学出版社，2024. 11. -- ISBN 978-7-03-079919-7

Ⅰ. S572；TS453

中国国家版本馆 CIP 数据核字第 20246YR743 号

责任编辑：马　俊　闫小敏 / 责任校对：严　娜
责任印制：肖　兴 / 封面设计：无极书装

科学出版社 出版

北京东黄城根北街 16 号
邮政编码：100717
http://www.sciencep.com

北京汇瑞嘉合文化发展有限公司印刷
科学出版社发行　各地新华书店经销

*

2024 年 11 月第 一 版　开本：720×1000　1/16
2024 年 11 月第一次印刷　印张：20
字数：350 000

定价：298.00 元

（如有印装质量问题，我社负责调换）

本书编辑委员会

主　任

李永平

副主任

顾华国　樊在斗　许　龙　张拯源　胡家煜　滕永忠　姜大康

委　员

沈俊儒　肖志新　缪应舜　杨光云　陈　伟　何　悦　蔺忠龙
代云蓉　孙建峰　周　彬　李　俊　祝明亮　申康宏

主　编

李永平　孔光辉　张光海

副主编

金培达　吴玉萍　姚　恒　赵高坤

编写人员

盖晓彤　刘子仪　何元胜　唐旭兵　瞿　兴　李　薇　夏华昌
焦芳婵　陈学军　杨万龙　贺晓辉　张体坤　卜令铎　胡小东
亚　平　任龙辉　王庙昌　熊天娥　李再明　苏玉龙　张永俊
张应和　郑元仙　方　保　师君丽　宋学茹　李本辉　周云松
李孟霞　童文杰　赵　璐　冯智宇　高玉龙　童治军　孙浩巍
张晓伟

前　言

  我国雪茄发展总体起步较晚，在原料开发和应用关键技术方面存在明显瓶颈。近年来，进口雪茄烟叶原料市场供应紧缩、价格逐年递增，严重制约中式雪茄的塑造和国产雪茄烟的发展。另外，国内消费者的高端化、个性化消费需求不断被激发和释放，雪茄烟销量呈爆发式增长，特别是手工雪茄市场销量平均增速达 75.26%，对原料的需求持续增加。随着我国雪茄烟市场进一步扩容，中式雪茄迎来了发展新机遇。

  发展中式雪茄，原料要先行，在行业原料紧缺时，云南省烟草专卖局（公司）主动担当作为，为国产雪茄烟发展作出了贡献，积累了经验。雪茄烟叶开发工作经过 5 年实现了跨越式发展，展现了"能种植、品质优、有订单、潜力大"的良好前景。通过引进国际先进技术和开展核心技术研发攻关，我国实现了雪茄烟生产技术自主可控，建成长城芒市、长城耿马、黄鹤楼耿马、王冠潞江坝、泰山瑞丽、泰山宁洱、泰山新平 7 个全国首批雪茄烟叶产业园。云南生产的雪茄烟叶成功应用于长城、黄鹤楼、王冠、泰山等雪茄品牌，原料使用比例达到 30%，实现了进口烟叶的有效替代，初步构建了以品牌为导向的原料烟叶开发配置模式，形成了"中式雪茄最优第一车间"雏形，以品牌引领原料开发、以原料保障品牌发展的良好格局正在逐步形成。

  雪茄是集自然与生态、科学与经验、工匠与传承于一体的最古老的烟草产业，是科学与艺术的结晶。本书聚焦雪茄全链条生产技术的关键工艺编写而成，简要介绍了雪茄的起源分布、生产概况、种植条件和区划；系统科学地阐述了雪茄烟叶的品种及栽培、晾制、发酵、分级和醇化等生产技术；详细论述了雪茄烟产品的配方设计、卷制工艺、知名品牌、品鉴流程和零售终端建设；同时，适当介绍了雪茄烟叶生长发育、晾制发酵过程的品质形成机理。本书内容以云南烟叶为主，兼顾国内外，突出了科学性、实用性和科普性，也考虑了前瞻性和创新性。

  全书共 8 章，第一章由李永平、孔光辉、张光海编写；第二章由李永平、孔光辉、许龙、姚恒、刘子仪、何元胜、唐旭兵、瞿兴、熊天娥编写；第三章由姚恒、孔光辉、盖晓彤、焦芳婵、陈学军、张体坤、卜令铎、胡小东、亚平、任龙辉、冯智宇、高玉龙、童治军编写；第四章由赵高坤、孔光辉、李孟霞、夏华昌、王庙昌、宋学茹、李再明、李本辉、张应和、周云松、方保编写；第五章由孔光辉、张光海、杨万龙、贺晓辉、张永俊、苏玉龙、童文杰、赵璐编写；第六章由吴玉萍、张光海、孙浩巍、张晓伟、师君丽、郑元仙编写；第七章由金培达、李永平、吴玉萍、孔光辉、张光海编写；第八章由金培达、李永平、张光海、李薇编写。全书由孔光辉和张光海统稿，李永平审阅修正。

　　本书虽经编写人员严谨撰写、多次讨论修改和补充，但因涉及的学科面较广，加之国内雪茄烟发展尚处在起步阶段，技术体系正在更新迭代，内容尚在完善之中，更由于编者水平有限，书中存在不足之处在所难免，敬请读者提出宝贵意见，以便进一步修订完善。

作　者

2024 年 6 月

目　　录

第一章 概 述

雪茄可能是世界上最早被用来种植和吸食的烟草。自哥伦布发现美洲大陆并将烟草种子带回西班牙后，历经近 600 年的发展，如今雪茄已在世界各地落地生根和发展。雪茄是古巴、多米尼加等美洲国家重要的经济来源。雪茄在我国也有着悠久的种植和利用历史，随着中式雪茄发展战略的实施，我国雪茄产业发展进入了新时代。

为了与国家标准《雪茄烟》相统一，本书所称的雪茄是雪茄烟叶和雪茄烟的通称。

雪茄烟是指用烟草作茄芯，烟草或含有烟草成分的材料作茄衣、茄套（如有）卷制而成的具有雪茄型烟草香味特征的烟草制品（引自 GB/T 15269.1—2010）。为适应和指导雪茄烟产品的生产加工，国家烟草专卖局于 2011 年组织修订了《雪茄烟》（GB 15269—2011），将雪茄烟定义为用全部或部分烟草作茄衣、茄套卷制而成的[茄衣和茄套（如有）应是晾晒烟叶、再造烟叶，其中，再造烟叶的自然烟草成分含量应在 20% 以上，烟支中晾晒烟占烟支质量（不含烟嘴）的 70% 以上]，具有雪茄型烟草特有香味特征的烟草制品。2020 年再次组织修订后，雪茄烟是指主要以雪茄烟叶作为茄芯，以雪茄烟叶或再造烟叶作为茄衣，经过一定的加工工艺制作而成的，具有雪茄风味特征的烟草制品。

雪茄烟叶是指具有雪茄风味特征的晾烟，从田间至工厂应用主要历经种植、采收、晾制、发酵和醇化，是用于手工卷制和机制雪茄烟的具有雪茄型香味的烟叶，分茄衣、茄芯、茄套烟叶。茄衣烟叶是雪茄烟最外层的烟叶或再造烟叶。茄芯烟叶是雪茄烟内部填充的烟草，构成雪茄的主体，可为叶束、叶片、叶丝等形态。茄套烟叶是雪茄烟中用于固定茄芯位置的烟草。

雪茄烟叶鲜叶是指符合采收要求的雪茄烟叶新鲜叶片。雪茄烟叶原烟是指应用雪茄烟叶品种并采用雪茄烟叶生产技术生产晾制的未经农业发酵处理的烟叶。

第一节 雪茄起源、传播与发展

雪茄起源于美洲，16 世纪传播到世界各国的情况已成为业界的普遍共识。

一、雪茄起源

1492 年 10 月，西班牙探险家克里斯托弗·哥伦布（Christopher Columbus）随商船登陆抵达古巴岛时发现当地印第安人将植物叶片卷起抽吸，这就是现代雪茄的雏形（图 1-1）。据资料记载，位于现今墨西哥尤卡坦半岛的美洲原住民印第安人可能是最早种植烟草的民族，在欧洲殖民者抵达美洲之前，其种植、使用烟草已有上千年的历史。据考证，人类使用烟草的最早证据为公元 432 年墨西哥恰帕斯州一座神殿里的浮雕，浮雕展现了玛雅人在举行祭祀时以管吹烟的场面。此外，考古学家还在南美洲发现了 3500 年前的烟草种子，证明那时人类就有了种植烟草的行为。虽然没有人能够准确说出人类吸食烟草的起始时间，但关于烟草的起源地，比较公认的是美洲、大洋洲及南太平洋的某些岛屿。

图 1-1　雪茄烟起源

雪茄一词原文 Sikar 来自玛雅文（Mayan），即抽烟的意思。1492 年哥伦布发现美洲新大陆时，当地的土著首领手执长烟管和哥伦布比手划脚，浓郁的雪茄烟味四溢，哥伦布闻香惊叹，便通过翻译问道："那个冒烟的东西是什么？"但是翻译误译为"你们在做什么？"对方回答："Sikar"。后来，"Sikar"逐渐演变为英文名词"Cigar"，作为外来词 1730 年后才正式被人们使用。雪茄由美洲大陆进入欧洲后，玛雅文的称谓被拉丁语称为 *Cigarro*，是与现代英文拼法最接近的称谓。

关于雪茄中文名的由来，雪茄界有着一个美丽的故事。1924 年秋天，刚和第一任妻子张幼仪办妥离婚手续的徐志摩从德国柏林回到上海，周末在一家私人会所里邀请了当年的诺贝尔文学奖得主泰戈尔先生。泰戈尔是忠实的雪茄客，在两人共享吞云吐雾之时，泰戈尔问徐志摩："Do you have a name for cigar in Chinese？"

（你有没有给雪茄起个中文名？）。徐志摩回答："Cigar 之燃灰白如雪，Cigar 之烟草卷如茄，就叫雪茄吧！"经过他的中文诠释，将雪茄原名的形与意结合，造就了更高的境界。实际上：1905 年李宝嘉在《官场现形记》第五十二回中就提到了雪茄这个名字，书中写道："尹子崇一见洋人来了，直急得屁滚尿流，连忙满脸堆着笑，站起身拉手让座，又叫跟班的开洋酒，开荷兰水，拿点心，拿雪茄烟请他吃"。

二、雪茄传播与发展

1492 年哥伦布的船队登陆古巴，他们见到当地印第安人在吸食一种卷起的植物叶片，据考证，这些叶片便是雪茄烟草，学名 *Nicotiana tabacum*。由于受到西班牙及欧洲各王室的追捧，从 16 世纪初开始到 16 世纪末，雪茄烟叶在古巴全岛实现商业种植，到 18 世纪初古巴雪茄烟叶种植的重心被固定在岛屿西部，即现在的古巴雪茄烟叶最优产区比那尔德里奥省（Pinar del Río）。今天，雪茄烟叶及雪茄的主要产地包括古巴、多米尼加、尼加拉瓜、洪都拉斯、墨西哥、巴西、厄瓜多尔、美国、印度尼西亚、巴拉圭、菲律宾、喀麦隆、中国等。

欧洲的第一支雪茄烟诞生在西班牙塞维利亚(Sevilla)的安达卢西亚(Andalucía)。1542 年西班牙人在古巴开设了第一家雪茄制作工厂。1831 年西班牙国王授权古巴（当时的西班牙殖民地）生产西班牙皇室的专供雪茄。19 世纪末经历南北战争后，美国经济急速上行，古巴雪茄供不应求，促使古巴开始发展自己的雪茄工业，并建立了基韦斯特（Key West）和坦帕127（TamPa 127）雪茄厂。之后越来越多的国家开始种植雪茄烟叶，涌现出更多风格的雪茄烟，雪茄的发展趋势呈现多样化。

第二节　烟　草　分　类

烟草按植物学分类分为红花烟草（*N. tabacum*）和黄花烟草（*N. rustica*），按栽培和调制方式分为烤烟、晒烟、晾烟、白肋烟、香料烟和黄花烟。雪茄属于烟草中的晾烟。

一、植物学分类

栽培烟草有两种，即普通烟草（也称红花烟草）和黄花烟草。16～17 世纪，栽培烟草迅速扩展到全世界，在环境条件的影响下，各地形成了次生烟草栽培中心（佟道儒，1997；许美玲和李永平，2009），而这些次生烟草栽培中心又形成了各种农业生态类群。

（一）普通烟草分类

苏联烟草专家布钦斯基把普通烟草划分为9个生态类群。

1. 东方烟草类群（土耳其型烟草）

本类群是在小亚细亚和巴尔干半岛炎热、干燥与土壤贫瘠的条件下形成的，具有叶片小、组织细致、抗旱、生长快、早熟或中熟、烟叶味浓、芳香等特点。

2. 美国烟草类群

本类群是在美国潮湿、温暖的气候条件下形成的，特点是植株高、叶子大、不抗旱、对水分要求高，包括弗吉尼亚型、马里兰型和白肋型。

3. 古巴雪茄类群

本类群包括普通烟草的最古老类型，可塑性较小，在长时间的栽培过程中变化很小，主要是在古巴岛的气候条件下形成的，烟气芳香，是雪茄烟的原料，代表是哈瓦那型。

4. 东方雪茄类群

本类群的原始祖先是当地引种的古巴类群和巴西类群，是在马来群岛过分潮湿和炎热的气候条件下形成的，形成时间不太久，具有强烈变异，代表是苏门答腊型和菲律宾型。

5. 巴西类群

本类群是最古老的类型，是在美洲炎热的条件下形成的，巴西雪茄烟生产广泛采用本类群，代表是巴西利亚型。

6. 北欧类群

本类群是在中欧栽培东方烟草类群到雪茄烟草类群的过渡地区形成的，在高温和疏松土壤条件下可作为东方烟草栽培，在匈牙利分布最广。

7. 阿根廷类群

本类群起源于巴西类群，特点是植株高、叶子大、喜温暖、生长慢，其中多数品种的烟叶含有大量蛋白质，有特殊的香气和烟味。

8. 日本类群

本类群是在过分潮湿、高温多雨、无霜期长且温湿度变化很小的条件下形成的，特点是比较晚熟、味淡、香气差、烟味中等。

9. 印度、中国类群

本类群包括中国、印度、朝鲜和中南半岛各地种植的烟草类型，特点是植株矮、抗旱、早熟、产量不高、烟劲大、香气浓。

目前，我国栽培的雪茄烟草多数是古巴雪茄类群，其他晾晒烟多数是印度、中国类群；烤烟、马里兰烟和白肋烟是美国烟草类群；香料烟是东方烟草类群。

（二）黄花烟草分类

康门斯（O. Comes）将黄花烟草划分为6个变种，除矮变种外，其余都以地方名命名。

1. 特克塞变种（*N. rustica* var. *texana*）

栽培比较普遍，分枝性中等，节间比较长，株高达100cm以上，叶片卵圆形至心形，微皱，花序比较疏散。

2. 巴西变种（*N. rustica* var. *brazilia*）

分枝较少，株型粗壮而紧凑，株高不足100cm；叶片大，长45cm左右，较厚，叶面皱折，叶基部内凹较深，心形；花序很密，花冠短而粗；产量比较高。巴西和欧洲栽培较多，苏联栽培的主要是这个变种。

3. 矮变种（*N. rustica* var. *humilis*）

植株矮小，株高不足45cm，粗壮，叶片近圆形，花、蒴果和花冠都比较圆，早熟。

4. 斯卡巴变种（*N. rustica* var. *scabra*）

分枝性强，侧枝上竖，株型紧凑，株高可达200cm以上；茎叶多腺毛，芽和嫩叶暗紫色，随着生长而消退；花序很疏散，开花期较长，花冠管较细窄，蒴果椭圆形。栽培很少。

5. 亚细亚变种（*N. rustica* var. *asiatica*）

在叙利亚地区栽培较多，是在叙利亚的特殊环境条件下形成的。

6. 杰美加变种（*N. rustica* var. *simicansis*）

在美洲和西印度群岛的自然条件下形成，与亚细亚变种和矮变种相似。

我国栽培的黄花烟草大都是巴西变种，从苏联传来，仅新疆的伊宁地区有少量的高秆黄花烟草，似为斯卡巴变种。

二、按栽培和调制技术分类

烟草在长期的栽培过程中，受栽培措施、调制方法和自然环境条件等方面的影响，形成了多种多样的类型。根据栽培措施、调制方法和品质特点，我国将栽培烟草分为 6 个类型。

（一）烤烟

烤烟是指烟叶采收后放入烤房内用火管加热烘干的烟叶，故又称火管烤烟。烤烟是 1832 年由美国弗吉尼亚的塔克（D. G. Tuck）发明的，因而又称为弗吉尼亚型烟。烤出的烟叶色黄、鲜亮、品质好、价格高，很快扩展到全世界。烤烟不仅是我国而且是世界上栽培面积最大的烟草类型，是卷烟工业的主要原料，也可用作斗烟。世界上生产烤烟的国家主要有中国、美国、印度、巴西、津巴布韦等。

烤烟植株高大，一般株高 120～150cm，叶数 20～30 片，分布较稀疏但均匀，叶片厚薄适中，中部叶品质最好。烤烟适于在肥力中等的砂性土壤上种植，不宜施用过多的氮素肥料。叶片自下而上成熟，分次采收并在烤房内调制。烟叶烤后多呈橘黄色，含糖量较高，蛋白质含量较低，烟碱含量中等。

（二）晒烟

晒烟是指采收后利用阳光晒干的烟叶，根据晒干后的叶片颜色又分为晒黄烟和晒红烟。晒烟可用作斗烟、水烟、卷烟、雪茄烟以及鼻烟和嚼烟等。世界上生产晒烟的国家主要是中国和印度。我国种植晒烟的历史悠久，经验丰富，各地烟农创造出许多独特的栽培和调制方法，调制出诸多各具特色的烟叶，如四川的"毛烟""柳烟""大烟""泉烟"，江西广丰的"紫老烟""黑老烟"，山东的"沂水绺子烟"，云南的"蒙自刀烟"，吉林的"关东烟"，湖南的"凤凰晒烟"等，都是中外驰名的名牌产品。

晒黄烟的颜色和化学成分比较接近烤烟，而晒红烟与烤烟差别较大。晒红烟单株叶数较少，叶肉较厚，所需氮肥较多，分次采收或一次采收，晒后烟叶呈红褐色或紫褐色。以上部叶质量最佳，含糖量较低，蛋白质和烟碱含量较高，烟味浓，劲头大。

（三）晾烟

晾烟是指采收后放在阴凉通风的场所晾干的烟叶，包括除白肋烟以外的所有其他晾制烟叶，如雪茄烟叶、马里兰烟和地方传统晾烟。

雪茄茄衣烟叶要求叶片宽大而薄，质地细，油分足，弹性强，燃烧性好，颜色均匀一致，烟灰褐色。我国雪茄茄衣烟叶的主要产地是云南、四川、湖北、海南和福建。世界上生产雪茄茄衣烟叶的国家主要有古巴、厄瓜多尔、菲律宾、印度尼西亚和美国等。

马里兰烟是浅色晾烟，因原产于美国的马里兰州而得名。马里兰烟香气中等，燃烧性好，因而与其他类型混合时既能改进卷烟的阴燃性，又不扰乱其他类型的香气和吃味，而且填充力强，弹性好，能增加卷烟透气度，是混合型卷烟的良好配料。世界上生产马里兰烟的国家主要是美国，集中在马里兰州。我国湖北、云南引进马里兰烟试种成功，并有少量生产。马里兰烟叶片大而薄，抗逆性强，适应性广，焦油和烟碱含量均比烤烟与白肋烟低。

我国传统晾烟栽培分布在广西的武鸣、云南的永胜等地，面积不大。武鸣晾烟栽培方法与晒红烟基本相似，调制时将砍下的整个烟株挂在阴凉通风的场所，让其自然干燥，晾干后堆积发酵；调制后的烟叶深褐色，油分足，弹性强，烟碱、总氮含量高，糖含量低，吸食香气浓、劲头大、燃烧性好、烟灰洁白。

（四）白肋烟

白肋烟是马里兰阔叶烟的一个突变种。1864年美国在俄亥俄州布朗县一个农场种植马里兰阔叶烟的苗床里发现一个缺绿的突变单株，后经专门种植证明其具有独特的使用价值，从而发展成为一种烟草新类型，现已成为混合型卷烟的重要原料。白肋烟的茎和叶脉呈乳白色，其名字是由原名 Burley 进行音译兼意译而来的。世界上生产白肋烟的国家主要是美国、意大利和西班牙等。我国白肋烟生产主要分布在湖北西部、四川东部和云南。

白肋烟的栽培方法与烤烟相似，但适宜采用较肥沃的土壤，对氮素营养要求高，生长较快，成熟集中，分次采收，半株或整株采收。采收的烟叶或烟株挂于晾房内晾干，调制后的烟叶红褐色，鲜亮，烟碱和总氮含量比烤烟高，含糖量低。由于叶片大，较薄，组织疏松，弹性强，填充性好，并有良好的吸收能力，容易吸收卷烟时的加料。

（五）香料烟

香料烟又称东方型烟或土耳其型烟，主要分布在地中海和黑海沿岸的少雨、干旱地带。香料烟株型纤瘦，叶片多而小，吃味好，香气浓。世界上生产香料烟的国家主要是希腊、土耳其、保加利亚等。我国云南、浙江、湖北、陕西、新疆等曾有种植，现只有云南大面积种植。

香料烟适于种植在有机质含量低、瘠薄的山坡砂土地上。生产上要求叶片小而厚，种植密度大，施肥量宜少，尤应控制氮肥，适当增施磷钾肥，不打顶，自下而上分次采收。调制时，先将采收的烟叶串成串，放在晾烟棚里晾至萎蔫变黄，再放于阳光下晒干。调制后的烟叶红褐色或黄褐色，烟碱含量较低，燃烧性好，气味芳香，是混合卷烟和加热卷烟的重要原料，其中顶叶品质最好。

（六）黄花烟

黄花烟是烟草属的另一个栽培种，生物学性状与普通烟草差异较大。黄花烟生育期短，耐寒性强，适于种植在高纬度、高海拔和无霜期短的高寒山区。据报道，在哥伦布发现美洲新大陆前，黄花烟就已在墨西哥种植，是栽培烟草的古老类型。我国栽培黄花烟的历史也较久，主要分布在西北、东北和内蒙古地区，内地也有少量种植，以兰州的"水烟"、黑龙江的"蛤蟆烟"和新疆的"莫合烟"最负盛名。

黄花烟的烟碱、总氮和蛋白质含量高，糖分较低，烟味浓烈、清香。

第三节　雪茄烟叶种植分布

产地不同会直接影响雪茄的口感，这就是雪茄的神奇魅力所在。

烟草在全球种植分布较广。目前，60°N～45°S 都有种植，主产区在 45°N～30°S。雪茄烟叶在美洲加勒比海、非洲和亚洲都有种植，但以古巴最具代表性，独成一体称为古巴雪茄，其他国家或地区生产的雪茄称为非古雪茄。近年来，非古雪茄以多米尼加、厄瓜多尔、尼加拉瓜、洪都拉斯、墨西哥和喀麦隆等国发展迅速，多米尼加已成为全球雪茄最大生产国。

一、古巴雪茄生产

古巴是全球公认的雪茄圣地，有着悠久的雪茄烟叶种植和雪茄烟生产历史。仰仗得天独厚的地理环境，古巴得以培植出富含香气的雪茄烟叶。许多国家的雪茄烟叶品种和主要生产技术源于古巴。

（一）雪茄发展概况

1492 年，哥伦布史诗般的远航首次到达了古巴，其在当天的日志中写道："当地印第安人，无论男女，每个人都衔着一根点燃的木头吞云吐雾。"据史料记载，早在哥伦布到达前，中美洲和加勒比海地区的印第安人就已经在享用"雪茄"了，这就是现代雪茄的雏形。随后，哥伦布将雪茄烟草种子带到欧洲，并得以向世界传播。

1511 年，西班牙人登陆古巴，经过 4 年内乱，自 1515 年开始了对古巴长达 300 多年的殖民统治，雪茄的生产与发展随之应运而生。

1542 年，西班牙人在古巴建立了世界上的第一家雪茄工厂，同时在南美洲和北美洲开始商业化种植烟草。

1614 年，La Casa de Contratatacion de la Habano 成立，开始发展古巴的烟草生产。

1717 年，古巴烟草种植实行皇家垄断管制。

1817 年，古巴的烟草产业结束垄断，开始大量生产雪茄用于出口。

1898 年，美西战争爆发，美国临时并独立管理古巴。

1902 年 5 月 20 日，古巴脱离了美国政府统治而正式独立，古巴共和国成立。

1920 年，机制雪茄引入古巴，手工雪茄产量下降。

1959 年，古巴发生国内革命，驱逐了腐败的巴蒂斯塔总统，菲德尔·卡斯特罗（Fidel Castro）建立了共产主义政权。

1960 年 5 月 20 日，卡斯特罗将古巴雪茄产业国有化。

1962 年，Empresa Cubana del Tabaco（古巴烟草）成立，同时终止了 100 多个国外雪茄品牌的生产；古巴导弹危机导致美国对其进行了经济制裁，并于次年实施了贸易限制。

1980 年，古巴工厂 Vitolas de Galera 的名称合法化。

1994 年，Habanos Sociedad Anomina（Habanos S.A.）成立，作为古巴烟草的商业销售部门，古巴烟草保留了对雪茄生产各个方面的控制权。

1999 年，Altadis S.A.（阿塔迪斯公司）成立，由西班牙的 Tabacalera S.A.和法国的 SEITA 合并而成。

2000 年，Altadis S.A.购买了 50%的 Habanos S.A.股份。

2001 年，Tabacuba 成立并接管古巴烟草，成为 Habanos S.A.的制造部门。

2002 年，古巴经历了重大政策变革，开始改进雪茄的生产。

2005 年，古巴经过三年完成了雪茄的重大生产技术改进。

2006 年，古巴雪茄质量达到了新高点。

2007 年，英国帝国烟草公司（BIT）以每股 50 欧元的出价收购了 Altadis S.A.（股票的估值为 126 亿欧元）。

2008 年，阿塔迪斯公司向英国帝国烟草公司完成了转让。

2010 年，古巴雪茄产业的主要人物因腐败被捕，Habanos S.A.进行了重大改组，此后的几年雪茄质量有了明显改善。

2019年，英国帝国烟草公司宣布竞购了 Habanos S.A. 50%的股份。

至今，Habanos S.A.保留了 27 个古巴本土雪茄品牌，并按照其使用性及营销策略进行了明确的商业分类。

（二）雪茄烟叶主产区及其特点

古巴雪茄烟叶产区自然生态条件优越，大田生长期日均温在 25℃左右，相对湿度在 70%左右，降水相对丰沛，土壤为弱酸性红色砂质壤土，非常适合雪茄烟叶生长（图 1-2）。适宜的自然生态条件是生产优质雪茄烟叶的基础，茄衣、茄芯烟叶对温度、相对湿度、光照、降水和土壤条件的要求不同，茄衣烟叶要求更为苛刻。古巴可以生产茄衣、茄套和茄芯三种类型的烟叶。

图 1-2　古巴雪茄烟叶种植生态

古巴雪茄烟叶主要集中在五大产区，即比那尔德里奥的布埃尔塔·阿瓦霍（Vuelta Abajo）、圣克里斯托瓦尔（San Cristobal）的塞米维尔他（Semi Vuelta）、圣安东尼奥-德洛斯巴尼奥斯（San Antonio de los Baños）的帕蒂多（Partido）、圣克提斯皮提图斯（Sancti Spititus）西部的雷米多斯（Remedios）、谢戈德阿维拉（Ciego de Ávila）的东北部，大部分出口的雪茄烟叶来自 Vuelta Abajo 和 Partido。

古巴烟叶产量约为 3 万 t，占全球产量的 20%～25%，代表性雪茄烟品牌有 COHIBA、MONTECRISTO、PARTAGÁS、ROMEO Y JULIETA、TRINIDAD、HOYO DE MONTERREY、H. UPMANN、BOLÍVAR、PUNCH 等，是全球雪茄烟出口最多的国家。

古巴雪茄香气丰富，烟气浓郁、饱满，有黑胡椒、可可、雪松、坚果、花香等香韵特征，口感较为强烈，略偏于辛辣并稍带甜味。

（三）雪茄烟叶品种

古巴最传统的雪茄烟叶品种是'科罗霍（Corojo）''格里奥焦（Criollo）'。'Corojo'带有黑胡椒的味道，香吃味浓郁丰富。'Criollo'这个词的原意为"本土种子"，这个品种的种植历史可以追溯到 14 世纪晚期。现在种植的品种有'Habana92''Habana2000''Habana2020''Habana2021''Criollo98''Corojo99''Corojo2006''Criollo2010''Corojo2012'等。

二、多米尼加雪茄生产

多米尼加是世界非古雪茄烟叶第一生产大国、世界雪茄烟叶集散中心，烟叶总产量年均 1.5 万～20 万 t，每年可生产 15 亿～20 亿支手工雪茄烟。

（一）雪茄发展概况

雪茄生产活动贯穿于多米尼加的整个社会经济生活，对多米尼加的经济起着一定的支撑作用。据统计，目前多米尼加有烟草工厂 6000 多家，大约有 35 万人参与烟草生产活动。2023 年，多米尼加雪茄烟叶官方统计种植面积 113 214.18hm²，雪茄烟叶出口量达 1.75 万 t，作为世界上顶级手工卷制雪茄的主要出口国，其高档手工雪茄烟出口量达 1.8 亿支。多米尼加不仅出口雪茄至美国，也出口至欧洲以及其他洲的地区和国家。自 2014 年多米尼加的雪茄烟叶被进口到我国，其烟叶至今已成为我国四大雪茄工厂最重要的雪茄烟生产原料之一。

成品雪茄方面，全球 10 款雪茄烟中有 5 款以上来自多米尼加，2016 年全球高端手工雪茄烟产量为 6 亿支，其中 2.5 亿支产自多米尼加。2011 年多米尼加机卷雪茄突破 10 亿支，2018 年达到 50 亿支。现今多米尼加雪茄产业收入总额超过 10 亿美元，连续 5 年位居雪茄出口国之首，过去 10 年多米尼加占据着美国雪茄市场近 50%的份额，而美国市场又占世界雪茄市场 50%的份额。

由于烟草产业在多米尼加的经济中占比较大，是主要的支柱产业，因此政府利用烟草局对该行业投入极大关注，通过烟草生产规范化和加大科技扶持，严格限定了一些烟草种植的特殊地区，从而提升烟草种植、生产加工的技术水平，目的是产出优质烟草。另外，由于稳定的政治和社会环境及成品雪茄烟的产量较大，多米尼加已成为美洲雪茄烟叶的贸易集散中心。

（二）雪茄烟叶产区及其特点

多米尼加位于加勒比海大安的列斯群岛的伊斯帕尼奥拉岛东部，东隔莫纳海峡与波多黎各相望，西接海地，南临加勒比海，北濒大西洋。多米尼加属热带雨林气候，年平均气温 25～30℃，相对湿度 70%～80%，大部分土壤呈深红色、黏性高、富含营养，非常适宜生产茄芯烟叶。多米尼加适宜种植雪茄烟叶的土地约300 万亩（1 亩≈666.67m^2。后同），主要分布在北部锡瓦奥（Cibao）山谷的圣地亚哥区域，该区域位于岛屿西北部的中央山脉与北部山脉之间。锡瓦奥谷地长105km，宽 10～30km，烟草种植历史可以追溯到 16 世纪，以丰富的植被、肥沃的土壤而闻名，谷地内的沙壤土和特殊小气候为烟草生产提供了最佳的气候条件，有纳瓦莱特（Navarrete）、帕玛雷若（Palmarejo）、冈萨雷斯（Villa Gonzàlez）、哈卡瓜（Jacagua）、拉卡内拉（La Canela）等 20 多个核心产区。

多米尼加烟叶大多作茄芯使用，Villa Gonzàlez 西北部的 La Canela 地区的烟叶口感更丰富、更醇厚，而西南部 Jacagua 地区的烟叶口感更精细、更高雅。富恩特（Fuente）家族于 20 世纪 70 年代实施 OpusX 计划，在博瑙（Bonao）地区的富恩特农庄开发种植茄衣烟叶，专供生产 Fuente OpusX 品牌雪茄，目前使用多米尼加茄衣烟叶的主要是富恩特家族。

多米尼加雪茄具有典型的雪茄型香气，略带香草、可可、胡椒香等香韵特征，吃味较熟甜，口感温和，浓度中等，适用性好，燃烧性、灰色均较好。茄衣烟叶多为褐色和深褐色，色泽均匀，油分充足，身份较薄。

（三）雪茄烟叶品种

多米尼加优质雪茄烟叶的三个重要代表性品种是'Olor''Piloto Cubano''San Vicente'。其中，最好的是'Piloto Cubano'，其原始种子来源于古巴的 Vuelta Abajo 地区，在多米尼加种植后口感更丰富，雪茄生产商将其作为优质茄芯烟叶来增加雪茄的整体口感；'San Vicente'口感比'Piloto Cubano'清淡，会产生酸味；而多米尼加原产地的'Olor'口感比较中性，带有咸味。在雪茄配方设计中，生产商都会用到这三种烟叶，其层次分明，在口感上会产生不同的强度。多米尼加现在也开始引进种植古巴的雪茄烟叶品种，如'Habana92''Habana2000''Habana2020''Habana2021''Criollo98''Corojo99''Corojo2006''Criollo2010''Corojo2012'等。

（四）雪茄进出口及贸易

多米尼加圣多明各（Santo Domingo）聚集着很多世界知名的雪茄工厂，如大卫杜夫（Davidoff）、阿沃（AVO）、富恩特（Fuente）、通用雪茄（General Cigar）、多米尼加之花（La Flor Dominicana）、盖莎达（Quesada）、拉奥罗拉（La Aurora）等。近年来，多米尼加已经成为世界上最大的优质手工雪茄生产国，不同的雪茄烟品牌制造商通常用多米尼加烟叶配合其他国家（尼加拉瓜、洪都拉斯、厄瓜多尔、巴西、印度尼西亚、墨西哥、喀麦隆、美国等）的烟叶一起卷制雪茄，能产生口感丰富且味道独特的雪茄烟产品。

由于政治、经济稳定及自由贸易免税区政策，多米尼加近 30 年来无论是雪茄烟叶还是高端手工雪茄，产量都稳居世界首位，吸引了一大批世界顶尖雪茄家族企业移址到多米尼加开办雪茄烟制造工厂，包括富恩特、多米尼加之花、盖莎达，还有世界巨型烟草集团如阿塔迪斯、通用雪茄和大卫杜夫等。目前，多米尼加雪茄烟主要出口美洲、欧洲及其他国家，也是美洲高端雪茄烟叶原料的贸易集散地。因此，多米尼加成为当之无愧的雪茄王国。

三、尼加拉瓜雪茄生产

尼加拉瓜雪茄烟叶种植始于 1959 年，在古巴革命期间，许多古巴的种植者带着种子和技术来到尼加拉瓜开始种植雪茄烟叶。20 世纪 70 年代，"桑迪尼斯塔"革命使得经济受挫，各雪茄企业纷纷离开尼加拉瓜。进入 21 世纪后，尼加拉瓜的政局恢复稳定，雪茄产业又一次获得新的发展机遇，很多雪茄企业相继建立雪茄烟叶生产基地和雪茄工厂。

尼加拉瓜北靠洪都拉斯，南邻哥斯达黎加，气候与古巴非常相似，而且不同地区具有不同的微气候，温度范围较大；黑色和富饶的火山灰土壤为雪茄烟叶的良好生长提供了丰富的矿物营养，且每个地区具有独特的土壤特性和矿物质，因此尼加拉瓜生产的雪茄烟叶各具特色，在口感和香气上有明显不同。

尼加拉瓜雪茄烟叶种植主要集中在 4 个地方：埃斯特利（Esteli）、贾拉帕（Jalapa）、康德加（Condega）和奥米坦佩（Ometempe）。主要栽培的是古巴品种，如'Habana2000''Criollo98'等，其香气丰富，口感辛辣，味道醇厚，还种植着美国康涅狄格州的雪茄品种。主要生产茄套和茄芯烟叶，也少量生产茄衣烟叶。

四、洪都拉斯雪茄生产

洪都拉斯自 1765 年开始种植雪茄烟叶和生产雪茄烟，1959 年古巴革命后许多雪茄制造商从古巴逃离前往洪都拉斯，因此其雪茄产业得到质的飞跃。从古巴带来的烟草种子在洪都拉斯这片肥沃的土壤上生长，生产的雪茄烟叶有着当地非常特殊的香气，一些品质优秀、口感浓郁的雪茄都出自这里。

洪都拉斯雪茄烟叶主产区有科潘（Copan）、东南部埃尔帕莱索（El Paraiso）的丹利（Danli）以及弗朗西斯科莫拉赞（Francisco Morazan）的塔兰加山谷（Talanga Valley）。

洪都拉斯种植的雪茄烟叶主要是古巴品种如'Corojo99'。与古巴和多米尼加相比，洪都拉斯的气候更为炎热和干燥，雪茄烟叶的整体特点和古巴类似，香气浓郁，口感稍强烈且略带芳香。此外，还种植有本国的地方优良品种'科帕内科（Copaneco）''康涅狄格阴植品种（Connecticut Shade）''洪都拉斯-苏门答腊（Honduras-Sumatra）'等。

五、厄瓜多尔雪茄生产

厄瓜多尔自 20 世纪 60 年代开始一直在生产雪茄烟叶，是南美洲最有名的优质雪茄茄衣烟叶生产国。厄瓜多尔因拥有 30 多座火山和极其丰富的火山土壤而闻名，火山灰和其他火山残留物富含矿物质，肥沃的土壤非常适宜种植雪茄烟叶，大部分烟草种植在安第斯山脉的山麓小丘。最著名的种植区分布在海拔 3500m 的科迪勒拉山脉之中的奎韦多地区，属亚热带气候，独特的地理位置和气候特点为茄衣烟叶生产提供了绝佳的气候环境，在雪茄烟叶的整个生长季都是多云天气且云层较厚，日照时数仅有 500h，地面有效辐射小，相当于天然的"遮阴网"，所以该地区种植的茄衣烟叶被称为"云层下生长的烟叶"，所生产烟叶较薄、主脉和支脉非常细，油分较足，柔韧性好且颜色均匀一致，燃烧性较好，综合质感优异，非常适合用作雪茄的茄衣。除了古巴雪茄烟品牌，世界上几乎所有知名的非古雪茄烟品牌都在使用厄瓜多尔的烟叶作为茄衣，如大卫杜夫、帕德隆、富恩特、CAO、帕迪拉、麦克纽杜、我的父亲等。

厄瓜多尔栽培的两个主要雪茄烟叶品种分别是'厄瓜多尔-康涅狄格（Ecuadorian-Connecticut）''厄瓜多尔-苏门答腊（Ecuadorian-Sumatra）'，两种烟叶在味道和口感上都比原产地更温和，在厄瓜多尔种植后非常适宜生产优质茄衣烟叶，且价格便宜。市场上销售的很多系列雪茄产品采用了'厄瓜多尔-康涅狄格'或'厄瓜多尔-苏门答腊'茄衣烟叶。此外，部分产区还种植少量的'厄瓜多尔-哈瓦那（Ecuador-Habana）'品种，比在古巴种植的同品种烟叶更辛辣，胡椒味、甜味和焦糖味也更明显。

六、墨西哥雪茄生产

烟草在墨西哥的农业生产中占有重要地位，雪茄烟叶种植中心位于港口城市韦拉克鲁斯（Veracruz）东南的圣安德列斯山谷（San Andreas Valley），坐落在火山和湖泊之间。圣安德列斯山谷的土壤异常肥沃，阳光充足，降水量较小，因此生产的雪茄烟叶有较为独特的味道，且具有味道浓烈的风格特色。墨西哥南部生产的烟草以浓烈型居多，北部生产的烟草大多味道比较清淡。墨西哥曾是美国最大的雪茄供应国，但后来由于过度强调本土特色，不注重创新，慢慢在新的对手混合型雪茄出现后丧失优势。

最著名的墨西哥雪茄烟叶品种是'圣安德列斯内格罗（San Andreas Negro）'，主要用作茄套，其还是可制作深色茄衣的品种之一。'墨西哥-苏门答腊（Mexican-Sumatra）'也在圣安德列斯山谷种植，用作茄套和茄衣。

七、巴西雪茄生产

巴西的雪茄烟叶种植从 20 世纪 60 年代开始兴起，生产的雪茄烟叶是加勒比海和中美洲其他国家雪茄制造商的主要雪茄原料来源。巴西主要种植区分布在东海岸巴伊亚州（Estado de bahia）的 Reconcavo 盆地，其地处热带，土壤肥沃，非常适合雪茄烟叶的种植，而且不同种植区都有各自的微气候，加上烟叶生产和调制技术存在差异，烟叶的味道非常丰富。巴伊亚州烟叶分成北林、南林和马塔菲纳（Mata Fina）三种类型，这些名称代表了其产地。北林是最北地区，所产的雪茄烟叶呈红褐色，有丰满的甜香；南林是最南地区，由于离海岸较远，雨量较少而气候较干燥，所产的雪茄烟叶较窄，叶脉较细，颜色黄中带青，身份稍轻，并有中性的吸用质量；马塔菲纳地区靠近大海，雾天和降水较多，自然条件优越，所产的雪茄烟叶适宜用作茄衣，叶片圆形，深褐色，色泽均匀，叶脉细，有极好的弹性。

在巴西，种植着几个独具特色的雪茄烟叶品种，其中最有名的'马塔菲纳'烟叶颜色较深，强度适中，香吃味丰富，香气浓郁，有一种天然的甜味，用作茄芯和茄衣，而且经过深度发酵可以生产出非常好的深棕色（Oscuro）和黑褐色（Maduro）茄衣，在国际烟叶市场上非常受欢迎。巴西还种植着另一种比较受欢迎的雪茄烟叶品种'马塔诺特（Mata Norte）'，其生长在 Reconcavo 盆地北部比较干旱的地区，劲头和浓度很大、香气充足，主要用作茄芯，能给雪茄增添浓郁的咖啡和坚果风味。此外，其他省份还种有'阿拉皮拉卡（Arapiraca）'以及从国外引进的品种，如劲头和浓度比较温和的'马塔苏尔（Mata Sul）'、颜色较深的茄衣品种'巴西-苏门答腊（Brazilian-Sumatra）'、因味道浓烈和燃烧性好而出名的'巴伊亚（Bahia）'等。

八、美国雪茄生产

美国是雪茄烟消费大国，也是种植雪茄烟叶较早的国家，有许多的雪茄烟叶产区。1612 年，弗吉尼亚州开辟烟草种植园；1631 年，马里兰州开始种植马里兰晾烟；1762 年，美国独立战争的领袖伊斯雷尔·帕特南从古巴引进雪茄烟叶种子，开始在美国种植。美国的康涅狄格州、佛罗里达州、马里兰州、宾夕法尼亚州和肯塔基州是雪茄烟叶的主要种植区域，其中康涅狄格州和马萨诸塞州的康涅狄格河谷（Connecticut Valley）地区是优质雪茄烟叶产区，气候温和多雨，夏季平均气温 21～24℃，年均降水量约 1000mm，由于几个世纪以来的河流泥土沉积，形成了独特的沙质土壤，非常适宜生产茄衣烟叶。

美国主要栽培的雪茄烟叶品种有三个，分别为'Connecticut Shade''康涅狄格阔叶品种（Connecticut Broadleaf）''古巴哈瓦那（Cuban Habana）'。'Connecticut Shade'在康涅狄格谷地的生长季为每年 3～8 月，其间搭建遮阴棚用于创造适宜茄衣烟叶生长的环境，按成熟度自下而上依次采摘和晾制，因而种植成本高，生产出的优质茄衣烟叶价格昂贵，主要用于制作中高端雪茄烟产品，如马卡努多（Macanudo）和多米尼加制造的大卫杜夫等雪茄烟品牌。

九、印度尼西亚雪茄生产

印度尼西亚的雪茄烟叶种植始于 17 世纪中叶，荷兰人引进烟草后开始雪茄烟叶的种植，是全球较大的雪茄烟叶原料来源国。印度尼西亚是典型的热带雨林气候，海洋性气候带来了充沛的雨量，年平均温度 25～27℃，丰富的火山灰地质资源使得当地土壤多为沙壤土，土壤肥沃、偏酸性，适宜雪茄烟叶种植。雪茄烟叶种植区主要分布在东爪哇省、爪哇岛中部地区和苏门答腊岛北部地区，东爪哇省是重要的农业产区，全年平均温度在 28～30℃。每年 11 月至次年 3 月为雨季，其余时节为旱季，全年降水量在 1500mm 左右；土壤多为沙壤土，土壤肥沃、偏酸性，适宜雪茄烟叶种植。

印度尼西亚有两个种植历史悠久的品种，即'苏门答腊（Sumatra）''伯苏基（Besuki）'。'Sumatra'主要种植在苏门答腊岛北部，多用作茄衣，烟叶通常呈深褐色，大部分用于制造中小规格的雪茄烟，特点是味道温和、略带肉桂、泥土、花香和轻微的甜味。'Besuki'是东爪哇省主栽品种，为深色晾烟，统称为"dark-aired"或"dark air cured tobacco"，简称 DAC，在调制过程中会通过阴燃碎稻草产生的烟雾进行加热，调制后的烟叶颜色较深，又称为深色熏烟。'Besuki'

烟叶烟碱含量较低，比较适合作为欧美机制雪茄的茄芯原料。此外，东爪哇省还种植着'TBN（Tembakau Bawah Naungan）''Piloto''Jatim VO''Kasturi VO''DFC Boyolali''Maduro VO'和来自美国康涅狄格州的品种，可为全球雪茄生产商提供茄衣、茄套和茄芯三种原料。

十、菲律宾雪茄生产

烟草是菲律宾的重要经济作物之一，其雪茄烟叶种植历史可以追溯到 1592年，始于西班牙传教士将古巴的烟草种子带到菲律宾种植，卡加延河（Cagayan River）流域的伊莎贝拉（Isabela）、卡加延（Cagayan）、邦阿西楠（Pangasinan）、宿务（Cebu）和拉乌尼翁（La Union）是最适合雪茄烟叶生长的地方，其中吕宋岛北部的卡加延谷地是亚洲著名的烟叶产区，其所生产的吕宋雪茄烟叶曾在世界上享有盛名。菲律宾种植的雪茄烟叶品种有'西马巴''比斯卡亚'和来自美国的'Connecticut 8212'，生产的烟叶称为伊莎贝拉雪茄烟叶，颜色较浅、口感温和、香气丰富，主要用作手工雪茄的茄衣和茄芯或用于卷制机制雪茄，还用作卷烟和斗烟等烟草制品的原料。

十一、喀麦隆雪茄烟叶生产

喀麦隆位于非洲的中西部，西南濒临几内亚湾，是非洲主要的雪茄烟叶生产国。种植雪茄烟叶的地区常年被天然云层笼罩，不需要遮阴措施，温湿度适宜，土壤肥沃，有着种植雪茄烟叶的理想气候，生产出的烟叶质地柔软、弹性好、强度大，非常适合制作茄衣；而且颜色较深，充分醇化后口感层次丰富，会带有皮革、胡椒、香木等香味，味道饱满，且表面具有独特的颗粒感，即使燃烧过也能看出烟灰中的颗粒质地。

喀麦隆种植的雪茄烟叶大多数是当地品种，也有苏门答腊品种，均属深色晾烟类型。烟叶颜色为褐色带绿到深褐色，出片率高，燃烧性好，味道中性，口感丰富，主要用于卷制雪茄。

第四节　雪茄在中国

我国有悠久的晾晒烟种植历史，种植雪茄烟叶也有百年时间，20世纪初期许多地方有雪茄烟叶种植记录，如四川什邡、山东兖（yǎn）州、贵州都匀等地，后来随着卷烟市场和机制雪茄的发展，手工雪茄发展处于停滞，大部分地区已不再种植雪茄烟叶。近年来随着人民生活水平的提高，雪茄的消费市场不断扩大。据统计，2017 年国产手工雪茄销量突破 200 万支，同比增长 26.2%；2018 年销量突破 300 万支，同比增长 43.5%；2019 年突破 500 万支，同比增长 81.8%；2020 年突破 1200 万支，同比增长 112.9%；2021 年突破 2000 万支，同比增长 101.9%，我国已成为全球手工雪茄消费增速最快的市场。2020 年，国家烟草专卖局启动"国产雪茄烟叶开发与应用"重大专项，雪茄烟叶的种植与应用开始进入一个新的时代。

一、雪茄在中国的传播

据史料推断，烟草传入我国的时间大约在 1611 年前；西方人则认为："大约 1620 年，西班牙人从菲律宾把烟草引进中国"。烟草传入中国的顺序，先是烟叶，后为雪茄烟。明朝开辟了从福建泉州到菲律宾的新航线，我国水手将菲律宾的农作物如红薯、烟草等引进我国。明朝后期，西班牙殖民者侵占菲律宾中部和北部地区，将烟草带入吕宋种植、加工并销往他国。清代俞正燮的《癸巳存稿·吃烟事述》云："烟草出于吕宋，其地名曰淡巴菰，明时由闽海达中国，故今犹称建烟。"清朝顺治、康熙年间，我国百姓种植烟叶的记载已很普遍，在广东、广西、福建、辽宁、浙江、江苏、江西、安徽、山东、河南、河北、陕西、山西、云南、湖南、甘肃、四川等地的地方志中都有发现。最晚到 18 世纪 20 年代前，烟草在我国绝大部分地区都有了种植记录。

有关我国接触雪茄烟的时间，可从明清两代的著书中进行探究。目前所知线索，最早载于明代莆田姚旅 1611 年写成的《露书》。该书记录了福建大量社会经济文化方面的资料，不少是作者的亲历与听闻，其中"错篇"章节有这样的记述："吕宋国出一草，曰淡巴菰，一名曰醺。以火烧一头，以一头向口，烟气从管中入喉……有人携漳州种之，今反多于吕宋，载入其国售之。淡巴菰，今莆中亦有之，俗曰金丝醺。""吕宋国出奇草，名醺。能令人醉，且可辟瘴气。"文中描写的吸食场景，若抽吸雪茄之情状。但这一场景是出现在"吕宋"还是"漳州""莆中"，尚难分辨。据介绍，云南的德宏、临沧、怒江一带可能在更早时期种植过雪茄烟叶。明朝隆庆元年（1567 年），隆庆帝宣布解除海禁，调整海外贸易政策，促进了进出口贸易的发展，包括烟叶与雪茄烟在内的"烟草"从福建港口传入国内，应该是这一开放政策的直接成果。

清代印光任、张汝霖于清乾隆十六年（1751 年）共同编著的《澳门纪略》载："雍正初，大西洋亦入朝贡。其人……服鼻烟，亦食烟草，纸卷如笔管状，燃火，吸而食之。"我国民间有卷吸"喇叭筒"——用纸卷烟叶抽吸的习俗，因经济实惠、简单易行，流行至今。此文所载若非抽吸雪茄，则应为这种卷吸"喇叭筒"方式。成书于清嘉庆二十年（1815 年）的《烟草谱》，系清代学者陈琮收集前人的烟草专著并精心分类编写而成，引用书目达 200 多种，举凡烟叶品种、产地、名称、传播、交易、习俗、传闻与典故，无不收纳，内容包罗万象，被誉为清代的烟草历史文化总集，至今仍有重要的参考价值。其中"番人食烟"章节转录了浙江《平阳县志》一段文字："康熙六十年六月，有番人乘小舶，为飓风飘至金乡。其人长大，须发皆卷，食烟。卷叶着火，即衔叶而吃。"应为西方人抽吸雪茄之场景。

晚清叶羌镛撰写的《吕宋记略》记载："烟以叶卷，笔管形，长二寸余，每洋钱一元买一百二十八支"，当为雪茄烟人称"吕宋烟"无疑。当代研究者有一种观点：我国对雪茄的认识从吕宋烟开始，19 世纪初下南洋的中国人将菲律宾生产的雪茄烟带回国内，国内第一次见到这种烟草制品，称之为"吕宋烟"。

综上，我国接触雪茄的历史以《露书》为标志，大致可上溯至 1611 年前。

二、中国雪茄烟叶生产概况

我国幅员辽阔，生态类型多样，不同的生态环境造就了独具特色的雪茄烟叶。国内目前优质雪茄烟叶的核心产区有云南、湖北、四川、海南。福建、山东、湖南、广西等地也在积极探索，开发出了满足市场需求的优质雪茄烟叶。四川、山东、湖北、安徽中烟工业有限责任公司（简称中烟）开展了国产雪茄烟的配方研究，中式雪茄烟开发取得了明显成效，国产雪茄烟叶在国产雪茄烟品牌的应用比例已达 30%～50%，将成为中式雪茄烟高质量发展的重要保障。

（一）云南雪茄烟叶

云南有悠久的雪茄烟叶种植和利用历史，早在明朝泰昌元年（1620 年），史册上就有滇南一带晾晒吸用"兰花烟"的记载。1973 年，云南会泽建成了新中国成立后的第一个雪茄生产车间。2018 年始，云南省烟草专卖局充分发挥本省烟叶生产的生态优势、组织优势、科研优势，开展了雪茄烟叶的种植开发工作，2020年启动了"云南优质雪茄烟叶规模化开发"重大专项，在品种、栽培、晾制、发酵、醇化、设施设计建设等关键技术上取得了突破。2023 年，云南省实现了订单规模化雪茄烟叶生产 1.5 万亩。2024 年，云南省稳定雪茄烟叶种植面积 1.5 万亩，展现了"能种植、品质优、有订单、潜力大"的良好前景。

云南地处 21°～24°N，东西横跨 864.9km、南北纵贯 990km，最高海拔 6740m、最低海拔 76.4m，全境大部分地区属亚热带、热带和温带，立体气候突出。尤其是滇西、滇南、怒江和金沙江河谷等区域生态环境与古巴、多米尼加高度相似，日照时数超过 10h，平均气温 21～28℃，温差 10～12℃，降水量 80～120mm，相对湿度 70%，微酸性红壤土含有丰富的氮、磷、钾、铁、钙、镁、硅等矿物质，是生产优质雪茄烟叶的最适宜区（图 1-3）。

图 1-3 云南雪茄烟叶种植生态环境

低纬高原河谷的小气候，加上日照充足、温度适宜、雨量适中和微酸性土壤，造就了云南雪茄烟叶油润细腻、香气丰富、蜜甜浓郁的品质优势，呈现了"香甜馥郁、醇雅净舒"风格，以豆香、蜜甜香、清甜香和烘烤香为主，辅以花香、坚果香、木香、焦甜香、树脂香、咖啡香、干草香、皮革香、胡椒香、熏香等，香韵特征丰富，香气较醇和、丰富，烟气较细腻。

2021～2023 年云南生产的雪茄烟叶全部交付四川、山东、湖北和安徽中烟，4 家公司反馈总体较好，云南雪茄烟叶已逐步进入国产中高端雪茄烟品牌配方，单品用量在 30% 以上。以品牌引领原料开发、以原料保障品牌发展的良好格局正在逐步形成，国产雪茄烟原料保障水平显著提升。

（二）四川雪茄烟叶

四川雪茄烟叶种植历史长，以什邡为主。我国什邡与古巴同处 30°N 左右，日照、降水、气候等优势突出，土壤以新冲积沙壤为主，pH 在 5.5～6.5，非常有利于雪茄烟叶的生长，而且气候适宜、土壤肥沃、灌溉便利，享有"雪茄之乡"的美誉。四川雪茄烟叶香韵以豆香、焦甜香、蜜甜香为主，辅以烘烤香、清甜香，烟气浓度中等至较浓，烟气干净，口感回甜，燃烧性较好，但香气丰富度、成熟度、余味舒适性稍差。什邡种植雪茄烟叶距今已有超过 300 年的历史，由于色泽鲜亮、品味醇香，在清朝光绪年间被列为宫廷贡品。什邡卷烟厂始创于 1918 年，时名益川工业社。近年来，四川在德阳烟区积极开展了雪茄烟叶品种的引进试种工作，鉴定筛选了适应德阳生态生产条件的'德雪'系列品种：'德雪一号''德雪三号''德雪四号''德雪五号''德雪七号''德雪 20''德雪 201''德雪 202'

'青雪 1 号'。达州烟区自 2011 年开始进行雪茄烟叶开发，先后引进了国内外雪茄烟叶资源 18 份，筛选确定了适宜在达州烟区种植的雪茄烟叶品种'川雪 1 号''川雪 2 号''川雪 3 号''川雪 4 号'。目前，四川烟区形成了完备的雪茄烟叶生产技术体系，实现了雪茄烟原料国产订单式规模化生产，并且所产烟叶在国产雪茄产品中得到了较好应用。

（三）海南雪茄烟叶

我国海南的地理生态环境与古巴极其相近，温度适宜，光照充足，雨量充沛；烟叶大田期平均气温 18～26℃，相对湿度 79%，日照时数 5～7.7h；土壤以砖红壤、黄壤为主，pH 在 5.6～6.2。1998 年海南开始种植雪茄烟叶，2015 年 7 月经国家烟草专卖局批复，首个雪茄专业科研机构——海南雪茄研究所（2017 年更名为海口雪茄研究所）成立，挑起了雪茄烟叶科学技术研究及成果转化推广、雪茄产品研发和市场研究的重担，在雪茄烟叶资源引进筛选、遗传多样性研究及新品种选育等领域取得了新进展。海南雪茄烟叶香韵以焦甜香、烘烤香为主，辅以蜜甜香、坚果香、花香，香气质较好，香气较丰富，甜润度较好，烟气浓度和香气量中等。

（四）湖北雪茄烟叶

湖北属亚热带大陆性季风湿润型山地气候，气候湿润，降水充沛，茄衣和茄芯烟叶均有种植；烟叶大田期平均气温 22.4～24.4℃，相对湿度 81%，日照时数 5.2～5.6h；土壤以砂壤、黄棕壤为主，pH 在 5.5～6.5。湖北烟区主要为丹江口市、来凤县、五峰县、恩施市、枣阳市等，所产烟叶的香韵以清甜香为主，辅以烘烤香、焦甜香、坚果香、木香，香气较醇和、较丰富，烟气较饱满、浓度较小，甜润度较好，燃烧性较好，灰色灰白；茄衣烟叶颜色均匀，油分足，叶脉细直，身份适中。

（五）其他省份雪茄烟叶

福建、湖南、广西、山东和安徽等省份正在积极开展雪茄烟叶试种开发。

三、中国雪茄烟生产企业

当前，四川什邡、湖北宜昌、安徽蒙城、山东济南为我国的四大中式雪茄烟主产地，代表性品牌分别为四川长城、湖北黄鹤楼、安徽王冠、山东泰山。

（一）四川中烟工业有限责任公司长城雪茄烟厂——长城雪茄

长城雪茄烟厂最早可追溯到 1918 年，是当时国内建成最早、规模最大的雪茄烟生产基地之一。1918 年，什邡的王叔言在四川成都创立了一家雪茄作坊，5 年后将作坊搬迁至什邡，正式命名为益川工业社，此为长城雪茄烟厂的前身。

我国历史上第一个实行烟草专卖的地方是就是四川什邡。在 20 世纪中叶的十余年间，长城雪茄烟厂一直为老一辈无产阶级革命家卷制"特供雪茄"，史称"132秘史"。四川中烟雪茄品牌以长城为代表，产量居行业首位。

（二）湖北中烟工业有限责任公司三峡卷烟厂——黄鹤楼雪茄

1899 年，我国第一家民族资本雪茄烟厂——茂大卷叶烟制造所在湖北宜昌诞生，此为三峡雪茄烟厂的前身，湖北发展国产雪茄烟品牌的征程由此开启。1916年，时值拥有我国第一烟草品牌的南洋兄弟公司（湖北中烟的前身）重金礼聘玻利维亚配方师，以祖传的古巴配方为基础，结合我国特色，研制出"中雪壹号"雪茄组方，成就中华第一雪茄配方。2003 年，湖北中烟三峡卷烟厂与英美共同开发高档雪茄烟，由此开启了以"黄鹤楼"品牌为主的中式雪茄烟发展之路。

（三）山东中烟工业有限责任公司济南卷烟厂——泰山雪茄

泰山雪茄有着悠久的历史文化底蕴，早在清朝光绪年间以兖州为核心生产地的雪茄烟生产就已开始。1903 年，赵仰献在兖州创办琴记雪茄烟厂，口味醇和、品质优良的山东全叶卷雪茄烟从 1910 年到 30 年代曾长期行销欧、美、日本和东南亚的十几个国家，在国际市场为"东方雪茄"建立了品类地位。1915 年，在美国旧金山举行的首届巴拿马太平洋万国博览会上，琴记雪茄获得最优金奖。20 世纪 90 年代以来，我国潜在且巨大的雪茄烟消费市场逐渐崛起。2004 年，济南卷烟厂设立雪茄烟生产工段，并被国家烟草专卖局批准为国内 4 家雪茄烟生产厂家之一。2012 年 5 月，山东中烟雪茄烟制造中心正式成立。

（四）安徽中烟工业有限责任公司蒙城雪茄烟厂——王冠雪茄

安徽北部始建于殷商的"庄子故里"蒙城为中式手卷雪茄的代表产地之一——王冠雪茄的诞生地。1896 年，李鸿章出使欧洲，获王室赠予的雪茄，视若珍宝，归来后获悉安徽蒙城手工卷烟工坊甚多，遂责成定制，"徽派雪茄"风靡上海十里洋场，为王冠雪茄的雏形和起源。1978 年后，国务院批准在安徽蒙城建立雪茄烟厂。蒙城雪茄生产部隶属蚌埠卷烟厂，是安徽中烟五大厂之一；营销在合肥，隶属安徽中烟雪茄营销部；雪茄烟的研发、办公地点在蚌埠，即雪茄研究所，隶属安徽中烟的技术中心。"三地合一"的特点造就了王冠雪茄与众不同的风格特色。1997 年，我国蒙城雪茄烟厂与多米尼加雪茄公司强强联合，生产出"王冠"牌全叶卷雪茄，引领中式雪茄制作工艺全面升级。2011 年 9 月 6 日，安徽中烟与世界第一大雪茄公司 STG（斯堪的纳维亚烟草集团）签订战略合作框架协议，对提高安徽中烟的雪茄制造水平乃至我国雪茄产品的国际竞争力都将产生深远影响。

四、中国雪茄发展趋势

我国雪茄烟发展总体起步较晚，在原料开发和应用关键技术上存在明显瓶颈。2019 年以来，进口雪茄烟叶原料市场供应紧缩、价格逐年递增，严重制约中式雪茄的塑造和国产雪茄烟的发展。随着消费者的高端化、个性化消费需求不断被激发和释放，国内雪茄烟销量呈爆发式增长，特别是手工雪茄市场销量平均增速达75.26%，对原料的需求持续增加。分析原料供应短缺条件下国产雪茄的发展前景发现，随着"国产雪茄烟叶开发与应用"重大专项实施以及我国雪茄烟市场进一步扩容，中式雪茄将迎来更大的发展新机遇。

（一）雪茄烟叶原料发展趋势

1. 全球雪茄烟叶原料生产概述

世界上可以种植优质烟叶的地区非常有限，优质雪茄烟叶生产对温度、降水量、土壤和栽培技术的要求较高，国外知名雪茄烟叶产地主要集中在 23°N 附近的中美洲加勒比海、非洲中西部和东南亚地区，包括古巴、多米尼加、厄瓜多尔、洪都拉斯、尼加拉瓜、巴西、墨西哥、喀麦隆、印度尼西亚和美国康涅狄格州少数河谷地带。古巴是全球产量最大的优质雪茄烟叶产区，平均占比稳定在 25%左右，其次是多米尼加和尼加拉瓜，产量占比均超过 10%（表 1-1）。我国晾晒烟种植历史悠久，但从 2019 年才开始进行国产雪茄烟叶开发与应用，目前雪茄烟叶产区主要集中在云南、海南、湖北和四川。

表 1-1 2017～2021 年全球雪茄烟叶产区及产量占比（%）

产地	2017 年	2018 年	2019 年	2020 年	2021 年	平均
古巴	24.57	25.77	24.30	24.66	25.74	25.01
多米尼加	17.02	17.53	16.51	17.70	17.94	17.34
尼加拉瓜	10.77	10.34	11.85	10.50	11.43	10.98
印度尼西亚	7.35	6.95	6.97	7.04	7.15	7.09
洪都拉斯	7.65	7.16	6.98	5.89	5.72	6.68

续表

产地	2017 年	2018 年	2019 年	2020 年	2021 年	平均
巴西	6.55	6.60	6.68	6.61	6.57	6.60
墨西哥	3.89	3.88	3.85	3.96	4.02	3.92
牙买加	2.95	3.07	3.20	3.02	2.95	3.04
美国	3.46	3.35	2.85	3.10	4.21	3.39
厄瓜多尔	1.93	2.05	2.18	2.00	1.93	2.02
其他	13.86	13.30	14.63	15.52	12.34	13.93

2. 全球雪茄烟叶原料产量

雪茄烟叶生产受地域、气候、环境影响较大，过去两年许多著名的雪茄烟叶生产国受新冠疫情和自然灾害影响严重。2017 年国外雪茄烟叶种植面积约 5.28 万 hm²，2021 年约 3.62 万 hm²，同比下降 31%，各雪茄烟叶主产国种植面积均下降（图 1-4）。2017 年国外雪茄烟叶产量为 9.85 万 t，而 2021 年为 6.60 万 t，下降 32.99%。

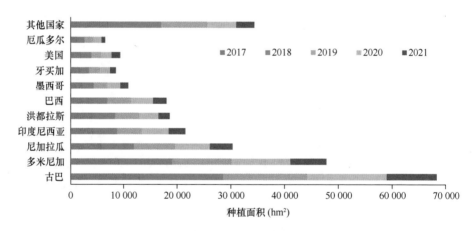

图 1-4　国外雪茄烟叶主要产区种植面积

自国家烟草专卖局实施"国产雪茄烟叶开发与应用"重大专项以来，我国的雪茄烟叶种植面积逐年增长，种植区域不断扩大。前几年，我国雪茄原料多来源于地方名优晾晒烟，近两年国内雪茄烟叶在品种、栽培、调制方面均参照国外标准的雪茄烟叶生产技术生产，并逐步构建了适宜不同生态条件的生产技术体系。据不完全统计，全国雪茄烟叶种植面积 2019 年约 280hm²，2022 年快速增长至1566hm²，较 2021 年增幅达 85% 左右，2021 年全国雪茄烟叶收购量达 1560t，但总体仍处于初级发展阶段，总产量规模较小，烟叶质量均质化水平和优叶率不高，优质原料保障能力明显不足。

3. 全球雪茄烟叶市场分析

近年来，受生产供应链和疫情影响，世界雪茄烟叶主产区的整体原料产销量呈现显著下降趋势。调研分析雪茄烟叶主要贸易国的烟叶市场销量表明，2017～2021年全球雪茄烟叶销量分别为9.42万t、10.30万t、11.60万t、10.50万t、6.53万t，2019年最大，2021年较2017年下降30.68%（图1-5）。销量下降的原因是市场供给的产品总量下降。雪茄烟叶销售方面，由于社会体制和贸易禁运等，古巴的雪茄烟叶原料只能自产自用；印度尼西亚是全球主要的雪茄烟叶生产国之一，雪茄烟叶大部分出口到欧洲、美洲等市场；美国是全球主要的雪茄烟消费国之一，雪茄烟叶出口比例不高；多米尼加是全球最大的雪茄烟叶和雪茄产品生产国之一，因此大部分雪茄烟叶自产自销，我国进口的雪茄烟叶主要来自多米尼加；洪都拉斯的雪茄烟叶主要是自产自用，部分出口至美国、欧盟和中美洲国家；巴西最大的雪茄烟叶出口对象是欧盟国家；墨西哥和牙买加的雪茄烟叶以自用为主，同时有部分销往美国和欧洲市场；尼加拉瓜是全球雪茄烟支主产国之一，因此雪茄烟叶以自用为主。

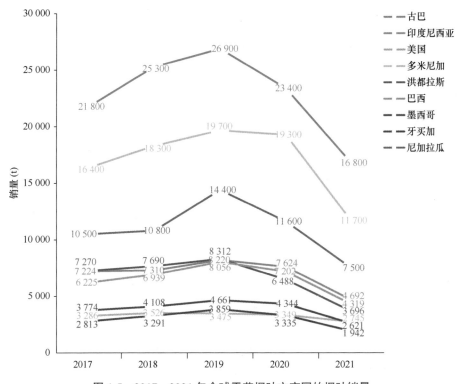

图1-5　2017～2021年全球雪茄烟叶主产国的烟叶销量

因生产成本与供给不平衡，雪茄烟叶原料价格呈现逐年增长态势。雪茄烟对烟叶原料的质量要求较高，烟叶原料的生产环节主要包括选择适宜区、选择良种、培育壮苗、栽培管理、适熟采收、晾制、农业发酵、工业发酵、醇化养护、分拣分级、手工卷制和烟支养护等，从一粒种子到一支雪茄，整个生产周期需要至少18个月，雪茄生产属于资金投入大、技术含量高、劳动用工多、生产周期长的设施农业。生产设施包括遮阴网、晾房及附属设施、发酵房及附属设施、分拣分级房及附属设施、烟叶醇化房及附属设施、烟支醇化房及附属设施等，因此雪茄烟叶原料价格相对于其他类型的烟叶普遍较高。公开数据显示，2017 年全球雪茄烟叶平均价格为 30.69 美元/kg，2021 年为 43.47 美元/kg，增长 41.64%左右。茄衣是雪茄里最贵的部分，优质的茄衣被比作"软黄金"，茄衣对烟叶的完整度要求很高，在采收、编叶、晾制、发酵、分拣、分级过程中，烟叶需要轻拿轻放、逐片摊平。另外，雪茄抽吸时烟叶直接与嘴唇接触，对烟叶的安全性要求极高，生产过程中严禁使用除草剂和高残留农药，烟田除草、打顶抹杈等都需要人工操作，因此雪茄烟叶生产成本相对较高。2017～2021 年雪茄烟叶原料的市场价格逐年增长，且茄衣烟叶价格增长幅度最大。

4. 国内雪茄烟叶原料供需分析

现阶段从国外进口的雪茄烟叶原料的产质量难以满足国内雪茄企业的需求。国际市场的雪茄烟叶原料基本分为三类或三个档次，第一类多数由国际跨国烟草集团（如大卫杜夫）订单化生产，品种、栽培管理和调制工艺均按统一技术方案执行，质量均质化水平较高；第二类原料大多由雪茄家族企业或种植大户承包种植，富余原料或不满足配方要求的原料会优先在国内流通；第三类一般是质量较差的烟叶，多数是跨国烟草集团、雪茄家族企业挑选后剩余的原料或是一些农户种植后售卖给烟叶贸易商的原料。国内雪茄制造企业采购到的基本是第三类原料，质量参差不齐且无法保障稳定供应。另外，进口雪茄烟叶原料的价格每年以 5%～15%幅度提升，采购成本逐年攀升，给国产雪茄产品开发和维护、质量稳定提升带来较大影响。

2017 年我国雪茄烟叶进口额为 1.29 亿美元，2021 年为 2.46 亿美元，同比增长 11.35%。我国雪茄烟叶进口规模逐年增长，国内雪茄生产企业对美洲高端雪茄烟叶原料的进口量从 2014 年的几十吨快速增长至 2017 年的几千吨，对进口雪茄烟叶原料的需求如同国产雪茄产量一样以几何级数量上升。目前我国进口的雪茄烟叶主要来自多米尼加，2017 年进口总量为 4124t，2021 年为 6044t，增长 46.56%，后受疫情影响增长速度有所下降（图 1-6）。

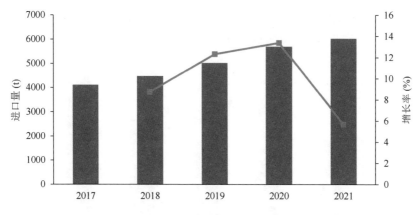

图 1-6 2017～2021 年中国雪茄烟叶进口量分析

首先，受新冠疫情影响，全球雪茄烟叶主产区普遍减产，各主要生产国经济增长普遍处于停滞状态，雪茄烟叶生产面临化肥、农药等生产物资短缺问题，因此种植面积下降。例如，古巴 2021～2022 年产季烟草种植面积减少，其中主产区比那尔德里奥降至 10 年来最低。其次，雪茄产业工人数量减少，熟练工人到岗率缺口达 20% 以上，人工成本迅速上涨，导致烟叶供应量有所下降。再者，受飓风、洪涝等自然灾害影响，加勒比海地区和墨西哥湾沿岸国家的雪茄烟叶普遍减产。最后，全球海运运力紧缺，能源、包装、储运等综合成本大涨，导致运输成本提高。据不完全估算，2017 年我国雪茄烟叶需求为 5459t，2021 年为 8562t，同比增长 11.52%。2021 年受全球雪茄烟叶产量下降影响，我国采购的国外烟叶原料质量越来越差，价格日益增长，原料稳定供应成为突出问题，整个雪茄烟叶原料市场出现短缺现象，我国雪茄烟叶原料供不应求且获取难度大大提高。

（二）中国雪茄烟消费前景分析

1. 市场消费趋势分析

近年来全球雪茄烟销量增长迅速，国内雪茄烟消费市场表现为国产雪茄烟以中低端产品为主。从 2017～2021 年国产雪茄烟销量的增速来看，平均在 7.24% 以上，2021 年高达 37%（图 1-7）。从 2019 年开始，我国雪茄烟销售规模保持高速增长，市场蛋糕越做越大，客户利润越来越多，成为烟草经济增长的"新引擎"、客户经营投资的"新风口"。由于全球化趋势和世界经济一体化不断增强，居民消费水平日益提高，加上国内消费者对雪茄烟的好感度逐步提升，王冠、黄鹤楼、长城和泰山等国产中高端雪茄烟得到普遍认可，未来市场对中高端雪茄烟的需求越来越旺盛，消费群体日渐庞大。从 2017～2021 年手工雪茄销量的增速来看，平均在 75.26% 以上，2020 年高达 122.9%（图 1-8），未来市场对手工雪茄的需求相当大。据不完全统计，近几年国内雪茄烟销量每年都保持着 30% 左右的增长率，远高于整个烟草行业 10% 左右的平均增长水平。

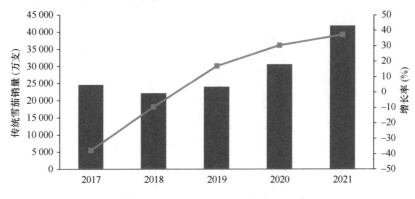

图 1-7　2017～2021 年国产传统雪茄销量

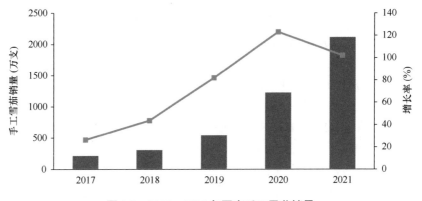

图 1-8　2017～2021 年国产手工雪茄销量

2. 消费群体结构分析

随着国民经济的快速发展和居民人均收入的逐步提高，雪茄烟的消费快速发展。国内消费者对雪茄烟消费的认知趋于成熟，消费群体不再局限于社会金字塔尖的精英人士，普通消费群体也有机会、能力进行尝鲜消费。同时，经过数十年的积累，国内市场已经培育出相当数量的雪茄消费者。随着基数越来越大，近些年雪茄烟消费人数更是以裂变的方式激增，2006 年我国雪茄客不到 2000 人，到 2021 年超过 2700 万人。另外，我国拥有数量庞大的卷烟消费市场，多达 3.5 亿的烟民为雪茄产业的发展提供了巨大的生存土壤和生长空间。从雪茄烟消费特征来看，目前雪茄烟消费市场仍是一个不成熟、有待开发的市场。调查结果显示，雪茄烟的消费者多数为高收入群体，月收入在 5000～10 000 元的占比达到 38.26%。

2021 年人均国内生产总值为 8.1 万元，大部分群体的购买能力超过雪茄烟消费水平。相关数据显示，目前国内雪茄烟消费人群的年龄以 25～45 岁居多，从侧面反映了国内主流消费群体对雪茄文化的认可。认可雪茄文化这种带有深刻内涵的生活态度，对雪茄这种相对于卷烟更健康的消费品的认可，将间接促进国内雪茄文化的进一步传播。近年来，抽雪茄的女性人数有所上升，2021 年占比略微超过 10%。同时，平均来看一位烟民一周大概消费三支雪茄。

（三）雪茄烟发展前景分析

1. 雪茄烟叶原料发展前景分析

目前，国产雪茄烟叶开发与应用尚处在起步阶段，生产技术体系、生产组织模式、政策保障体系尚不成熟。生产技术体系尚不成熟主要表现为：首先，全国各雪茄烟叶产区尚未制定出适宜当地生态条件、成熟完善的全链条生产技术体系，基本处于边研究边应用阶段。其次，云南、湖北、四川和海南 4 个主产区又划分为多个种植区域，导致产出的烟叶质量均质化水平低。再者，优良纯正的雪茄烟叶品种缺乏，部分产区依然种植地方名优晾晒烟，但其优叶率较低，雪茄烟风格特征弱，工业可用性差。最后，国产雪茄烟叶品质与国外尚有差距，特别是茄衣烟叶的外观、物理特性、身份质量无法完全满足雪茄制造工业的中高端雪茄烟配方使用要求；茄芯烟叶的雪茄风格特征不显著，杂气较重，香气特性、烟气特性、余味特性和燃烧特性等内在质量还有待进一步提升。生产组织模式尚不健全主要表现为：首先，没有完整的生产组织方式和管理制度，育苗、种植、收购、晾制、发酵等关键环节的实施主体未全面形成，基础管理和风险管控监管不足。其次，生产组织人员职责分工不清，没有严格对茄农进行约束；技术力量薄弱，生产技术人员和茄农对雪茄烟叶的生产认识不足。政策保障体系不成熟主要表现为：产前投入政策、配套设施投入政策、价格政策均属于探索试行阶段。

目前，我国雪茄烟生产制造过度依赖国外烟叶原料，尤其是茄衣和茄套烟叶多依靠进口，2021 年全球雪茄烟叶产量下降直接导致其价格攀升，这种情况极大地限制了我国雪茄产业的发展，同时给烟草工业企业的产品开发及成本控制带来了较大困难。因此，有效提高国产雪茄烟叶质量，保障国产雪茄烟叶原料的稳定优质供应，是我国雪茄产业发展面临的突出问题。云南省烟草专卖局毅然挑起破解国产雪茄烟叶原料生产开发难题的使命担当，以全新的理念探索"烟农+合作社+烟草公司+工业企业+基地"的组织方式，积极探索推广"种植在户、服务在社、鲜叶收购、统一晾制、集中发酵、工商协同、市场运作"的有效生产模式，加大资金投入，健全产业发展政策保障体系；开展国际合作和工商协同，聘请古巴、多米尼加及国内雪茄烟叶生产技术专家团队，构建适宜云南生态气候的全链条雪茄烟叶生产技术体系。

从长远发展来看，国产雪茄要想取得长足发展，必须构筑雪茄烟叶原料高端化、特色化、均质化、定制化新优势，提升优质原料保障水平，针对雪茄烟叶高质量发展的瓶颈，筛选最适宜生态区域，培育多元化品种结构，推广定制化生产技术，加强标准化生产设施建设，打造定制化雪茄烟叶示范基地，培养职业茄农，集成产地多元化、品种多样化、栽培个性化、晾制均质化、发酵定制化、醇化标准化、产品高端化、基地产业化的从种子到产品的全链条生产技术体系，坚持工业导向，深化工商协同，构建品牌定位精确、质量目标明确、供应优质稳定的原料保障体系。研发一批以国产雪茄烟叶为主体、具有市场竞争力的中高端手工雪茄产品，强化定制开发是破解国产雪茄烟叶生产技术难题的有效对策。

2. 雪茄烟产品市场前景预判

随着国民经济快速发展和人民消费水平日益提高，我国雪茄市场已经逐渐形成气候，消费群体不断扩大。在消费升级的背景下，消费者逐渐从价格敏感转向价值追求。高端消费多元扩容，尤其是在中式卷烟超高端价位产品日益同质化的现实下，雪茄烟成为一类区别于传统卷烟产品的特殊烟草制品，因自身高端及危害较小的属性特征，逐步受到高端消费群体的青睐，抽雪茄不但能够代表自身的消费层次，而且在一定程度上代表了自身对雪茄文化的认同，在消费升级的趋势下，未来或将出现部分卷烟消费群体转向雪茄消费。另外，随着新中产阶层逐渐崛起，其更加追求个性化、多元化消费以彰显身份感和价值感，而雪茄烟作为一种新的消费形态，加上雪茄文化的逐步建立，能够完美契合这股新的消费潮流。雪茄烟消费人群年轻化趋势日趋明显，形成一股新的消费潮流。同时，随着雪茄文化的不断扩散，国产雪茄烟的发展空间扩大。

"十四五"时期乃至今后更长一个时期是国产雪茄提升品牌形象、全面掌控市场的黄金窗口期。一是减害型雪茄需求驱动。因为经济发展快速，人们的生活水平提高，逐渐将目光聚焦在健康上，由于传统香烟含有的有害物质较多，而雪茄烟的吸食方式决定了其对身体的危害较小，还能满足喜好吸烟人群的需求，出于对身体健康的考虑，减害型雪茄的需求在未来会稳步上升。二是消费形势之下的雪茄烟发展之机。由于品牌竞争力逐渐提升，国内需求旺盛，加上 2021 年的市场表现，为国产雪茄的未来发展奠定了坚实基础，未来几年其将会迎来发展新机遇，越来越多的雪茄客将成为国产雪茄的忠实支持者，消费群体将进一步扩容，高端雪茄的发展前景会更加明朗。由于全球化趋势和世界经济一体化不断增强，我国作为新兴市场，未来随着国内消费者对雪茄烟的好感度逐步提升，高端雪茄的需求会越来越旺盛，发展态势会越来越好。

第五节　雪茄烟叶品种

　　品种作为烟草品质、抗性、产量及农艺性状的内在决定因子以及各类农事措施实施的载体，是雪茄产业发展的基础。

　　古巴是现代雪茄产业的发源地，也是主要雪茄烟叶品种的始源地。世界雪茄烟叶发展始于其种子的传播与发展，世界雪茄的发展史也是雪茄烟叶品种的发展史。在此期间，产生了许多具有重要影响的经典雪茄烟叶品种，对世界雪茄发展起到了不可替代的作用。

一、雪茄烟叶品种发展

　　自哥伦布登陆美洲新大陆发现当地人吸烟并将其带回欧洲后，烟草随即受到西班牙及欧洲各王室的追捧。从 16 世纪初开始到 16 世纪末，雪茄烟叶在古巴全岛进入商业种植，到 18 世纪初种植重心被固定在岛屿西部，即现在古巴雪茄烟叶的最优产区 Pinar del Río。然而，在接下来的 400 年从未有人关注过雪茄烟叶的种子与品种，直至 20 世纪初美国学者 H. Hasselbring 发现雪茄烟叶种子的基因及遗传差异，才认为种子遗传特性对雪茄最终风味有明显影响。随着雪茄在经济中的占比越来越高，古巴研究人员加强了对烟草品种的遗传研究，1907 年第一个有名字的雪茄烟叶品种‘Habanensis’诞生，30 年后的 1937 年以雪茄烟叶品种选育为目的的第一个机构古巴烟草研究所（Instituto de Investigaciones del Tabaco）在 Pinar del Río 的圣胡安·马丁内斯（San Juan y Martinez）建立（图 1-9）。1941 年具有划时代意义的传统雪茄烟品种‘Criollo’诞生，至今仍然是最著名的 Habanos S.A. 雪茄首选的烟叶原料品种。数年后，古巴烟草商 Diego Rodriguez 在荷兰植物学家 Nienhuys 的帮助下，以茄衣为目标，选用‘Sumatra’与‘Criollo’杂交，成功选育出新品种并以其所在农场 La Finca El Corojo（图 1-10）命名为‘Corojo’，其茄衣特性明显，是半个多世纪（20 世纪 40～90 年代）古巴茄衣品种的首选。许多人认为具有‘Corojo’茄衣的雪茄是古巴近代历史上最好的。但随着种植年限的增加，‘Corojo’非常容易得病，导致农民损失惨重。此外，由于‘Corojo’叶小，需要更多的时间处理发酵，损耗大。因此，20 世纪 90 年代后育种家按照优质、适产、抗病、抗逆、美味、美观等育种目标，相继培育出‘Criollo98’‘Corojo99’‘Corojo2006’‘Criollo2010’‘Corojo2012’‘Habana2000’等系列品种，有些品种如‘Criollo98’‘Habana2000’具有很强的抗霜霉病能力（Mederos, 2012; Pérez, 2004）。20 世纪 90 年代，古巴、多米尼加霜霉病流行，造成整个雪茄产业受到沉重打击，正是上述品种的成功培育与应用，拯救了古巴、多米尼的整个雪茄产业，目前这些品种在各国雪茄烟叶生产上仍然发挥着重要作用。

图 1-9 古巴烟草研究所

图 1-10 古巴 La Finca El Corojo 农场

雪茄是一种文化符号，而这种文化从一颗小小的种子开始萌发，雪茄离不开 'Corojo' 这种古老的烟叶品种，其是 20 世纪 40 年代开发的一种杂交品种，最初在古巴培育并在肥沃的 Vuelta Abajo 地区种植，因美丽和风味而被赞誉，但最终在 90 年代末因需要更多的抗病品种而被淘汰，由其他杂交品种取而代之，即 'Habana92' 'Habana2000' 'Habana2020' 'Habana2021' 'Criollo98' 'Corojo99' 'Corojo2006' 'Criollo2010' 'Corojo2012' 等，这些都曾是古巴种植的主要品种，现在也几乎完全生长在多米尼加的 Cibao 谷地、尼加拉瓜的埃斯特利、洪都拉斯的哈马斯特兰（Jamastran）山谷、厄瓜多尔及美国的部分地区。

全球有多个雪茄类群和雪茄烟叶品种。无论在哪个国家和地区种植，雪茄烟叶的 5 个基本特性都备受重视：高产、抗病性、叶型、口味和燃烧性。如果品种大面积发病，对烟农来说损失巨大；如果燃烧不好，就会被认为烟叶不好；如果一种烟草平淡无味，就没什么价值。因此，随着时间的推移，新品种不断被开发出来，老品种则被淘汰，这是品种发展变化的必然规律。

二、世界经典雪茄烟叶品种

（一）'Criollo'

'Criollo'是 1941 年由古巴烟草所育成的，是种植年限最长的一个品种，烟叶产量约为 1800kg/hm^2，株高平均 1700mm，有效叶数平均 16 片，叶长宽 400mm×250mm，生长势强，高抗黑胫病，易感霜霉病和烟草普通花叶病毒病，有一定抗逆性。主要用作茄芯和茄套，也可以用作茄衣。调制后叶片纹理细腻，吃味温和，具有咖啡豆的甜韵，以及木香、干草香和浓烈的吸引人的可可香与丰富的烟草香（图 1-11）。

图 1-11　古巴传统雪茄烟叶品种 Criollo

（二）'Corojo'

'Corojo'茄衣特性明显，是半个多世纪（20 世纪 40～90 年代）古巴雪茄的茄衣选择。产量约 2300kg/hm^2，优质茄衣产出率 20%，有效叶数 16～18 片，株高 2000mm 及以上，中部叶长宽 500mm×300mm，腋芽生长势强，中抗黑胫病，高感霜霉病和花叶病毒病，烟叶色暗、微红、细腻、漂亮，是一种香味浓郁的烟草，有麦芽甜味，具雪松、肉豆蔻、白胡椒和黑胡椒香韵，烟气浓郁、饱满、柔顺。半个多世纪中，每一支古巴雪茄如 COHIBA 和 POR LARRANAGA 等高端品牌都选用这种出色的茄衣烟叶，许多人认为具有 'Corojo' 茄衣的雪茄是古巴近代历史上最好的（图 1-12）。

图 1-12　古巴传统雪茄烟叶品种 Corojo

（三）'Piloto'

Piloto 是 Piloto Cubano 的简称，'Piloto' 是多米尼加最著名的烟草品种之一，在多米尼加各地大量种植，用于制造雪茄。该品种在 1962 年由一位名叫 Satornini 的移民从古巴一个叫 Piloto 的地区带到多米尼加。多米尼加烟草研究所首先在 Villa Gonzàlez 的 Quinigua 种植了这种烟草，种植并不难，但有特定的要求，如必须在 10 月种植，因为需要更多的光照促进生长，还要避开 1 月和 2 月的旱季。最初是纯古巴品种，经过多年在多米尼加的种植，现已经被认为是多米尼加最好的雪茄烟叶品种（图 1-13）。

图 1-13　Piloto

美国 Altadis 公司选用大量的多米尼加'Piloto'烟叶，在拉罗马纳（La Romana）的 Tabacalera de Garcia 雪茄工厂生产出数以百万计的全手工雪茄，其是多米尼加最大的全手工雪茄工厂，也许称得上是全世界全手工雪茄产业中产量最大的工厂，非古雪茄品牌在此生产都使用该品种烟叶。'Piloto'在大卫杜夫雪茄工厂也大量使用，几乎每一条雪茄生产线都用到'Piloto'烟叶。如今'Piloto'在多米尼加仍然活跃，是一个典型的引进地表现比诞生地表现更好的品种，现许多人对古巴国内某些烟草品种的消失感到惋惜。

（四）'Sumatra'

'Sumatra'是印度尼西亚苏门答腊地区的代表性品种，源于古巴类群的雪茄烟叶品种，主要种植在苏门答腊岛北部，用作茄衣，特点是味道温和，略带肉桂香、泥土香、花香和轻微的甜味。其本身在 Sumatra 地区并不优秀，但引种到其他地区如喀麦隆和厄瓜多尔种植，产品质量有很大改善，有更浓郁的泥土味、些许香料味，色深，油亮（图 1-14）。

图 1-14　Sumatra

（五）'Connecticut'

'Connecticut'来自 100 多年前印度尼西亚的'Sumatra'，现为美国雪茄烟叶的代表性品种，有了美国康涅狄格品种的身份。2 个品种，即'Connecticut Shade''Connecticut Broadleaf'分别用作茄衣和茄芯。用'Connecticut'茄衣烟叶卷制了数千万支从轻度到中度浓郁的优质雪茄，其具有丝绸般几乎无法眼见的细腻筋脉，且轻薄而光滑、燃烧快速，是最昂贵的茄衣烟叶，并具有温和而甜润、木香和烤面包的风味，是新手配方师的首选，因为其允许配方师在茄芯烟叶方面随意发挥而没有太多的顾虑。'Connecticut Broadleaf'是一种阳植品种，叶片较大、较厚且较粗糙，油分较大，经过深度发酵可以得到大众市场流行的深色 Maduro 茄衣，是目前世界上少有的几个可以制作深色茄衣的品种之一。美国和厄瓜多尔康涅狄格茄衣烟叶品种的中性和平易近人特性，使得'Connecticut'成为通用雪茄的 MACANUDO、Altadis 公司的 ROMEO Y JULIETA 和大卫杜夫的 White Label 等品牌雪茄的首选茄衣。

（六）'Habana2000'

'Habana2000'是由'Corojo'与'Connecticut Shade'杂交选育而成的古巴烟草品种。20 世纪 80 年代使用的品种名为'Habana 2.1.1'，后来为获得更多的原始'Corojo'烟草品质和更高的抗病性，利用'Habana 2.1.1'与'Corojo'再回交育成的品种正式定名为'Habana2000'。该品种的成功培育，拯救了古巴雪茄产业（图 1-15）。

图 1-15　Habana2000

（七）'Mata Fina'

'Mata Fina'是巴西最有名的雪茄烟叶品种，颜色较深，强度适中，香吃味丰富，香气浓郁，有一种天然的甜味，用作茄芯和茄衣，而且经过深度发酵可以做出非常好的深棕色 Oscuro 和黑褐色 Maduro 茄衣，在国际烟叶市场非常受欢迎。

（八）'Beinhart 1000-1'

波多黎各（Puerto Rico）的雪茄烟叶品种'Beinhart 1000-1'适宜用作茄芯，

自然株高170cm，打顶株高120cm，有效叶数20片；烟叶油分多，身份适中，浅棕红色，结构较疏松，光泽暗，具有烟气浓度强、香气足等特点。该品种以良好的抗黑胫病特性著称，现主要作为抗病育种材料使用（图1-16）。

图1-16　Beinhart 1000-1

三、中国雪茄烟叶品种

雪茄烟叶品种是国产雪茄烟叶原料开发的战略性和基础性"芯片"，是国产雪茄烟叶开发与应用的源头。

国内雪茄烟叶优良品种严重匮乏，现有雪茄烟叶产区的主栽品种一部分是从地方名优晾晒烟种质资源中筛选出来的，其余的均是从古巴、美国、印度尼西亚和多米尼加等国引进的优良品种。近年来，国内多个烟草研究单位开展了雪茄烟叶品种的引进比较试验研究，取得了突破性进展。另外，从收集保存的雪茄烟、晾烟、晒烟种质资源中筛选出600余份具有雪茄烟风格的种质资源开展了鉴定、评价和筛选工作，筛选出一批品质抗性兼顾的优良新种质。

（一）全国雪茄烟叶审定品种

云南省烟草农业科学研究院、中国烟草总公司海南省公司海口雪茄研究所、中国烟草总公司四川省公司、湖北省烟草科学研究院共同组织实施，在云南、海南、湖北、四川4省建立了云南德宏、云南普洱、云南临沧、海南屯昌、湖北十堰、湖北宜昌、湖北恩施、四川德阳、四川达州9个试验点，由相关地（市）级公司承担实施具体的田间试验工作，2021年开始对18个新品系进行全国雪茄烟叶品种试验，以筛选出工业认可、茄农乐意种植、风格特色彰显的优良新品系。

2023 年 5 月，自主选育出'云雪 1 号''云雪 2 号''楚雪 26 号''楚雪 14 号''德雪 4 号''川雪 2 号''川雪 5 号''海研 204''青雪 3 号'首批雪茄烟叶品种，并通过了全国烟草品种审定委员会审定，填补了我国雪茄烟叶品种的空白，破解了国产雪茄烟叶"种什么"的难题，实现了品种自主可控。

（二）云南雪茄烟叶主栽品种

云南经过多年的品种比较试验和筛选应用评价，选育出'云雪 1 号''云雪 2 号''云雪 6 号''云雪 8 号''云雪 36''云雪 38''云雪 39''云雪 40''云雪 41'等适合云南雪茄烟区和工业需求的优良雪茄烟叶品种。

1.'云雪 1 号'

选育简况：由'古引 4 号'变异株通过系谱法选育而成，2023 年 5 月通过全国烟草品种审定委员会审定。

特征特性：茄衣和茄芯兼用品种，植株塔形，叶椭圆形至宽椭圆形，叶面平整，可采叶数 17～19 片，田间生长势强、整齐一致，云南产区生育期 90 天左右，亩产量 90～110kg。调制后浅褐色至褐色，风格特征较显著，烟气浓度中等，香韵特征以蜜甜香和清甜香为主，余味较舒适，燃烧性较好，灰色灰白。对烟草花叶病毒（TMV）免疫，中抗黄瓜花叶病毒（CMV）和黑胫病 1 号小种，感黑胫病 0 号小种、赤星病、野火病和马铃薯 Y 病毒（PVY）。

推广情况：截至 2023 年，累计种植面积 10 751 亩，已用于山东中烟"战神 V"、安徽中烟"茶马古道"、湖北中烟"逍遥 3 号"、四川中烟"132 益川老坊"等产品配方。

2.'云雪 2 号'

选育简况：由'古引 5 号'变异株通过系谱法选育而成，2023 年 5 月通过全国烟草品种审定委员会审定。

特征特性：茄衣品种，植株塔形，叶椭圆形至宽椭圆形，叶面平整，可采叶数 17～19 片，田间生长势强，云南产区生育期 85 天左右，亩产量 90～110kg。晾制后浅褐色至褐色，雪茄风格特征明显，烟气蜜甜香突出、干净无杂，余味舒适，燃烧性较好，灰色白、灰线较细、层次清晰。对 TMV 免疫，中抗 CMV 和黑胫病 1 号小种，感黑胫病 0 号小种、赤星病、野火病和 PVY。

推广情况：截至 2023 年，累计种植面积 5790 亩，已用于山东中烟"战神 V"、安徽中烟"茶马古道"、湖北中烟"逍遥 3 号"、四川中烟"132 益川老坊"等产品配方。

3. '云雪36号'（新品系）

选育简况：由'Habana'变异株通过系谱法选育而成。

特征特性：茄衣和茄芯兼用品种，植株塔形，叶长椭圆形，可采叶数16～18片，田间生长势强、整齐一致，云南产区生育期85天左右，亩产量80～100kg。晾制后浅褐色至褐色，雪茄风格特征显著，香气丰富，味道醇厚，木香、豆香、蜜甜香明显，余味舒适，燃烧性较好，灰色白。对TMV免疫，抗黑胫病1号小种，中抗黑胫病0号小种，感赤星病和PVY。

推广情况：截至2023年，累计种植面积900亩，烟叶身份适中，细腻有张力，工业适用性高。

4. '云雪38号'（新品系）

选育简况：由'Corojo'变异株通过系谱法选育而成，2023年已参加全国雪茄烟叶品种区域试验。

特征特性：茄衣品种，植株塔形，叶长椭圆形，可采叶数17～19片，田间生长势强、整齐一致，云南产区生育期85天左右，亩产量90～100kg。晾制后浅褐色至红褐色，雪茄风格特征显著，香味浓郁，有麦芽甜味、焦糖味、雪松、肉豆蔻、白胡椒和黑胡椒的香韵，烟气浓郁、饱满、柔顺，燃烧性好，灰色白。对TMV免疫，抗PVY和黑胫病1号小种，感黑胫病0号小种和赤星病。

推广情况：截至2023年，累计种植面积1935亩，烟叶身份适中，组织结构细腻，工业可用性高，是优质的茄衣烟叶原料。

5. '云雪39号'（新品系）

选育简况：由'Criollo'变异株通过系谱法选育而成，2023年已参加全国雪茄烟叶品种区域试验，是一个产量、品质、抗性兼顾的优良茄衣和茄芯兼用型纯系新品系。

特征特性：茄芯品种，植株蜘蛛塔形，叶长椭圆形，可采叶数16～18片，田间生长势强、整齐一致，云南产区生育期90天左右，亩产量90～110kg。晾制后浅褐色至褐色，雪茄风格特征明显，香气宜人，吃味温和，具有浓烈的可可香、丰富的烟草香和咖啡豆的甜韵，以及木香、干草香、豆香和奶香，回甘甜润舒适，灰色灰白。对TMV免疫，中抗黑胫病1号小种和赤星病，感黑胫病0号小种和PVY。

推广情况：截至2023年，累计种植面积7710亩，可用性高，是目前品质最优的茄芯烟叶原料。

（三）雪茄烟叶品种发展启示

古巴无疑是世界雪茄烟叶品种的发源地，世界各国的雪茄烟叶发展都是从引进古巴品种开始的，雪茄烟叶品种的发展变迁给我们带来许多有益的启示。

1）品种的利用有时间性，任何品种生产利用的年代都是有限的。因此，我们必须根据生产条件、市场变化等积极培育新品种。

2）品种的适应性有地区性，任何一个品种都有一个最适宜的区域和最佳的栽培模式。厄瓜多尔根据自身气候特点采取非遮阴模式种植的'Connecticut'茄衣比美国的更具弹性，更具竞争力。同样，厄瓜多尔2001年引进的'Habana2000'燃烧性不好，开始以为是品种不好险些放弃，但后来发现其在厄瓜多尔种植时因叶片较厚需要二次发酵，现成为主栽品种。

3）品种引进应尽量考虑与原产地气候相似，也就是根据气候相似原理引进品种更易成功。引进的品种有个适应过程，同时要根据品种特性及当地气候、生态等进行相应调整，这样才能获得良好的引种效果。美国'Connecticut'最初来自100多年前印度尼西亚的'Sumatra'，多米尼加的'Piloto'来自古巴，其表现都远远超过原产地，成为引种国标志性的品种。今天我们从国外引进品种，要考虑该怎么引，引什么？

（四）雪茄烟叶品种发展展望

1. 明确育种目标

无论在哪个国家和地区种植，雪茄烟叶的5个基本特性都备受重视：高产、抗病性、叶型、口味和燃烧性。如果大面积感病，对烟农来说损失巨大；如果燃烧不好，就会被认为烟草不好；如果一种烟草平淡无味，就没什么价值。尽管目前抽吸雪茄被认为是相对安全的，但随着吸烟与健康关系研究的不断深入及绿色发展理念深入人心，应将"优质、抗病、高产、合适的长宽比、良好的燃烧性及安全"作为育种总目标。

2. 理清发展思路

根据我国雪茄烟叶品种研究及应用现状，结合目标要求，实施"两条腿走路"战略：一是筛品种、摸家底、构建库（雪茄烟叶品种基因库）；二是育品种、我为主、我掌控。建立雪茄烟叶育种攻关统一平台，打破育种各自为政，形成全国雪茄烟叶育种攻关一盘棋，统一发展规划、统一项目申报、统一评价，研究内容分头负责，实施育种创新格局以及工业、商业深度融合创新格局。采取边研究边示范策略，加速育成品种生产利用。

3. 明确育种方法

随着我国烟草基因组计划重大专项不断推进，未来雪茄烟叶育种应积极采用现代生物育种的最新成果，与常规育种方法有机深度结合，尽快破解我国雪茄烟叶品种受制于人的被动局面。

4. 确立发展目标

研究筛选一批雪茄烟叶优良品种，明确适宜种植区域，形成适应区域生态特点的主栽品种（茄衣、茄芯），以满足国产雪茄烟叶生产和雪茄烟产品开发需要。阶段目标：用5年时间，从现有品种中筛选出适合我国不同产区种植的茄衣、茄芯烟叶品种各1～2个供生产利用，并使之成为主栽品种，实现规模化生产；新引进雪茄烟叶品种10个，鉴定筛选出适合我国不同产区种植的茄衣、茄芯烟叶品种各1～2个供生产利用；加快雪茄烟叶品种资源解析力度，实现现有雪茄烟叶品种资源名称清晰、来源清晰、数量清晰、性状清晰。到2030年，实现品种自给，形成多样化主栽品种与搭配品种种植新格局，让中式雪茄装上"中国芯"！

第二章　雪茄烟叶种植环境条件

雪茄烟叶的适应范围很广，但优质雪茄烟叶对产地环境条件要求较高，对环境条件变化十分敏感，环境条件发生变化，不但影响雪茄烟叶的生物学性状，还能极大地影响雪茄烟叶的质量和可用性。环境条件主要包括光照、温度、空气湿度、土壤等生态条件，只有各种环境条件适宜并合理地结合起来，雪茄烟叶才能较好地生长发育。因此，优质雪茄烟叶的生产区域具有很大的局限性，全世界仅有古巴、多米尼加、尼加拉瓜和墨西哥等10多个国家种植。

第一节　雪茄烟叶产地环境条件

优质雪茄烟叶生产对环境条件要求很高，气候、水分和土壤等生态因子是决定其风格特征的关键因素。因此，全球的优质雪茄烟叶产地仅分布于南北回归线之间，特别是23°N附近地区；国外优质雪茄烟叶产地主要有古巴的 Vuelta Abajo、Partido、Remedios 和 Semi Vuelta，印度尼西亚的 Sumatra 和 Java，多米尼加的 Cibao 和 Yague，尼加拉瓜的 Jalapa 和 Esteli，美国的 Connecticut，洪都拉斯的 Jagua，巴西的 Estado de bahia，墨西哥的 San Andreas 及厄瓜多尔、菲律宾、牙买加和喀麦隆等。适宜的自然环境条件是生产优质雪茄烟叶的基础。相对茄芯烟叶而言，茄衣烟叶对自然环境条件的要求更为苛刻，主要环境条件包括温度、相对湿度、光照、降水和土壤等，不同产区有所差异。

全球公认的最优雪茄烟叶产地是古巴，位于 21°～23°N，全境大部分地区属热带雨林气候或热带草原气候，年平均气温 25℃，年降水量在 1000mm 以上。古巴西部 Pinar del Rio 的 Vuelta Abajo 是世界最著名的优质雪茄烟叶种植地（陶健等，2017），一般 8～11 月育苗，10 月下旬至次年 1 月移栽，2～4 月采收。大田生长期主要生态因子的动态变化表现为：气温呈上升趋势，1～4 月雪茄烟叶生长季月平均气温 21.21～24.41℃、月最高气温 30.25℃、月最低气温 19.21℃，整个生育期的温差最大为 6.84℃；月降水量稳定在 90mm 以下（55.97～87.02mm）；空气相对湿度 70%～85%；土壤 pH 5.62～6.0，有机质含量 18.39～22.43g/kg，以沙壤土为主，沙粒含量 40% 左右。

一、光照强度

雪茄烟叶喜光，其中茄芯烟叶需要充足的光照，但雪茄烟对茄衣质量有特殊要求，决定了其在生长期不能接受强光照射，只能在云雾多、日照强度较弱的条件下获得较高的品质。印度尼西亚的苏门答腊是世界著名的茄衣烟叶产区之一，在烟叶生长的 4～6 月，有 30%～40%的白天是阴雨天，由于光照条件适宜，大田生产不需搭建遮阴网，一般将中部和底部质量好的烟叶选作茄衣。在世界上不少的优质茄衣烟叶产区，自然状态下的日照强度难以生产脉细片薄的烟叶，因此进行遮阴栽培是解决日照过强问题的必要措施。

二、温度

在大田生长期，温暖、湿润的气候条件有利于雪茄烟株的快速生长，并培育出大、薄、均匀且没有突出叶脉的叶片。在雪茄烟叶生长期，平均温度不低于 20℃、最高温度在 25～35℃，就能够很好地满足烟株的生长需要。温度过高或过低都会抑制叶片的生长，而连续长时间的湿度偏大则容易导致病害发生，不利于优质茄衣烟叶的形成。巴西的巴伊亚州是著名的优质茄衣烟叶产区，尽管当地各农场的移栽时间差异很大，但大田生长期基本在 4～8 月，温暖湿润的气候条件为生产优质茄衣烟叶提供了可能。

三、空气湿度

生产优质茄衣烟叶要求烟株生长快速且连续不断生长，因此整个生育期不能有明显的干旱天气，理想的降水量是雨量中等且分布均匀，如巴西的巴伊亚州烟区在茄衣主要生长期的 5～8 月降水量在 95～137mm，平均相对湿度在 75%～85%。在降水量及时间分布无法完全满足茄衣烟叶生长需要的地区，必须有良好的灌溉条件和排水系统。茄芯烟叶要求生长季月降水量在 100mm 以内，平均相对湿度在 50%～75%。

四、土壤条件

茄衣烟叶生产需要最轻质的土壤，要求土壤结构疏松，自然排水性能好，只有在这样的土壤上才能生产出高质量的茄衣烟叶。例如，印度尼西亚苏门答腊岛东海岸的茄衣烟叶产区土壤大多是黑色沙壤土、沙壤土和细沙壤土，富含有机质

（不低于 2%）；比那尔德里奥是古巴最好的茄衣烟叶产区，土壤为红色沙壤土；美国康涅狄格州茄衣烟叶产区土壤为沙壤土、细沙壤土和极细沙壤土。而茄芯和茄套烟叶适宜生长在较黏、肥力较高、富含有机质（不低于 2%）的土壤上。除了土壤质地，土壤 pH 对茄衣烟叶质量的形成也有重要影响，适宜的土壤 pH 应为 5.5～6.0，过高易导致根腐病发生，过低会增加土壤中锰的溶解，造成重金属锰中毒。

五、环境空气质量

空气质量符合《环境空气质量标准》（GB 3095—2012）二级限值要求。

六、灌溉水质量

灌溉水质量符合表 2-1 规定的限值要求。

表 2-1　雪茄烟叶生产灌溉用水质量要求

项目	指标
pH	5.5～7.0
总汞（mg/L）	≤0.001
总镉（mg/L）	≤0.005
总砷（mg/L）	≤0.1
总铅（mg/L）	≤0.1
铬（六价）（mg/L）	≤0.1
氯化物（mg/L）	≤16
氟化物（mg/L）	≤2.0
氰化物（mg/L）	≤0.5
石油类（mg/L）	≤10

第二节　云南雪茄烟叶种植布局

雪茄烟叶种植分布首先取决于自然条件，气候和土壤是直接影响雪茄烟叶生长发育的基本因素，准确把握气候和土壤中对优质雪茄烟叶生产有明显影响的指标，是科学合理规划雪茄烟叶种植布局的关键。

一、自然地理

我国云南与古巴纬度相近、生态相似，具有"北回归线的阳光，低海拔的河谷小气候"，雨量充沛、阳光充足，温湿度协调性好；其中，滇南和金沙江河谷的地理区位、生态环境与古巴高度相似，有红色的沃土、和煦的阳光、适宜的温度、充沛的水源，是种植雪茄烟叶不可复制的黄金区域，具备开发国际优质雪茄烟叶的巨大潜力。

云南生态有三多：光多、水多、山多；三大：温度变化大、降水差异大、海拔落差大；三全：气候类型全、物种资源全、土壤类型全。

云南光照资源充足的大江大河流域是最适宜种植雪茄烟叶的区域。金沙江蜿蜒流经的丽江、楚雄、昭通等地势平缓区域，怒江自北直下流淌过的保山潞江坝地区，元江从东南斜跨过的玉溪新平戛洒、红河元阳马街等地都十分适宜雪茄烟叶的生长。此外，云南各州市的河流，如德宏州盈江、临沧市南汀河、瑞丽江等河谷地带也是雪茄烟叶生长的理想区域。

云南众多的支流水系扩展了雪茄烟叶的适宜种植区域，如文山州的驮娘江、西洋江、谷拉河河谷，普洱市的澜沧江、把边江、李仙江河谷等地都适宜雪茄烟叶的生长。

云南独特的立体小气候使其成为雪茄烟叶的适宜种植区，如文山州丘北县、广南县、砚山县、西畴县，红河州弥勒市、个旧市、蒙自市，普洱市澜沧县、思茅区、江城县等地虽然附近没有大型水源地，但降水丰富，气候湿润，适宜种植雪茄烟叶。

云南的地势北高南低，因此北部山地多，而南部平地多。

分析云南气温与降水等气象指标发现，除滇东北的昭通由于靠近金沙江，其他主要适宜种植雪茄烟叶的州市都偏向滇南，如德宏、保山、临沧、普洱、玉溪、文山 5 个州市适宜种植雪茄烟叶的区域约占云南总面积的 75% 以上，其他 10 个州市合计不超过 25%，田烟占比是地烟的 3 倍。

云南的耕地以山地为主，自然地理环境十分复杂、地域组合类型多样、垂直变化突出、立体特征显著。从地貌上看，盆地、河谷、丘陵、低山、中山、高山、山原、高原相间分布，山中有坝，坝中有谷。云南地势变化与纬度变化复合，造成其成土过程和土壤类型多样，主要土纲为铁铝土、淋溶土、半淋溶土、初育土、水成土、人为土、高山土。云南土壤的水平地带性表现为从南到北砖红壤、赤红壤、红壤依次更替；垂直地带谱为砖红壤、赤红壤、燥红土、红壤、黄壤、黄棕壤、棕壤、暗棕壤、棕色针叶林土、亚高山草甸土、高山寒漠土；水平分布的区域性分布表现为砖红壤和赤红壤带干热河谷的燥红土，红壤带的紫色土，岩溶地貌的石灰（岩）土区。红壤广泛分布于 24°～26°N 海拔 1500～2500m 的高原湖盆边缘及中低山地，是云南分布面积最大的土壤类型。红壤是云南高原中部的基带土壤，pH 一般在 5.0～6.2，其分布区是云南优质烟叶的主要产区。

二、产地选择

我国雪茄烟叶种植起步较晚，尚未见有关其种植布局规划的研究报道，也没有明确的雪茄烟叶种植布局规划指标。因此，云南雪茄烟叶种植的布局规划主要参照古巴优质雪茄烟叶产区 Pinar del Río 的生态气候条件，分析确定影响雪茄烟叶生长发育的气候和土壤因素的关键指标。首先对气候和土壤两个关键因素的权重赋值（权值）并分析确定关键指标，其中气候权值为 0.7，关键指标是大田生长期的月日均温、月降水量、日照时数和相对湿度；土壤权值为 0.3，关键指标是土壤 pH、有机质含量、氯（Cl）含量、碱解氮（N）含量、速效钾（K_2O）含量、有效耕作层厚度。其次是依据云南气候和土壤基础数据统计分析结果，确定茄衣、茄芯烟叶的气候和土壤各项关键指标的具体适宜范围。

（一）气候指标

参照国际优质雪茄烟叶产区的生态气候条件，优选温度在 19～35℃（前低后高）、大田期月均温≥20℃的区域。

1. 茄衣

光照充足，移栽至采收期月均温不低于 20℃，采收期均温 25℃以上，晾制期温度 25～35℃（表 2-2）。

表 2-2 云南雪茄烟叶种植气候适宜区划主要指标

指标（大田期）		类型		
		最适宜	适宜	次适宜
茄衣	月均温（℃）	≥20	≥18	≥16
	月降水量（mm）	90～120	81～89；121～149	60～80；150～180
	日照时数（h）	500～600	450～499；601～700	400～449；701～800
	相对湿度（%）	65～75	60～64；76～80	50～59；81～85
茄芯	月均温（℃）	≥22	≥20	≥18
	月降水量（mm）	60～100	51～59；101～129	40～50；130～150
	日照时数（h）	600～800	550～599；801～850	500～549；851～900
	相对湿度（%）	50～65	40～49；66～75	35～39；76～80

2. 茄芯

光照充足，移栽至采收期月均温不低于 22℃，采收期均温 25℃以上，晾制期温度 25～35℃（表 2-2）。

（二）土壤指标

1. 茄衣

土地平整、结构疏松、质地轻质、富含有机质（不低于 2%）、pH 5.5～6.5、自然排水性能好的红色沙壤土。

2. 茄芯

土壤较黏、肥力较高、富含矿物质的缓坡地，pH 5.0～7.0。

综合云南的土壤条件得到雪茄烟叶种植土壤最适宜区、适宜区和次适宜区的指标阈值，如表 2-3 所示。

表 2-3　云南雪茄烟叶种植土壤适宜区划主要指标

指标	最适宜区	适宜区	次适宜区
pH	6.0～7.0	5.5～5.9；7.1～7.5	5.0～5.4；7.6～8.0
有机质（g/kg）	20～30	16～19；31～35	11～15；36～40
碱解氮（N）（mg/kg）	90～130	61～89；131～150	30～60；151～200
速效钾（K_2O）（mg/kg）	≥120	90～119	40～89
氯（Cl）（mg/kg）	15～30	10～14；31～40	<10；40～45
有效耕作层厚度（cm）	≥24	≥20	≥16

三、雪茄烟叶产区

综合云南的自然与社会经济条件，云南省烟草专卖局规划的 14 个州市的最适宜与适宜雪茄烟叶种植区面积合计 70 万亩。前期规划在德宏、临沧、普洱、玉溪等 10 个州市开展雪茄烟叶种植，总面积 60.60 万亩（雪茄烟叶最适宜、适宜种植区），涉及 45 个县（市区）的 141 个乡镇的 551 个村委会，规划雪茄基本烟田连片 3538 个，其中田烟面积 45.52 万亩，占比 75.12%，地烟面积 15.08 万亩，占比 24.88%（表 2-4）。

表 2-4　云南省雪茄烟叶种植区规划统计表

州市	合计					最适宜区				适宜区				规划面积小计（万亩）
	县（市区）	乡镇	村委会	连片	面积（万亩）	乡镇	村委会	连片	面积（万亩）	乡镇	村委会	连片	面积（万亩）	
德宏州	3	6	22	41	10.50	6	20	39	10.15	2	2	2	0.35	10.50
保山市	4	7	49	82	5.00	7	43	71	4.80	2	6	11	0.20	5.00
临沧市	4	8	45	207	11.00	6	37	168	10.78	2	8	39	0.22	11.00
普洱市	7	28	91	1164	10.00	28	66	231	4.31	44	83	933	5.69	10.00

州市	合计					最适宜区				适宜区				规划面积小计（万亩）
	县（市区）	乡镇	村委会	连片	面积（万亩）	乡镇	村委会	连片	面积（万亩）	乡镇	村委会	连片	面积（万亩）	
玉溪市	5	16	73	183	10.30	9	32	100	6.30	13	41	85	4.00	10.30
楚雄州	4	14	33	83	3.20	11	19	46	2.10	7	15	37	1.10	3.20
曲靖市	3	8	18	114	1.30	8	13	72	0.86	3	6	42	0.44	1.30
昭通市	7	28	83	1110	4.10	24	60	601	2.35	23	57	509	1.75	4.10
文山州	3	16	111	482	4.20	8	63	275	2.48	8	48	207	1.72	4.20
大理州	5	10	26	72	1.00	5	16	45	0.69	8	13	27	0.31	1.00
合计	45	141	551	3538	60.60	112	369	1648	44.82	112	279	1892	15.78	60.60

注：德宏州全部为田烟

（一）最适宜生态区划分

10 个州市规划的雪茄烟叶最适宜种植区分布在 112 个乡镇的 369 个村委会的 1648 个连片，面积 44.82 万亩，占总面积的 73.96%。最适宜种植区田烟合计 37.75 万亩，占总面积的 62.29%，地烟合计 7.07 万亩，占比 11.67%。

（二）适宜区生态区划

10 个州市规划的雪茄烟叶适宜种植区分布在 112 个乡镇的 279 个村委会的 1892 个连片区，面积 15.78 万亩，占总面积的 26.04%。适宜种植区田烟合计 7.77 万亩，占总面积的 12.82%，地烟合计 8.01 万亩，占比 13.22%。

（三）主要产区

1. 临沧

临沧市属低纬高原山地季风气候，北回归线横穿境内，山地起伏交错，地势高低悬殊，地形复杂多变，形成"一山分四季，十里不同天"的典型地域性气候。全市从低海拔到高海拔分属北热带、南亚热带、中亚热带、北亚热带、南温带、中温带 6 个气候带。干季受大陆干暖气团控制，雨季受湿热的南亚和东亚海洋气团交替影响。降水充沛，光热资源丰富；冬暖夏凉，四季之分不明显；冬春季干燥少雨，夏秋季多雨潮湿，干季雨季分明；气候种类多样，立体气候显著；气温年较差小，日较差大。全市年平均气温 18℃ 左右，无霜期 317～357 天，年均降水量 920～1750mm，年均日照时数 1894.1～2261.6h。我国临沧与古巴雪茄烟叶优

质产区类似，干季雨季分明，雨季雨水较多，干季日照时间长，年均日照时数 2000h
以上，霜期较短，部分地区终年无霜；低海拔河谷地区气温 19℃以上，亚热带低
纬度热区面积占全市总面积的 1/3，占云南热区面积的 11.4%。尤其是西南部南汀
河流域的低海拔、低纬度冲积平坝低谷区域具有典型的亚热带气候特征，海拔 600m
以内光、温、水、热充足，年均气温 22.8℃，年降水量 1546.4mm，年日照时数 2124.0h，
全年无霜，空气相对湿度 79%，有丰富且肥沃的红壤土和沙壤土，与古巴地区具有
相似的气候条件，同时水资源丰富，水利设施和交通设施发达，具备生产优质雪茄
烟叶条件的耕地面积 10 万亩，发展潜力巨大（图 2-1）。

图 2-1　云南临沧雪茄烟叶种植生态

2. 普洱

普洱市位于云南西南部，受亚热带季风气候影响，大部分地区常年无霜，冬
无严寒，夏无酷暑，享有"绿海明珠""天然氧吧"之美誉。海拔 317～3370m，
有北热带、南亚热带、中亚热带、北亚热带、温带 5 个气候带，无霜期 315 天以
上，年均气温 20℃左右，年降水量 1100～2780mm，负氧离子含量七级以上。雪
茄烟叶大田生长期月均温 20℃以上，河谷地带优越的土壤资源和气候资源使其成
为生产优质雪茄烟叶原料不可复制的黄金腹地，具备种植雪茄烟叶的禀赋优势，
为普洱市发展生态特色优质雪茄烟叶提供了良好条件（图 2-2）。全市影响雪茄烟
叶生产的灾害性天气主要是旱涝、冰雹。

3. 玉溪

玉溪市处于低纬度高原，属于亚热带季风气候，受复杂地形及受印度洋、北
部湾温湿与干燥气流综合影响，加上垂直与背向气流，气候变化多样，冬天和春

天是干季，夏天和秋天是雨季，温和湿润。一年四季温差在 16℃ 之内，年均气温 16.4～24.6℃，最高 32.2℃，最低-3℃；年均降水量 674～1023mm，多集中于 6～10 月，尤其是雨季集中于 5～10 月，大、暴雨多集中于 6～8 月，范围小、强度大的"单点暴雨"频繁发生；相对湿度 75.3%，年均蒸发量 1801mm。1～3 月为霜期，偶见降雪。由于地形复杂，高差较大，一般山区比坝区降水量大、温度低，自山顶到谷底，全年和昼夜温差变化显著。既有四季如春的山区平坝，也有被称为"天然温室"的谷地，具有得天独厚的发展雪茄产业的自然生态优势（图 2-3）。

图 2-2　云南普洱雪茄烟叶种植生态

图 2-3　云南玉溪雪茄烟叶种植生态

4. 德宏

德宏州紧靠北回归线附近，所处纬度低，属于南亚热带季风气候，气候资源得天独厚，空气透明度好，是全国高质量光照区之一，年降水量 1400～1700mm，年均气温 18.4～20℃，年日照时数 2281～2453h，年积温 6400～7300℃，具有冬无严寒、夏无酷暑、雨量充沛、雨热同期、干冷同季、年温差小、日温差大、霜期短、霜日少的特点，为多种作物提供了良好的生长和越冬条件，同时光、热、水等气象因素的分配有利于雪茄烟叶生长（图 2-4）。总耕地面积 14.6540 万 hm²，盈江、芒市、陇川 3 个县（市）耕地面积较大，占全州的 81.06%。

图 2-4　云南德宏雪茄烟叶种植生态

5. 保山

保山市属低纬山地亚热带季风气候，由于地处低纬高原，地形地貌复杂，形成"一山分四季，十里不同天"的立体气候。气候类型有北热带、南亚热带、中亚热带、北亚热带、南温带、中温带和高原气候共 7 个。特点是：年温差小，日温差大，年均气温 14～17℃；降水充沛、分布不均，干湿分明，年降水量 700～2100mm。保山城依山骑坝，日照充足，年均气温 15.5℃，最冷月平均气温 8.2℃，最热月平均气温 21℃，夏无酷暑，冬无严寒，四季如春（图 2-5）。全市耕地 25.78 万 hm²，占土地总面积的 13.53%；种植园用地 10.69 万 hm²，占 5.61%；林地 131.42 万 hm²，占 68.94%；草地 2.67 万 hm²，占 1.40%。

图 2-5　云南保山雪茄烟叶种植生态

第三章 雪茄烟叶栽培技术

　　雪茄烟叶的栽培技术是指通过各种农艺措施协调雪茄烟叶生长发育与产地气候、土壤之间的关系。雪茄烟叶生长发育及品质形成与外部的生态条件如气候条件、土壤状况、施肥管理、田间管理等密切相关。雪茄烟叶的栽培技术包含品种选择、育苗管理、施肥管理、栽培管理、水分管理、封顶留叶、绿色防控等部分。较为特殊的是茄衣烟叶的生产，在满足茄芯烟叶生产所要求的气候条件下，茄衣烟叶对光照有更为苛刻的要求。因此，一般采用遮阴方式来调节茄衣烟叶的厚薄、面积大小及平整度等外观性状。

第一节　品　种　选　择

　　品种作为烟草品质、抗性、主要产量及农艺性状的内在决定因子以及各类农事措施实施的载体，是雪茄烟叶风格特征彰显的基础，更是国产雪茄烟叶原料开发的战略性、基础性"芯片"，以及国产雪茄烟叶开发与应用的源头。选育适宜全国雪茄烟叶产区的优质品种、加快种质资源筛选评价、构建品种选育与推广应用平台是目前雪茄烟叶品种研究的重中之重。品种选择需要根据当地的生态条件和种植结构进行科学考量。

一、品种选择原则

　　实行品种区域化种植，选择适合当地种植的茄衣、茄芯烟叶品种。

　　根据新品种选育和审定情况开展新品种示范，并根据示范结果和工业企业需求，逐步扩大示范品种种植面积，优化品种种植结构。

　　依据工业需求选择适宜当地产区的品种。

　　依据品种用途和专用性，综合考虑烟区气候和土壤条件，选择适宜品种。

　　依据品种生育期、适应性和抗病性，选择适宜品种。

二、品种适应性评价

为加快国产雪茄烟叶产业化发展，2020年国家烟草专卖局启动实施雪茄烟叶品种重大专项，雪茄烟品种选育从零起跑，围绕提出的"选育5~8个品质特色较好、适宜于国内产区生态特点的茄衣、茄芯品种"总体目标任务，从建立统一的国产雪茄烟叶品种筛选平台、优质品种（系）规模化种植和构建雪茄烟叶种质资源库三个方向进行项目布局与科研攻关，在项目参与单位的通力合作下，雪茄烟叶品种选育取得了从无到有的突破性进展，有效支撑了重大专项和国产雪茄烟叶开发的快速推进。筛选出工业认可、茄农乐意种植的4个茄衣和4个茄芯烟叶优良新品系并通过审定，基本实现了大面积种植品种有审定的历史性突破，满足了国产雪茄烟叶生产和雪茄烟产品开发的需求。初步建成了全国性雪茄烟叶新品种试验平台，有效支撑了品种筛选与应用。初步构建了行业首个雪茄烟叶种质资源库，为优质雪茄烟叶品系筛选奠定了坚实基础。启动实施了雪茄烟叶新品种自主选育工作，为品种持续供给提供了有效保障。

2021年对18个雪茄烟叶新品系（包括9个茄衣和9个茄芯烟叶）和2022年对其中的16个雪茄烟新品系（包括8个茄衣和8个茄芯烟叶）进行验证试验。根据各个品系的田间综合表现和晾制、发酵及外观质量和感官评价结果，得出各个品系的基本特征特性，筛选出的优良新品种已在云南、四川、湖北、海南等产区规模化种植，所产烟叶分别进入四川、山东、湖北、安徽中烟4家企业的雪茄烟配方。目前全国各产区已基本固定了主栽品种，云南产区主要是'云雪1号''云雪2号'；海南产区主要是'海南1号''云雪1号'；四川产区主要是'川雪3号'；湖北产区主要是'楚雪14号'和'楚雪26号'。

第二节　育　苗　管　理

育苗是雪茄烟叶生产第一个重要的技术环节。充足、健壮、整齐的烟苗是雪茄烟叶生产实现均质化的前提。由于自然环境与农业现代化发展水平存在差异，各国均采用符合本国生产组织模式的育苗方式。古巴和多米尼加等国主要的雪茄烟叶产区大多还是采用传统的育苗方式，如苗床直播、两段式常规育苗等劳动用工多和成本高的育苗方式，而国内主要产区借鉴烤烟的生产模式，大多采用集约化的漂浮育苗方式。虽然雪茄烟叶育苗方式差异显著，但是经过生产实践的检验，各国采用的育苗方式在烟叶质量和均匀化等方面均能够完全满足各国产区的雪茄烟叶生产要求。

一、育苗方式

目前，我国雪茄烟叶育苗主要借鉴烤烟成熟的漂浮育苗技术，而古巴和多米尼加根据当地的自然条件与社会发展状况主要采用架空湿润育苗及苗床地育苗。

古巴雪茄烟叶多采用架空湿润育苗方式。成苗需要 38～45 天，幼苗高度 15～20cm（6～8 英寸）。幼苗生长期间，每天都会检查，及时清除生长势较弱以及感染病虫害的幼苗。

多米尼加约 3/4 的雪茄烟叶采用传统的苗床地育苗方式。播种前 60 天，人工理出长、宽、高分别为 10m、1m、0.3m 的苗床，然后将裸种和细沙土混匀后撒播在苗床上，随后浇水并覆盖稻草等有机物质进行保湿。根据苗床土壤含水量进行补水，一般 2 周后开始施肥。另外，约 1/4 的雪茄烟叶会采用两段式育苗方式。先在苗床上进行撒播，出苗后移植到育苗盘进行漂浮育苗。苗床期 40～45 天，茎秆高 13～15cm，成苗后选择无病虫害、根系发达、整齐一致的壮苗进行移栽。

二、漂浮育苗

国内雪茄烟叶育苗一般参考烤烟的漂浮育苗，包括播种、水分和养分管理、温湿度管理以及剪叶、锻苗等技术环节。

1. 播种

雪茄烟叶播种期与其田间生产关系密切。在适宜的生态环境条件下，雪茄烟叶适宜移栽的苗龄一般为 40～55 天。雪茄烟叶的大田生长期一般为 80～90 天，而晾制期为 30～45 天。因此，为了满足雪茄烟叶在大田生长期与晾制期的温度要求，根据雪茄烟叶种植面积和晾制期晾房等设施的配套情况，需要合理安排雪茄烟叶播种的窗口期。

云南的雪茄烟叶一般采用常规的漂浮育苗技术。漂浮育苗盘为 136～162 孔，根据各产区的生态气象条件可采用膜下小苗和壮苗（图 3-1）。壮苗一般需剪叶 2～3 次，分别在烟苗茎秆高 4cm、8cm 和 10cm 左右时剪叶，剪叶要适度，宜在距顶芽 3cm 以上处剪叶，以剪去最大叶的 1/3～1/2 为度。每次剪叶注意消毒，避免引起病毒病侵染。移栽前 5 天控水锻苗，挑选整齐一致的壮苗移栽。

2. 水分管理

漂浮育苗的水量管理原则是"先少后多"（图 3-2）。从播种到 4 片真叶时，气

图 3-1　播种

图 3-2　育苗池水分管理

温较低，若池中水量过多，升温过于缓慢，将使池水和基质温度长时间低于气温，因此池中水量要少，一般水深控制在 5cm 左右。烟苗生长进入 4 片真叶后，气温逐渐升高，水分蒸发加大，营养池的水深可加到 10～15cm，原则上育苗盘与池埂平齐时的池水深度正好合适。也有一些烟区由于育苗初期温度过低而采用湿润育苗，待烟苗出齐后放入育苗池进行漂浮育苗；也有的烟区先放池水后闭棚升高水温后才开始育苗。这些都可以根据当地的实际情况灵活采用。

3. 养分管理

施肥是漂浮育苗管理的重要一环。育苗基质不含养分或养分含量很低，只可满足烟苗最初的生长需要，因此应在育苗池中施肥，以促进烟苗健壮生长。烟苗生长早期（播种 30 天内），营养液中氮素浓度以 50～100mg/kg 为宜，播种 30 天后以 100～200mg/kg 为宜，根据上述浓度要求，氮、磷和钾的浓度按 1：0.5：1添加即可，为便于掌握和计算，可直接采用 15：7：15 或者比照相近的复合肥。目前，大多数基质厂家在出售基质时都提供已配好的专用苗肥。无论选用育苗专用肥还是复合肥，都应控制用量。施肥过多是漂浮育苗中常出现的一个问题，将造成上部生长过于繁茂、相互遮蔽，组织柔嫩，抗性差，易受病虫侵染，如由细菌引起的根腐病等，且发病很快，在施肥过多的情况下可在几小时内发生并蔓延。

每个营养池中的肥料用量计算公式如下：

$$施肥量(kg) = \frac{池水量(ml) \times 施肥浓度(mg/kg)}{养分含量(\%)}$$

施入育苗池的肥料要混合均匀，可分多点施入，适当搅拌。一般在烟苗生长的整个过程中施入 2 次肥料即可。

营养液的电导率（EC）是溶液含盐量的导电能力，由于营养液含盐量很低，因此导电能力也低，溶液的电导率与电解质的性质、浓度、温度有关。一般情况下溶液的电导率是指 25℃时的电导率，单位为 S/cm，在营养液分析中常用其千分之一即 mS/cm 表示。用于育苗的营养液导电率一般控制在 2～3mS/cm，低于 2mS/cm 时，应补充足够的营养成分使电导率上升到 3mS/cm 左右，这些补入的营养成分可以是固体肥料，也可以是预先配制好的浓溶液（即母液）。

营养液的酸碱度通常用 pH 来表示，烟苗根系在 pH 为 5.0～6.8 的弱酸性范围生长较好，因此营养液的 pH 应控制在此范围内，pH 过高（大于 7.0）会导致铁（Fe）、锰（Mn）、钢（Cu）和锌（Zn）等微量元素沉淀，使作物不能吸收利用；pH 过低（<5.0）可使烟株过量吸收某些元素而发生中毒。pH 不适宜，烟株的反应是根端发黄和坏死，叶片失绿。

营养液的电导率一般控制在 2～3mS/cm，pH 应保持 5.5～7.0，电导率和 pH 过低或过高都要及时进行调节。

营养液通常在每次配制时调整 pH，常用来调整 pH 的酸为磷酸或硝酸，为了降低成本也可使用硫酸；常用的碱为氧化钾，在硬水地区如果用磷酸来调整 pH，则不应该加得太多，因为营养液中磷酸超过 50μl/L 会使钙开始沉淀，因此常将硝酸和磷酸混合使用。

4. 温度管理

温度控制是漂浮育苗成功的关键之一，关键的温度控制时期是种子出苗期，即从播种到全部萌发这段时间（播种后两周）。烟草种子发芽的最适温度为 25～28℃，最低温度为 7.5～10℃，最高温度为 40℃，温度高于 28℃，虽发芽和生长较快，但发芽率降低；温度低于 18℃，会延长发芽出苗时间，而且会降低烟苗整齐度。

苗期受冷害，烟苗会出现叶片畸形、发黄，还可能在移栽后滋生腋芽，甚至早花。在烟苗达到最大出苗率后，夜间温度以控制在 13～16℃为宜，不应低于 13℃，白天以控制在 27～30℃为宜，温度高于 38℃时会灼伤苗叶而出现死苗。因此在漂浮育苗过程中，当棚内温度低于18℃时必须关紧门窗保温，有条件的地方可进行加温。出苗后最低温度可降低至13℃，当低于临界温度时，除可覆盖塑料膜外，还可加盖草帘保温。但温度过高的危害更大，如引起烟苗死亡，降低成苗率，特别是在4片真叶前烟苗对热害十分敏感，因此棚内温度应控制在35℃以下，当高于35℃时必须打开门窗通风降温。长出4片真叶后，烟苗抗热性增强，但若温度偏高，基质失水快，易出现基质表面盐渍化，对烟苗生长不利。漂浮育苗中，高温伤害问题十分突出，短时间的阳光照射即可引起棚内温度过高，在棚膜上覆盖一层遮阴网对防止阳光直射造成棚内温度过高有显著效果，但遮阴网使用时间不宜过久，以免引起光照不足，导致幼苗生长不良。防止高温伤害的关键是增加通风，春天气温升高后可去除覆盖物揭膜锻苗。

5. 湿度管理

塑料棚的密闭性好，因此当温度降低或突然降温时，棚内极易由于湿度过大而结露，在棚顶形成水滴，而水滴落下易击伤烟苗，因此发现这种情况时，即使棚内温度已低于18℃，也必须开门窗通风排湿。

6. 剪叶

剪叶是漂浮育苗管理的一项重要内容。在漂浮育苗中，烟苗密度很大，为使烟苗健壮生长，必须通过剪叶创造有利于烟苗生长的环境。剪叶主要有以下作用（图3-3）：①减少遮阴，增加光照，改善苗床通风透光条件；②控大促小，促进烟苗均匀生长，增加可用苗数；③控上促下，控制茎叶徒长，促使茎秆长粗，增强茎秆韧性和抗逆性，使烟苗更健壮而适于移栽，移栽后还苗快；④有利于防止苗床病害；⑤增加移栽期的灵活性。受天气影响，或在前后作茬口对接不好等不便及时移栽时，通过剪叶可适当调节烟苗的移栽时间。试验表明，在移栽前间隔3～4天剪1次，连续剪叶2次，可推迟移栽5天左右。

图3-3　剪叶前雪茄烟苗

　　剪叶是培育壮苗的一项关键措施，目的是调节烟苗各器官的平衡发展，增强烟苗抗逆力，漂浮育苗剪叶的原则是"前促、中稳、后控"。

　　前促：当烟苗长至 5～6cm 高时，采用平剪的方法剪去中上部叶的 1/3～1/2（图 3-4）。剪去生长过快叶片的一部分，抑制其生长，可使生长慢的小苗尽快赶上来。进行 1～2 次的剪大促小剪苗后，烟苗生长的整齐度提高。

　　中稳：烟苗生长较为整齐后，每隔 5～7 天剪 1 次苗，目的是改善烟苗通风透光条件，增加茎秆柔韧性，并可适当控制烟苗徒长（图 3-5）。原则是剪去叶片的 1/2 左右，以不伤及生长点为度。

图 3-4　第一次剪叶后雪茄烟苗

图 3-5　第二次剪叶后雪茄烟苗

　　后控：在移栽前为锻苗而采用的一项技术。根据烟苗的生长状况和移栽时间的安排及时剪苗，主要是为了抑制地上部分过快生长，增加烟苗抗逆能力。

　　剪叶的技术性强，如操作不当会起到相反的作用。剪叶的关键一是适时适度，过早和过度剪叶都可降低烟茎高度，使移栽后烟苗的早期生长延迟，现蕾开花期推迟；二是清洁和消毒，剪叶是病害传播的主要渠道，因此要特别注意剪叶器具的消毒和剪叶后残叶的清除。

剪根是指剪去从育苗盘底孔中长出的根系，猫耳期后在剪叶的同时应将伸出底孔的根全部剪去，以促进孔穴内烟株侧根和不定根的生长。

7. 锻苗

锻苗可促进烟苗角质化程度增加，增强其抗逆性，有利于提高移栽成活率，促进烟苗早生快发。锻苗方法主要有揭膜锻苗和控水锻苗两种。

揭膜锻苗：在成苗前，逐步减少覆盖，延长揭膜时间，提高烟苗对外界环境的适应能力，缩短移栽后的还苗期，在移栽前10天，昼夜不覆膜。在大风、大雨天气不宜进行揭膜锻苗。

控水锻苗：从移栽前7～10天开始，减少浇水量和浇水次数，控制地上部分的生长，增强烟苗的抗旱能力。锻苗的程度以烟苗中午发生萎蔫、早晚能恢复为宜。

壮苗标准：苗期40～50天，烟苗根系发达，茎秆高10～13cm、韧性强，叶色淡绿至绿，清秀无病，群体长势整齐一致（图3-6和图3-7）。

图3-6　移栽时壮苗

图3-7　雪茄标准壮苗

第三节 施肥管理

植物的营养特性主要涉及植物从外界环境吸收和利用各种化学元素来满足自身生长发育和代谢所需的过程。这个过程包括营养物质的吸收、运输、转化和利用，以及植物与环境之间的营养物质和能量交换。植物营养不仅与植物生理、土壤、微生物等有密切联系，而且是进行科学施肥的基础。雪茄烟叶完成生长和品质形成的基础是从土壤、肥料和其他环境中吸收各种营养物质。同其他作物一样，雪茄烟叶通过各种生理代谢活动将营养物质转化成自身生长和发育所需的能量与有机物。在此基础上，施肥是综合土壤、气候环境与品种等因素，为获得目标产质量和经济效益而采取的技术体系。因为施肥会直接影响土壤环境，为使雪茄烟叶生产持续、稳定、健康发展，必须开展土壤保育研究。

一、营养特性

雪茄烟叶水分占 70%～80%，剩余的部分有机化合物占 90%～95%，矿质元素占 5%～10%。烟叶燃烧后产生的灰分含有 P、K、Ca、Mg、S、Fe、Mn、Cu、Zn、Mo、B、Cl、Si、Na、Al、Se、Cd、Ni、As 等 70 多种元素。烟叶的元素组成及其含量不仅与品种、类型（茄芯和茄衣）、部位相关，还与自然环境（如气候、土壤）相关。另外，遮阴和施肥方法等也会改变烟叶化学元素的组成。

（一）烟草生长发育的营养要求

从目前的研究情况来看，烟草正常生长发育必需 16 种营养元素。C、H、O、N、P、K、Ca、Mg、S 元素需要量较大；Fe、Mn、B、Zn、Cu、Mo、Cl 元素需要量较少。尽管烟草对各元素的需要量之间差异极大，但少任何一种元素都会给其生长发育带来严重影响。烟草一般通过根系从土壤中吸收矿质营养，也可以通过叶面补充吸收一部分。

烟叶的有机生物大分子一般由 C、H、O、N 和 S 构成。C 主要来源于植物通过光合作用从大气中吸收的 CO_2，一部分来源于植物通过根系从土壤溶液中吸收的 HCO_3^-。植物吸收的 CO_2 或 HCO_3^-通过羟基化形成含 C 化合物而被同化，而碳同化过程伴随着氧同化过程。H 主要从水中获得。在光合过程中，水被降解为 H^+，然后通过一系列的过程导致烟酰胺腺嘌呤二核苷酸磷酸（NADP）还原为还原型烟酰胺腺嘌呤二核苷酸磷酸（NADPH），由于还原态 NADPH 的 H 可以传送给许多不同化合物，因此这是一个非常重要的酶促反应。烟草中 N 主要以 NO_3^-和 NH_4^+

形态从土壤中吸收，吸收的硝态氮必须首先还原，然后通过氨基化被同化。烟草对 S 的同化与 N 相似，即首先从土壤中吸收 SO_4^{2-}，然后将其还原成—SH 基团。C、H、O、N、S 的吸收和同化过程是植物生长代谢中最基本的生理过程。

烟草生长发育需求较少的 P 和 B 以无机阴离子或电中性分子态被吸收，一般认为其参与了脂类的合成代谢。K、Ca、Mg、Mn 和 Cl 均以离子态从土壤中被根系吸收，在烟草组织中一般以离子态或有机酸类存在。Fe、Cu、Zn 和 Mo，除Mo 外均主要以络合离子态存在。事实上，Ca、Mg 和 Mn 都可被强烈地络合。

（二）营养吸收的环境条件

烟草主要通过根系吸收土壤中的养分，除了人为施肥外，土壤的水、气、温度、酸碱度等条件对根系吸收养分均具有巨大影响（胡荣海, 2007）。因此，改良土壤性状可以调节根系生长发育，并对其养分吸收具有重要作用。

1. 水分

土壤水分是影响作物生长发育的重要因子。烟草喜温暖而湿润的气候，整个生育期对水分的要求都很高，因此土壤水分对雪茄烟生长发育、生理生化过程、烟叶产量和品质及养分利用都有显著的影响。

2. 氧气

土壤含氧量直接影响根系的呼吸及其对养分的代谢性吸收与转化。随着土壤含氧量增加，根系的养分吸收量相应增加。当土壤含氧量减少时，植物根系对钾、氮、钙、镁、磷的吸收量依次减少；当土壤含氧量增加时，根系对硝态氮的吸收量显著多于对铵态氮的吸收量。当根系处于低氧的环境条件时，烟草吸收的铵态氮量多于硝态氮量。氧不仅可以促进氮素的吸收，还能促进吸收的氮素在根系内同化和向地上部分转移。

3. 温度

土壤温度对根系的呼吸作用和生理活性有较大的影响。据研究，烟草根系在生长适温即土温 30～32℃时对氮素的吸收最旺盛，土温超过 32℃，铵态氮吸收量开始降低。当土温由低逐渐升高至适温时，烟草对硝态氮的吸收量显著高于对铵态氮的吸收量。如果土温较低，肥料中铵态氮比例过大会对烟株生长产生不良影响。试验表明，维持昼夜 15℃土温比昼 25℃、夜 15℃土温处理的钾吸收量降低近一半。同时，钙、镁、磷吸收量随温度的上升而有所增加。土壤温度对养分吸收的影响程度依次为硝态氮、铵态氮、钾、磷、钙、镁，即温度升高或降低时硝态氮吸收量增加或减少最大，而镁吸收量变化最小。

4. 酸碱度（pH）

根际环境 pH 除影响某些养分的吸收形态外，还直接影响根系的活性，从而影响养分的吸收量。砂培试验证明，根际环境由微酸性向中性、微碱性变化时，磷的吸收量下降，钾的吸收量略有升高，钙的吸收量显著增加，而铁、锰的吸收量显著降低。根际环境由酸性向中性、微碱性变化时，硝态氮的吸收量降低，铵态氮的吸收量逐渐增加。

在酸性和碱性土壤条件下，磷在土壤中易被固定成不易吸收的形态，从而使根际可吸收量减少。

（三）营养元素的作用

以烟草的吸收量将营养元素分为大量元素、中微量元素和微量元素。虽然吸收量有差异，但是各种营养元素对烟草的生长和发育都具有重要的作用。

1. 大量元素

雪茄烟叶生长发育所必需的主要养分为 N、P、K 三种，其对雪茄烟叶产量和质量的影响最大，一旦缺乏所表现出的症状也最明显。

（1）氮（N）

氮是植物生长所必需的主要营养元素，对雪茄烟叶产量和品质的影响最大。氮为烟叶叶绿素和细胞的重要组成部分。充足的氮供应有助于提高雪茄烟叶的产量，但是过高的供应量又会使烟叶感官质量变差。氮对雪茄烟叶的新陈代谢有直接影响，叶片组织的烟碱、硝酸盐和含氮化合物含量与氮供应量直接正相关。合适的氮供应量有助于其他营养物质的同化，同时是决定烟草质量的一个非常重要的指标：以雪茄烟叶的"糖/蛋白质"值为例，雪茄烟叶必须较低，但烤烟烟叶必须较高。

要得到产量适当和品质优良的烟叶，必须施用氮肥。氮是细胞内各种氨基酸、酰胺、蛋白质、生物碱等化合物的组成部分。蛋白质是生命的基础，是细胞质、叶绿体、酶等的重要构成物质。氮过多，则烟草生长过分旺盛，叶色变浓绿，叶中蛋白质、游离氨基酸、烟碱含量偏高而刺激性强；氮缺乏会造成叶绿素的合成受阻，叶面积缩小并呈现明显的黄化现象。黄化首先从老叶开始，然后随着氮缺乏加剧就会在嫩叶上显现出来。缺氮的植物往往发育不良，生长更慢，产出的叶片更少，对产量和质量影响极大。

若打顶后氮营养水平较低，则会造成叶片和根系早衰，上部叶狭小，叶片蛋白质、烟碱等含氮化合物含量明显偏低，晾制后雪茄烟叶叶色偏淡，叶片薄，香气和吃味平淡。

（2）磷（P）

磷是重要的生命元素，在生物体的繁育和生长中起着不可代替的作用。磷参与植物的光合作用、呼吸作用、细胞分裂、细胞伸长和其他能量转换过程。磷最显著的作用是有助于幼苗和根系快速发育，并以各种方式参与生物遗传信息和能量传递，对烟叶的生长发育和新陈代谢十分重要。磷元素与烟叶产量和质量密切相关。磷缺乏时，碳水化合物的合成、分解、运转受阻，蛋白质、叶绿素的分解都会呈现出不正常现象，叶色一般呈浓绿或暗绿。生长前期缺磷，植株发育不良，抗病力与抗逆力明显降低；生育后期缺磷，植株成熟迟缓。磷在体内易于移动，磷不足时，衰老组织的磷向新生组织转移，使下部叶首先出现缺磷症，叶面出现褐色斑点，而上部叶仍能正常生长。

田间缺磷症难以发现，其视觉症状不如缺氮和钾症明显，通常会导致植物发育不良，叶片变形，因此产量往往很低。所以为了诊断的确定性，肉眼所见的观测结果必须在实验室中通过土壤和组织分析加以确认。磷元素在土壤中的流动性低，而且容易与其他元素（如铝、铁和钙）结合，使得雪茄烟叶的根系难以在理想的时间内将其吸收。因此，根据土壤检测结果，建议至少在移栽前两个月施用磷肥。

（3）钾（K）

对于烟草质量而言，钾是最重要的元素，对烟叶可燃性有着决定性的影响，因此被冠以烟叶"质量元素"的称号。

钾主要富集在最幼嫩的烟叶组织，作为诸多植物功能的调节器发挥重要作用。例如，叶片的钾直接参与蒸腾作用，钾营养参与的吸收功能可以提高水分利用的经济性，并使植物更加耐旱。因此在雪茄烟株生长过程中，必须保障土壤含有足够的钾，当然充足的状况下也必须注意钾肥的经济性和可用性，而且过量的钾会抑制其他金属元素的吸收。此外，向土壤施加足够的钾有助于抵消氯的负面影响，因为这两种元素之间存在拮抗关系。钾是烟草吸收最多的营养元素，但不是植株的结构成分，通常其吸附在原生质表面，对参与碳水化合物代谢的多种酶起激活作用，与碳水化合物的合成和转化密切相关；钾能提高蛋白酶类的活性，从而影响氮的代谢过程；钾离子能提高细胞的渗透压，从而增加植物的抗旱性和耐寒性；钾能促进机械组织的形成而提高植株的抗病力。

由于钾在植物体内以离子态存在，容易移动，当供钾不足时，衰老组织的钾向新生组织移动。当叶片含钾量低于某种程度、氮钾比失调时，就会出现缺钾症。首先在叶尖部出现黄色晕斑，随缺钾症加重，黄斑扩大，斑中出现坏死的褐色小斑，并由尖部向中部扩展，叶尖叶缘出现向下卷曲现象，严重时坏死枯斑连片，叶尖叶缘破裂。田间缺钾症大多在烟草进入旺盛生长的中后期于上部叶首先出现，除严重缺钾外，下部叶一般不出现缺钾症。供应适量的钾可以提高烟叶的燃烧性和吸食品质，故烟草含钾量亦被视为烟草品质的重要指标之一。

钾缺乏最常见的症状是叶边缘出现红褐色烧伤。症状从叶顶端开始，沿着叶边缘蔓延。缺钾的植物根系差，茎秆弱，抗病力低。缺钾可通过在土壤中直接施加钾肥解决。在烟草种植中，注意不要使用含氯的钾肥，因为氯元素对烟叶的质量有负面影响，所以烟草肥料配方的氯含量不应超过 2%。

2. 中微量元素

一般将钙、镁和硫作为影响雪茄烟叶的中微量元素。虽然相对大量元素而言，植物对中微量元素的需求量较小，但是缺乏任何一种都会使雪茄烟叶生长发育受到抑制，并会像缺乏大量元素一样降低雪茄烟叶产质量。

（1）钙（Ca）

钙对植物各种功能的发挥起着重要作用。正常情况下钙在灰分中的含量仅次于钾。一般情况下，土壤中钙含量超过了钾。钙不仅参与细胞壁的形态建成，还在细胞液中以草酸钙及磷酸钙等形态存在。汁液和细胞壁中的钙对烟草的发育至关重要，能强化植物的组织结构。烟草中钙与硝态氮的吸收及同化、碳水化合物的分解与合成密切相关。钙还可以通过降低土壤的 pH 使根系更好地吸收其他营养物质，从而间接影响产量。缺钙症在田间并不经常发生，除非降水量大、土壤富含铁和铝的地区。钙缺乏首先会导致根系发育不良，通常根部会变黑和腐烂，有时叶尖端和生长点会变成胶状甚至变形，因为新的细胞需要利用果胶酸钙来形成细胞壁。缺钙时淀粉、蔗糖、还原糖等在叶片中大量积累，叶片变得特别肥厚，植株生育不良。幼苗期缺钙，叶片皱缩、弯曲，继而尖端和边缘部分坏死，最后生长点死亡；留种烟株在开花前缺钙则花蕾容易脱落，而开花时缺钙则花冠顶部容易枯死，以致雌蕊凸显。钙与镁及微量元素有拮抗作用，能减轻微量元素过多引起的毒害。

钙吸收过多，容易延长营养生长期，推迟成熟，对品质不利，虽有利于加强烟灰的紧密性，但会阻塞燃烧时烟气的通透性。

（2）镁（Mg）

镁是叶绿素分子结构的核心，位于卟啉环的中间，是叶绿素中唯一的金属原子。镁是酶的强激活剂，烟草中参与光合作用、糖酵解、三羧酸循环、呼吸作用、硫酸盐还原等过程的酶都依靠镁来激活。有些酶如磷酸激酶、磷酸转移酶需要镁原子专一性激活；有些酶如烯酸酶、三羧酸循环中的脱氢酶也需要镁来激活。镁缺乏时叶绿素合成受阻、分解加速而含量降低，同时类胡萝卜素含量降低，因而光合作用强度降低。缺镁的典型症状是叶片不规则地发黄，叶脉显绿。镁在植物体内容易移动。生理性衰老过程中，镁倾向于向新生部位移动，所以缺镁症在下部叶首先出现，逐渐向上部叶发展；叶片缺镁首先是叶尖与叶缘发生黄白化，继而扩展成全白。

正常叶含镁量为其干重的 0.4%～1.5%，低于 0.2%就会出现缺镁症，而在0.2%～0.4%会出现轻度缺镁症。当叶片内钙镁比大于 8 时，即使含镁量在正常范围，亦会出现缺镁症。

一般土壤的镁含量比钙少，因为其在土壤中一般以可溶态出现，容易浸出。烟草镁含量适宜，烟灰多孔、疏松和明亮，因此干叶的钙镁比非常重要。同时，烟灰的许多特性取决于钙和镁，土壤的钙和镁必须保持平衡，以确保后者被良好地同化。土壤中镁缺乏可能由高剂量的钾或铵态氮导致。

（3）硫（S）

硫通常被称为烟草的第四种主要营养物质，也是形成叶绿素的必要元素。硫分布在所有植物组织中，主要以硫酸阴离子（SO_4^{2-}）的形式从土壤中被植物吸收，但也可以通过空气中二氧化硫（SO_2）的形式进入叶片。硫缺乏的表现是最幼嫩的叶片呈现淡绿色，茎部变细且木质化，严重时甚至可能在苗期就会造成幼苗死亡。硫是植物体内胱氨酸、半胱氨酸、蛋氨酸等，维生素 B、H 等，辅酶 A 脱氢酶及参与氧化还原过程的巯基化合物等物质的组成部分。

一般硫缺乏的主要原因是烟草复合肥中硫元素缺乏。一般来说，追求烟叶高产，肥料的硫元素含量需要更高。过去常用的氮磷钾肥复合肥含有大量的硫，所以烟草生产几乎没有发生过缺硫症。然而，近年由于环保要求以及有的研究认为硫吸收过多可能会影响烟草的香气和吃味，烟农盲目减少肥料中硫含量，导致有些地区的烟草发生缺硫症。

3. 微量元素

植物对微量元素的吸收非常少，但对于植物发育来说，其与大量和中微量元素一样重要。

微量元素的数量和重要性根据所查询研究的不同而有所差异，因此这里只介绍被认为是植物必需的 7 种：铁（Fe）、锰（Mn）、锌（Zn）、铜（Cu）、硼（B）、钼（Mo）和氯（Cl）。其中，每种元素缺乏都会限制作物的生长和产量，在极端缺乏的情况下甚至会导致植物死亡。如果怀疑某种元素缺乏，应进行土壤分析，也可以分析植物组织和植物的田间表征。

（1）铁（Fe）

铁主要分布在叶绿体，参与叶绿素的合成过程。铁也是与呼吸作用有关的酶，如细胞色素酶、细胞色素氧化酶、氧化还原酶、过氧化氢酶等的组成部分。铁缺乏时，叶绿素合成受阻。由于铁在植物体内不易移动，因此新生组织首先呈现缺铁症，上部叶先变黄并渐次白化，而下部叶颜色仍然正常。吸铁过多，容易在叶组织沉积，晾后叶片呈现不鲜明的污斑，呈灰至灰褐色。

由于土壤含有大量的铁，田间很少发生缺铁症。但是在排水和通气不良的地块，高价铁离子被还原成易被吸收的低价铁离子，容易发生吸铁过多，产生品质低劣的灰至灰褐色叶片。

（2）锰（Mn）

锰是许多氧化酶的组成成分，在与氧化还原有关的代谢过程中起重要作用。锰在植物体内不易移动，所以锰缺乏时新生的嫩叶首先出现缺绿症状，因叶脉仍保持绿色，故叶片的外观呈绿纱窗状。植物严重缺锰时，叶面出现枯斑。锰吸收过多对植物也不利，易在输导组织末端积累，并从表皮细胞渗出，形成细小的黑色或黑褐色煤灰样小点，沿着主脉、支脉连续排布，使叶片外观呈灰色至黑褐色。锰过多症状大多发生在中下部叶，有时上部叶也会出现。缺锰症和锰过多症发生的土壤条件与铁相同，所以铁锰两种元素的缺乏症与过多症大多同时发生，并在叶片上形成复合症状。

（3）铜（Cu）

铜是铜氧化酶类（如漆氧化酶）、酪氨酸、抗坏血酸等物质的组成成分，参与氧化还原过程。铜离子能使叶绿素保持稳定，增强烟株对真菌病害的抵抗力。

铜缺乏时，植株呈暗绿色，下部叶首先出现褐色枯死斑，整个烟株生育不良。缺铜严重时，上部叶膨压消失，出现似永久萎蔫的症状。由于烟草需要的铜极少，很少见到发生缺铜症的烟株。

（4）锌（Zn）

锌是氧化还原过程中一些酶的激活剂，是色氨酸不可缺少的组成成分。缺锌时，细胞内氧化还原过程发生紊乱，上部叶变得暗绿肥厚，下部叶出现大而不规则的枯斑，植株生长缓慢或停止。

（5）钼（Mo）

钼在植物体内硝态氮的还原同化中起重要作用。烟草需要的钼极少，缺钼症与缺锰症的症状相似，坏死斑不明显。

（6）氯（Cl）

氯对烟草品质来说是负调控因素。少量的氯能促进烟株生长，但吸收过多时会抑制碳水化合物代谢，促进叶内淀粉积累，增加叶片厚度，降低叶片韧性；叶片在晾制过程中脱水慢，淀粉降解率低而含量异常高，叶绿素分解不充分；晾制后叶片吸湿性强，燃烧性不佳，杂气重，香吃味差。总之，烟叶氯超标会极大地降低其品质。

（7）硼（B）

硼既不参加植物体的结构建成，也不是酶的组成成分或激活剂。硼主要参与细胞伸长、细胞分裂和核酸代谢，与碳水化合物与蛋白质的合成密切相关，影响组织分化、细胞分裂素和烟碱合成。在烟草体内，硼只能通过木质部向上运输，基本上不能通过韧皮部向下输送，因此硼基本上不能被再利用，一旦在某一部位沉积，就基本上不能再迁移，所以缺硼往往发生在新的生长点上。近年来的相关研究表明，增加硼含量有利于烟叶香吃味的改善。

二、养分需求规律

雪茄烟叶移栽后的大田生长期不仅是其生长发育、形态建成的阶段，而且是其品质形成的重要时期。雪茄烟叶的生长发育规律受自然环境影响，不同烟区的雪茄烟叶生长规律、品质特征具有明显的差异。因此，了解不同土壤上雪茄烟叶的生长发育与养分吸收规律，可为施肥调控和肥料配方提供重要依据。

（一）养分吸收与分配规律

在移栽后 35 天内，雪茄烟株各器官的养分吸收积累量较少，K、N、Ca、Mg、P 的吸收积累量分别只占总量的 25.4%、27.2%、19.4%、21.0%和 25.0%，原因是该时期烟株生长缓慢，对养分的需求不高。移栽 35 天后，烟株进入养分吸收高峰期，N、K、Ca、Mg 的吸收高峰期基本相似，均在移栽后 35~63 天，原因是该阶段烟株生长旺盛，养分吸收能力增强。因此，肥料应在移栽后 35 天内充分供给。与烤烟相比，雪茄烟株的吸收高峰期较短。

从图 3-8 可以看出，雪茄烟株生长过程中的养分吸收积累量和干物质积累量（DMA）都近似于"S"形曲线。在田间生长期，钾元素吸收积累量最大，之后依次为 N、Ca、Mg、P，大部分是在移栽 35 天后吸收积累的。

养分在叶中的吸收积累量高于茎和根，分配方式随着烟株生长发生改变。在生长前期，大量钾元素用于促进烟株快速生长和干物质积累，主要分配到叶和茎。之后随着生长发育，更多的能量和营养物质用于烟叶的成熟与保存。此时烟株会逐渐降低对钾元素的需求，将较少的钾元素分配到叶和茎。镁元素在叶中的分配系数随生育期推进先升高后降低，移栽后 63 天时最高。这是因为雪茄烟株在生长早期对镁的需求较低，随着生长和成熟，镁元素促进叶绿素合成和叶片发育，吸收积累的镁元素增加。氮在土壤中的移动性很强，易被植物吸收和转移。本研究发现，在移栽后 35 天内，烟株的氮元素吸收积累量较低，此时对氮的需求不强，

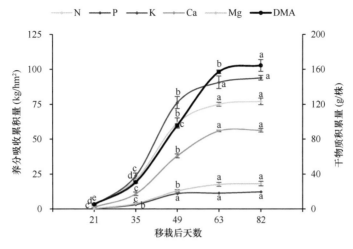

图 3-8 雪茄烟株生长发育过程中营养元素和干物质的积累规律

小写字母不同表示差异有统计学意义（*P*<0.05），下同

单株吸收强度为 0.03g/d，吸收积累量占总量的 27.2%，在叶中的分配系数为 0.75～0.86。与烤烟相比，在叶中的分配系数相似，但单株吸收强度较高，可能是由于雪茄烟株对氮的需求量大，但生长周期短，因此提高了吸收积累速率。移栽后 35～63 天，烟株进入快速生长期，对氮的吸收达到峰值，单株吸收强度为 0.11g/d，吸收积累量占总量的比例达 70.1%，在叶中的分配系数为 0.75～0.81。与烤烟相比，单株吸收强度相似，但在叶中的分配系数较高，吸收积累量占比有所提高，说明在旺长期雪茄烟株比烤烟对氮的吸收积累更强烈。结合养分利用率和烟株收获后的土壤理化性状来看，在整个生育期，烟株的氮肥利用率偏低，最高仅为 24.95%；与植烟前相比，植烟后土壤的水解性氮含量显著降低，全氮含量升高。可能是因为该试验地土壤中的氮肥发生渗透或吸附，氮转化速度较低，所以利用率降低。同时本研究发现，雪茄烟株在整个生育期对磷元素的吸收积累少，吸收积累速率较为平稳，随生育期推进，全磷含量增加，有效磷含量降低，但磷肥利用率低，最高仅为 3.34%。原因可能是雪茄烟株对磷的需求量少，虽生长前期对磷比较敏感，但前期磷充足，可满足烟株正常生长发育所需，中后期对磷的吸收积累达到稳定状态，太多的磷投入对雪茄烟株生长无益，因此在施肥时应适当降低磷用量。

从表 3-1 可以看出，在移栽后 35 天内，雪茄烟株对 N、P、K 的吸收积累较少，35 天后逐渐增加，养分大量吸收积累在移栽后 35～63 天，该阶段 N、P、K、Ca、Mg 的吸收积累量分别占总量的 70.14%、67.58%、71.14%、79.71%、75.77%，其单株吸收强度分别为 0.11g/d、16.36mg/d、0.13g/d、0.09g/d、27.16mg/d，均显著高于其他生长时期。

表 3-1　雪茄烟株对主要养分的吸收积累

养分	指标	移栽后天数		
		0~35	35~63	63~82
N	吸收积累量(g)	1.15	2.97	0.11
	占比(%)	27.20	70.14	2.66
	吸收强度(g/d)	0.03	0.11	0.01
P_2O_5	吸收积累量(g)	0.17	0.46	0.05
	占比(%)	25.02	67.58	4.99
	吸收强度(mg/d)	4.85	16.36	2.64
K_2O	吸收积累量(g)	1.31	3.68	0.18
	占比(%)	25.40	71.14	3.46
	吸收强度(g/d)	0.04	0.13	0.01
Ca	吸收积累量(g)	0.60	2.47	0.03
	占比(%)	19.38	79.71	0.90
	吸收强度(g/d)	0.02	0.09	0.00
MgO	吸收积累量(g)	0.21	0.76	0.03
	占比(%)	21.03	75.77	3.20
	吸收强度(mg/d)	6.03	27.16	1.69

由表 3-2 可以看出，不同生育期 N、P、K、Ca、Mg 在雪茄烟株各器官的积累量及分配比例不同。整个生育期，叶中 N、P、K、Ca、Mg 积累量显著高于茎中，根中最低。其中，N、P、K 在叶中的分配系数随生育期推进总体呈先降后升趋势，移栽后 21 天时最高；Ca 在叶中的分配系数随生育期推进呈现降低趋势；Mg 则整体呈先升后降趋势，移栽后 63 天时最高。

表 3-2　不同生育期的养分积累与烟叶分配系数

指标		移栽后天数				
		0~21	21~35	35~49	49~63	63~82
氮素积累 （mg/株）	根	7.88	59.68	102.09	210.15	292.58
	茎	16.08	228.32	750.69	563.50	633.75
	叶	141.69	864.83	2534.92	3351.49	3311.62
烟叶分配系数		0.86	0.75	0.75	0.81	0.78
磷素积累 （mg/株）	根	0.80	9.05	22.34	42.92	53.54
	茎	2.30	34.24	167.75	121.50	116.58
	叶	12.79	126.29	420.17	463.24	507.68
烟叶分配系数		0.80	0.74	0.69	0.74	0.75
钾素积累 （mg/株）	根	2.46	42.80	114.43	277.97	371.56
	茎	6.08	260.23	1118.99	1352.74	1280.34
	叶	130.26	1009.57	2960.73	3357.44	3514.93
烟叶分配系数		0.94	0.77	0.71	0.67	0.68

续表

指标		移栽后天数				
		0～21	21～35	35～49	49～63	63～82
钙素积累（mg/株）	根	4.06	34.14	65.58	192.59	243.93
	茎	8.63	83.33	387.68	512.04	477.37
	叶	53.00	483.85	1639.74	2369.75	2381.14
烟叶分配系数		0.81	0.80	0.78	0.77	0.77
镁素积累（mg/株）	根	0.57	8.86	23.15	12.02	38.80
	茎	1.08	19.17	45.08	35.97	67.94
	叶	13.26	183.10	646.00	923.71	897.14
烟叶分配系数		0.89	0.87	0.90	0.95	0.89

各生育期，叶中 K 积累量变化范围为 130.26～3514.93mg/株；N 积累量范围为 141.69～3351.49mg/株；Ca、Mg 积累量范围分别为 53～2381.14mg/株、13.26～923.71mg/株；P 积累量最低，且整个生育期变化较小，范围为 12.79～507.68mg/株。其中，N 是雪茄烟株吸收第二多的元素，叶中积累量占整株 75%及以上，在移栽后 63 天时叶中积累量最高，为 3351.49mg/株，根为 210.15mg/株，茎为 563.5mg/株。

（二）干物质积累与分配规律

干物质积累指植物将矿质营养转化为有机营养并累积用于构建自身器官、完成生命周期的过程。随生育期推进，干物质积累量呈现"S"形变化趋势（图 3-9），田间生长期，雪茄烟株各器官的干物质积累量不同：前期（移栽后 0～35 天）积

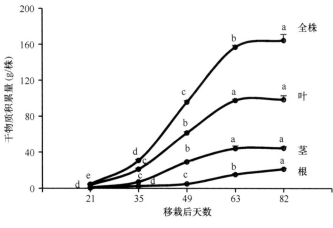

图 3-9　干物质积累量

累量最低，中期（移栽后 35～63 天）显著升高；后期（移栽后 63～82 天）茎、叶干物质积累量达最高，移栽后 63 和 82 天无显著差异，但移栽后 82 天全株、根积累量升高明显。整体来看，随生育期的推进，根、茎、叶干物质积累逐渐增加，呈现"S"形变化趋势，表现为叶>茎>根。

大田生育期雪茄烟株叶片积累的干物质量最高。这是因为光合作用是干物质积累的最主要途径，烟叶中叶绿素可以吸收太阳光并将其转化为能量，从而促进烟叶的生长和干物质积累。此外，烟叶中糖类和淀粉质也能转化为干物质，使其含量增加。移栽后 21 天内，干物质积累缓慢，因为该阶段为烟株还苗期，光合作用较弱，需要消耗大量能量和营养物质来建立根系与叶片，以便更好地吸收养分和水分。移栽后 35～49 天，干物质积累快速增加，积累速率达每株 4.64g/d，说明该阶段是叶片生长的关键时期，也是烟叶产质量形成的关键时期。

从全株干物质积累量和积累速率来看，移栽后 21 天内，积累量最低，积累速率为每株 0.22g/d（表 3-3）；移栽后 21～35 天，积累量有所增加，积累速率为每株 1.87g/d；移栽后 35～49 天和 49～63 天，积累量逐渐增加，积累速率分别达每株 4.64g/d、每株 4.37g/d，显著高于其他时期；移栽后 63～82 天，积累量趋于稳定，积累速率降到每株 0.39g/d。茎、叶积累速率在移栽后 35～49 天显著高于其他时期；而根积累速率则是移栽后 49～63 天最高。

表 3-3　干物质积累速率变化（每株 g/d）

移栽后天数	全株	根	茎	叶
0～21	0.22c	0.02d	0.04d	0.17d
21～35	1.87b	0.16c	0.46c	1.26c
35～49	4.64a	0.17c	1.58a	2.88a
49～63	4.37a	0.74a	1.06b	2.58b
63～82	0.39c	0.32b	0.02d	0.05d

注：小写字母不同表示差异有统计学意义（$P<0.05$），下同

从表 3-4 可看出，田间生长期，雪茄烟株各器官的干物质分配比例不同，各时期均表现为叶>茎>根。其中，叶中干物质占全株干重的 59.96%～76.58%，茎中干物质占全株干重的 16.26%～30.60%，根中干物质占全株干重的 5.16%～12.99%。在整个生育期，干物质在叶中的分配比例以移栽后 21 天最高，此后逐渐下降；在茎中的分配比例呈现先升后降趋势，以移栽后 49 天最高。

表 3-4 干物质在根、茎、叶中的分配

移栽后天数	根		茎		叶		全株	
	干重（g/kg）	占全株（%）	干重（g/kg）	占全株（%）	干重（g/kg）	占全株（%）	干重（g/kg）	占总干重比例（%）
0~21	0.33±0.03e	7.15±1.23c	0.75±0.02d	16.26±2.04d	3.53±0.54d	76.58±3.13a	4.61±0.53e	2.81
21~35	2.51±0.48d	8.16±1.48bc	7.14±0.20c	23.20±0.83c	21.14±1.06c	68.64±2.01b	30.79±1.18d	18.73
35~49	4.94±0.66c	5.16±0.62d	29.30±0.8b	30.60±0.57a	61.52±1.19b	64.24±1.15c	95.77±1.69c	58.24
49~63	15.31±1.07b	9.75±0.61b	44.06±1.65a	28.07±1.55b	97.60±1.26a	62.18±1.47cd	156.97±1.94b	95.47
63~82	21.36±0.72a	12.99±0.16a	44.48±1.65a	27.05±0.15b	98.59±4.43a	59.96±0.23d	164.43±6.76a	100

注：数据为平均值±SD

三、施肥原则

施肥时首先充分保证土壤肥力不成为作物生产的限制因素。雪茄烟叶主要通过利用化肥来补充生长过程所需的营养元素。高水平的养分供给不仅可以帮助雪茄烟叶耐受不良环境，维持最佳土壤肥力状况，还能够显著改善雪茄烟叶品质。其次在土壤肥力能够满足雪茄烟叶产量和质量形成需求的状况下，不宜再添加外源肥料。正确的施肥方案仅需提供雪茄烟叶维持最大效益所需的养分数量。

养分利用率方面，钙肥利用率最高，氮肥次之，磷肥最低。为保证养分供给，建议生产上应在移栽后 35 天内将全部肥料施完，注意适施氮肥，减施磷肥，增施钾、钙肥，有利于提高雪茄烟叶品质。

雪茄烟叶对氮的吸收水平高于烤烟，氮供应要一直持续到采收阶段；并且增施有机肥（油菜饼肥）和减施无机肥更有利于生产出高品质的雪茄烟叶（成熟期的叶片含氮量将达到 4.3%~4.7% 的水平）。

（一）测土施肥

测土施肥是在了解土壤养分丰缺情况的基础上，根据土壤肥力水平与目标产量，按需科学施肥。在生产实践中，应根据温度、品种和土壤类型、有机质与有效氮含量、土层厚薄、表土层下底土供氮状况及常年降水、淋失状况，对理论推算的施氮量适当增减，合理确定适合当地条件的施氮量。

（二）充分供给

雪茄烟叶在生长过程中必须保障营养元素的充分供给，通常采取分期追肥，有机肥、无机肥交替，氮磷钾肥与微肥齐全，施肥与灌溉相结合等措施，以充分发挥肥料的增产作用。

（三）均衡营养

雪茄烟叶在生长发育过程中不仅需要氮、磷、钾等大量元素，还需要硫、钙、镁等中微量元素。因此，充分且均衡的营养供给是提高雪茄烟叶品质的关键，施肥为烟草提供的养分数量及其比例和供应强度，应符合烟株生长发育和品质形成的要求。

（四）分类施肥

雪茄烟叶种植分为阳植和阴植两种方式，茄衣烟叶一般采用阴植，茄芯烟叶采用阳植。在实际的生产过程中，茄芯和茄衣烟叶的种植密度与生长速率有差别，导致具体的施肥种类和用量应做适当调整。因此，应该根据茄芯和茄衣烟叶分类栽培的特点采取有差异的分类施肥方式，以满足优质雪茄烟叶的生产需求。

四、施肥技术

（一）肥料种类

目前雪茄烟叶在生产过程中主要应用三种肥料：有机肥、复合肥和叶面肥。不同有机肥对烟叶中香气物质产生的影响不同，研究表明各处理间的挥发性香气成分差异显著，其中增施花生粕与豆粕能提高潜香物质与挥发性香气物质的含量，对香气的影响大于其余处理。综上，增施花生粕有机肥和豆粕有机肥处理的'云雪39号'烟叶香气物质积累充分，对香吃味的贡献度大，可有效提升烟叶香气品质。复合肥主要是在雪茄烟叶生长过程中提供足够数量的氮（N）、磷（P）和钾（K）三种主要营养物质，以及次要和微量营养物质。叶面肥主要是在叶片出现缺素的情况下，通过水溶补充相应的营养元素。

1. 有机肥

由于高强度的耕作、水土流失和几乎不顾及土壤保护的农作实践，许多种植烟草的土壤有机物含量很低。对于有机物含量低的土壤，种植烟草必须添加足够数量的有机物，并应提前足够的时间使用拖拉机或其他设备完成这一工作。

在微生物的帮助下，一般榨油后的有机物（油枯、花生、芝麻和棉籽等）经历一个发酵过程完成转化分解，当其完全分解后可应用到土壤中供雪茄烟叶利用。在烟草种植中，使用各种植物的残留物结果都很好，前提是这些残留物已提前足够时间进入土壤，在烟草移栽前确保其已经完成分解过程。雪茄烟株对分解态的有机物的吸收良好。随着水平适宜的有机物应用，土壤将在以下几个主要方面受益：①物理特性（结构）改善；②持水能力增加；③可为植物提供营养物质；④阳离子交换量（CEC）增加。

有时有机残留物的施加也有缺点：养分不能立即被植物利用，且可能含有一些植物不需要的有机物和/或元素，如某些烟草作物残留物或仓储的干燥烟草废料等可能会促进病毒、真菌、细菌和线虫传播。

应用动物来源的有机肥也有一些经验，结果良好，特别是牛粪和家禽粪便的使用。然而应注意猪粪的使用，因为其应用会给带来烟草质量、燃烧性和其他方面的问题。

2. 化肥

雪茄烟叶所需的养分主要由含各种营养元素的化肥提供。如果缺乏有机物，通过化肥施入土壤的许多化学养分将会留在土壤溶液中，并通过渗流和径流流失。为了很好地为作物提供营养，有机物和化肥使用必须达成平衡。

3. 叶面肥

叶面施肥只是对营养成分的一种补充，以弥补植物根系所吸收养分的不足，叶面施肥不能代替土壤施肥。近年来，烟田滥用叶面肥的情况有所增加，可能会对烟草质量造成损害。一般使用叶面肥仅限于某些元素缺乏的情况，主要是微量元素缺乏。用于金属微量营养元素缺乏时的叶面肥通常被配制成螯合物。"螯合物"一词来自希腊语"chele"，意思是"钳子"。螯合物是有机化合物，可溶于水，能够固定金属阳离子。叶面肥的剂量和施用频率应根据植物需要进行调整。应当注意，植物对微量元素的需求是最小的，缺乏、适中和过量的数值之间只有很小的差别。

古巴在种植雪茄烟叶的过程中，会通过施用含硝酸镁的溶液来补充镁肥和氮肥。

（二）施肥方法

影响雪茄烟叶施肥量的因素有品种、环境、种植制度等。根据自然条件差异，雪茄烟叶品种间所施养分不同。当品种和环境条件一致时，施肥是影响雪茄烟叶产质量的最重要因素。

美国康涅狄格州主栽的阔叶品种（'Connecticut broadleaf'）、哈瓦那品种（'Habana'）、遮阴栽培品种（'Connecticut shade'）田间生长期的施氮量为15kg/亩，氮磷钾比为1.0∶0.5∶1.0，有机肥与无机肥比为2∶1。美洲国家茄衣烟叶的亩施氮量为6～12kg，茄芯烟叶的亩施氮量为9～15kg。

国内茄芯烟叶产区间的施氮量也有差异：湖北施氮量为12～15kg/亩，云南为

10～12kg/亩，四川为 12～13kg/亩，海南为 15kg/亩。我国茄衣烟叶湖北产区的施氮量为 10～12kg/亩，氮磷钾比为 1∶（0.5～0.8）∶（2.5～3），云南与海南产区的施氮量为 10kg/亩左右，氮磷钾镁比为 1∶0.5∶2.5∶0.15。

1. 国外雪茄烟叶施肥方法

古巴雪茄烟叶重施有机肥，用量达到 8000kg/hm²，纯氮用量为 150kg/hm²，复合肥的氮磷钾比为 12∶12∶17（Espino Marrero *et al*., 2012）。美国康涅狄格州的纯氮用量为 225kg/hm²，氮磷钾比为 1∶0.5∶1，有机肥与无机肥比为 2∶1。古巴雪茄烟叶的有机肥都作为基肥，复合肥当作追肥分两次施用，施用时间一般为移栽后 7～10 天和 21～25 天。巴西生产茄衣烟叶所用的肥料分 3 次施用，全部有机肥和磷肥、30%氮肥和 30%钾肥作基肥在移栽前条施，其余肥料作追肥分别在移栽后 12～15 天和 22～30 天分 2 次追施。

（1）古巴施肥

由于土壤中 N 养分很容易降解，因此雪茄烟叶田地的土壤测量指标主要考虑 P、K、Ca 和 Mg 等元素的含量。正常土壤的钙镁比（交换性）范围在 4～6；若过大（>6），则用碳酸镁（$MgCO_3$）提升镁含量，范围在 6～15 每公顷的用量是 0.5t，大于 15 每公顷的用量是 0.8t。

依据表 3-5 中土壤 P 和 K 元素含量对养分分级，可将土壤养分丰缺分为三个级别，标识为 P1K1、P2K2 和 P3K3。

根据测土结果，按照表 3-6 和表 3-7 进行施肥量计算。古巴施肥分 2 次，第 1 次

表 3-5 土壤 P、K 含量分级

分级	P、K 含量（mg/100g 土壤）
P1K1	0～10
P2K2	11～25
P3K3	>25

表 3-6 茄芯烟叶施肥量计算

PK 级别	12-12-17-5 复合肥		12-2-25 复合肥		34-0-0 复合肥		合计	
	施肥量（t/hm²）	施肥量（kg/10³ 株）	施肥量（t/hm²）	施肥量（kg/10³ 株）	施肥量（t/hm²）	施肥量（kg/10³ 株）	施肥量（t/hm²）	施肥量（kg/10³ 株）
P1K1	0.317	8.10	0.424	10.80	0.150	3.60	0.891	22.50
P1K2K3	0.317	8.10	0.344	8.55	0.178	4.50	0.839	21.15
P2P3K1	0.250	6.30	0.468	12.15	0.159	4.05	0.877	22.50
P2P3K2K3	0.250	6.30	0.388	9.90	0.185	4.50	0.823	20.70

表 3-7 茄衣烟叶施肥量计算

PK 级别	12-12-17-5 复合肥		12-2-25 复合肥		34-0-0 复合肥		合计	
	施肥量 (t/hm²)	施肥量 (kg/10³ 株)	施肥量 (t/hm²)	施肥量 (kg/10³ 株)	施肥量 (t/hm²)	施肥量 (kg/10³ 株)	施肥量 (t/hm²)	施肥量 (kg/10³ 株)
P1K1	0.317	12.15	0.424	11.70	0.150	5.40	0.891	29.25
P1K2K3	0.317	12.15	0.344	9.00	0.178	6.30	0.839	27.45
P2P3K1	0.250	10.35	0.468	13.50	0.159	5.85	0.877	29.70
P2P3K2K3	0.250	10.35	0.388	11.25	0.185	6.75	0.823	28.35

在移栽后 7～10 天，施用 12-12-17-5（氮磷钾镁）的复合肥，施用量可以用面积（hm²）来计算，也可以用植株数（1000 株）来计算；第 2 次施肥在移栽后 21～25 天，施用 12-2-25 和 34-0-0（氮磷钾）的复合肥，施用量同样可以用面积（hm²）和植株数（1000 株）来计算。

（2）多米尼加施肥

在土壤分析的基础上，结合雪茄烟叶在生长阶段的实际需求，除特殊地区和品种外，施肥量一般参照表 3-8 安排。

表 3-8 雪茄烟叶营养需求参考

营养元素	需求（kg/hm²）
氮（N）	135～200
磷（P₂O₅）	80～120
钾（K₂O）	170～250

多米尼加雪茄烟叶在生长周期内至少施用两次化肥（Pérez, 2004）。首次是在移栽后第一周，每坪（坪为多米尼加土地面积的单位，相当于我国的亩，1 坪相当于 628.8m²）施用 75～110 磅（1 磅=453.59g）的完整配方复合肥[如 15-15-15（氮磷钾）水溶性复合肥，可与硫、镁、铁和其他营养物质结合使用]。注意复合肥不能含有氯元素，因为其对烟叶燃烧性有负面影响。施肥后应立即盖土，以免肥料蒸发损失。

第一次施肥时要考虑配方中硝态氮和铵态氮的比，一般按 1∶1 使用。

第二次施肥方案为 25～30 磅/坪的硝酸盐，一般用硝酸钾（13-0-44），在首次施肥后的 20～30 天进行。

（注意：如果有灌溉设施或天气条件允许，第 1 次施肥应分为两部分：60%在移植后第一周施用，40%在接着的 15 天后施用。在这种情况下，硝态氮的施用可以在第 2 次施肥后 10 天，即移栽后 25 天进行。）

2. 国内雪茄烟叶施肥方法

海南雪茄烟叶施氮量大概是 180kg/hm^2，氮磷钾比为 1：1：3，有机肥与无机肥比为 1：1；四川施氮量为 180～225kg/hm^2，氮磷钾比为 1：0.5：2，有机肥与无机肥比为 2：1；湖北来凤复合肥纯氮用量为 135～195kg/hm^2，氮磷钾比为 1：1.2：2.5，有机肥用量较少，最大为化肥的 2/3。云南茄衣烟叶施氮量为 150kg/hm^2，氮磷钾比为 1：0.5：2.5，有机肥用量为 5000kg/hm^2。雪茄烟叶对氮的需求较烤烟更多，生产上应重视追肥。在四川什邡，增加茄衣烟叶基肥中氮肥的比例能有效提高烟株的田间长势，但对烟叶外观质量及内在品质具有不利影响。综合来看，氮肥的基追比为 1：1 更有利于茄衣烟叶品质的形成（邓弋戈，2021；刘敏，2017；刘子涵，2022；杨荣洲，2022；朱换换，2015）。可见，合理的基追肥比例对茄衣烟叶品质的形成具有较大影响。云南茄衣烟叶重视基肥，通常将 30%～50%的纯氮复合肥与有机肥一起作为基肥，剩下的 50%～70%纯氮复合肥用作追肥，追肥次数与用量与古巴雪茄烟叶追肥相似。

（1）海南雪茄烟叶施肥方法

施肥要求：做到平衡施肥，适度施用氮肥，氮、磷、钾肥配合施用，大中微量元素配合施用，有机肥、无机肥相结合，芝麻饼肥、菜籽饼肥、花生饼肥等油枯类有机肥的用量不少于 50kg/亩；茄衣烟叶还要重视钙、镁肥施用。施肥前，采集 0～20cm 耕层土壤混合样品，分析 pH、有机质、碱解氮、有效磷、速效钾、氯离子等指标，为配方施肥提供依据。

施肥量：根据土壤养分分析结果、品种特性、生产目标、气候条件、栽培模式等综合确定施肥量。一般推荐茄衣烟叶纯氮用量为 10～12kg/亩，茄芯烟叶纯氮用量为 12～15kg/亩，有机氮占总氮的比例为 30%上下，N：P$_2$O$_5$：K$_2$O=1：（0.5～1.5）：（2～2.5）。各种植区施肥量可以结合生产实际适当增减。

施肥技术：肥料种类包括有机肥（芝麻饼肥、菜籽饼肥、花生饼肥、生物有机肥等）、复合肥、硝酸钾、硫酸钾、钙镁磷肥、硫酸镁、专用水溶性追肥等，提倡施用有机无机复混肥。以基肥、追肥和根外追肥相结合的方式施肥，通常基肥占总量的 60%～70%。其中，基肥采取条施方式，包括有机肥、复合肥、钙镁磷肥等；追肥种类一般为硝酸钾、硫酸钾、速效水溶性肥料或部分复合肥，滴灌或溶于水后以注灌方式施用，应在移栽后 10～15 天和 20～25 天分 2 次追施；根外追肥主要是补充微量元素和钾肥，通过叶面喷施方式进行。

（2）四川雪茄烟叶施肥方法

基肥：结合土壤肥力状况和品种情况，全部有机肥和部分化肥作底肥施入，基追肥比为 6：4。每亩施用烟草专用复合肥 50kg、有机肥 80kg 以上、磷肥 20kg和腐熟农家肥 200kg 以上作为底肥，条施或塘施。

追肥：第 1 次施用在移栽后 12～15 天，将硝酸钾充分溶于水，环状浇施于烟株根部，然后培土或封井。第 2 次施用在移栽后 22～30 天，在烟株一侧打 10cm 左右深追肥孔，将剩余追肥施于孔内，用细土密封并浇灌适量水。推荐施肥量为硝酸钾 25kg/亩，烟草专用复合肥 20kg/亩，施肥种类、施肥量和施肥方式见表 3-9。

表 3-9　施肥种类、施肥量和方式（kg/亩）

肥料种类	施肥量（kg/亩）	施肥方式
复合肥（10∶20∶20）	50	基肥
有机肥（2∶2∶1）	50	基肥
油枯类有机肥（3∶1∶1）	50	基肥
硝酸钾（13∶0∶46）	25	追肥
纯氮量	10.75	
N∶P∶K	1∶1.1∶2.1	

（3）湖北雪茄烟叶施肥方法

施氮量及氮磷钾比例：茄衣烟叶亩施专用复合肥的纯氮量为 7～8kg，氮磷钾比以 1∶0.3∶（2～3）为宜，饼肥用量为 100kg/亩，适当增施硼肥（硼砂 1～4kg/亩）、镁肥（纯镁 2～5kg/亩）。茄芯烟叶亩施专用复合肥的纯氮量为 11～12.5kg，氮磷钾比以 1∶1.5∶（2～3）为宜，饼肥用量为 100kg/亩，适当增施硼肥（硼砂 1～4kg/亩）、镁肥（纯镁 1～4kg/亩）。

注意，雪茄烟叶所用饼肥均指腐熟饼肥。

基肥：肥源为烟草专用复合肥、饼肥、补充性单质肥（如硼砂、硫酸镁等，也可在专用复合肥生产时混入配方）。茄衣烟叶基肥为总量 1/3 的复合肥（将磷补足到 100%）和全部的饼肥和其他单质肥；茄芯烟叶基肥为总量 1/2 的复合肥（将磷补足到 100%）和全部的饼肥和其他单质肥。施用方法为开沟条施，施肥沟宽 15～20cm、深 15～20cm，施肥深度距井窖底端 10～15cm。不同的基肥施前要混合均匀。

追肥：茄衣烟叶移栽后 25 天左右，将追肥（硝酸钾）总量的 1/2 以化水的方式追施，在烟株一侧最大叶片的叶尖投影位置使用施肥枪将肥水注入垄体 15～20cm；移栽后 40～45 天，在烟株另一侧将追肥用量的 1/2 以化水的方式追施，施肥后及时封土，使追肥孔与垄面相平。茄芯烟叶移栽后 30 天左右，将全部追肥（硝酸钾）以化水的方式一次性追施，追肥方法同茄衣烟叶。

（4）云南雪茄烟叶施肥方法

1）施肥种类和施肥量。

有机肥：重施有机肥，茄衣烟叶每株施油枯类有机肥 150g 或饼肥 100g。茄芯烟叶每株施油枯类有机肥 200g 或饼肥 150g。

化肥：测土配方分次施化肥，酸性土壤通过增施钙镁磷肥、碱性土壤通过增施普钙来调节 pH。茄衣烟叶需增施镁肥来调节燃烧性和灰色，具体施肥方案：①茄衣：中等肥力土壤亩施氮量 10kg（硝态氮含量不低于 50%），氮磷钾镁比 1∶0.5∶2.5∶0.15。②茄芯：中等肥力土壤亩施氮量 12kg（硝态氮含量不低于 40%），氮磷钾镁比 1∶0.5∶2.5∶0.15。适当补充硼、锌、镁等微肥。

2）施肥时间及方法。

基肥和追肥：将全部腐熟油枯类有机肥、磷肥混拌均匀后堆捂 1 周，在移栽前作为基肥拌匀后塘施；移栽当天施复合肥、硝酸钾和硫酸钾全部用量的 40%；移栽后 12～15 天施复合肥、硝酸钾和硫酸钾全部用量的 30%；移栽后 30～35 天施复合肥、硝酸钾和硫酸钾全部用量的 30%。确保采收期叶片含氮量达到 4.3%～4.7% 的水平。为确保不烧苗，距烟苗 10cm 以上环施或条施。

叶面肥：在田间生长过程中，测量雪茄最大烟叶叶尖部分的叶绿素指数 SPAD，一旦小于 40，立即用 4.5g/L 的硝酸镁溶液进行叶面喷施，每次喷施量为 1kg/hm²，每隔 7 天喷施一次，直至成熟采摘期。

第四节　栽　培　管　理

雪茄烟苗移栽后即进入大田生长期。受气候、土壤、施肥等种种因素的影响，烟株个体和群体生长需要通过良好的田间管理加以调控。雪茄烟叶田间栽培管理包括整地、种植密度调控、移栽、中耕、茄衣烟叶遮阴栽培及土壤保育等。大田栽培管理有较强的时效性，对烟株的生长发育影响较大，只有进行认真管理，才能及时、有效地调控烟株生长和产质量形成。

一、整地

（一）深耕晒垡

雪茄烟叶田地的深耕晒垡工作应至少在移栽前的两个月开始，这样有利于土壤改良工作的开展。烟地适宜深耕，可以把表土的部分病菌、害虫、虫卵及种子等深埋到较深的土壤里。另外，深耕还可以将土壤深处的虫卵、虫螨和一部分草根翻到地表被太阳晒死，从而减轻病虫草危害。

第一次耕地完成后，15 或 20 天后进行交叉耕地，此后根据烟田的实际情况使用耙子耙地使土壤变得松散和蓬松，有助于清除整地期可能已经发芽的杂草。

坡度不是很陡的土地需要平整，以消除小的不规整地方、填平沟渠，并根据坡度确定灌溉系统的方向。平整工作有助于防止土壤积水和由此招致的疾病发生，还可以便捷后续的田间工作。

深耕晒垡对提高耕层厚度和土壤养分利用率有积极作用。对于耕层较薄的植烟土壤，采用机耕深翻、旋耕碎垡的耕作方式，逐年深耕4~5cm，可逐渐加厚土壤耕层，对提高烟叶产量品质具有明显作用。红壤的耕层浅薄，质地黏重，通气透水性能不良，采用深耕技术，不但可以加厚耕层，还可以改善土壤理化性状。3~5年没有深耕的烟田应在起垄前进行深耕（30~40cm）。

（二）平整土地

平整土地是指为改善土壤质量、提高雪茄烟叶产质量而在土地上进行的一系列机械操作。耕地的直接作用是翻土、松土。耙地的直接作用是碎土、平整地面，使土壤落实（碎垡）。耕地与耙地相结合，可以改良土壤结构，使土壤孔隙度及孔隙组成处于良好状态。良好的土壤结构，不仅扩大了土壤水分及气体容量，还改变了土壤中水分与气体的组成比例，使土壤较持久地处于适宜状态，既能减少根系生长的机械阻力，又能提高根系活力。

整地能够促进土壤熟化，提高土壤养分有效性，增强土壤蓄水保水能力，改善土壤通气性和微生物活性，便于灌排田间作业，为烟株根系的生长发育创造良好的环境条件，为移栽和大田管理打下良好的基础。同时，整地能促进根系发育，增加根重，使根系分布范围扩大、密集分布范围扩大、密集深度扩展，有利于根系吸收养分和烟株生长，从而使烟叶生长舒展、产质量提高。一般适当深耕比浅耕烟地的根系更庞大，烟叶产量更高、质量更好。

在平地上必须进行开沟作业，有利于播种、施肥、植物病害管控、除草、培土、灌溉和排水。坡度较低的土壤，沟渠应长20~30m。坡度为5%~20%的土壤，应按照等高线或垂直于坡度进行雪茄烟叶移栽。坡度大于或等于20%的地块，不建议进行雪茄烟叶种植。

起垄前要再浅耕、耙地，这样翻犁过的土地经过日晒夜露、雨淋和冬季低温综合作用，土壤松散、物理性状变好，杂草和作物残根腐烂快，从而提高土壤肥力，减少病虫草害。若用栽小春作物的田、地栽烟，应在小春作物收获后抓紧时间清除地面杂草和残茬，及时深耕、细耕碎土，以免延误移栽期，影响烟叶产质量。

耕地耙地要均匀，做到深浅一致，土垡大小适宜、上虚下实，不要漏耕漏耙。否则，土壤结构不均匀、烟株生长不整齐。

（三）整地起垄

雪茄烟叶的大田生长期一般处于旱季，因此国外多不起垄栽烟。而我国云南的立体气候明显，推荐起垄栽烟。垄作便于排水和降低垄体温度，利于排涝防病，同时垄体土层松厚，抗旱保墒效果明显，便于施肥、移栽和中耕培土等田间管理。另外，垄作可增加土层厚度，改善土壤水、肥、气、热状况，有利于烟株的早生快发和根系发育，从而提高烟叶质量（图3-10）。

垄作对起垄的要求较高，首先根据地形、地势和田地大小，拉好边沟，大而平坦的田地还需在田块中间挖腰沟，然后平地起垄。起垄高度视地势而定，一般20cm左右。容易积水和坝区地下水位高的田块，起垄高度应增加。所有田块的边沟应深于腰沟，而腰沟应深于垄沟以便排水。垄宽由栽烟密度来确定，一般行距为90～100cm。起垄时，沟面与垄面的宽度几乎相等。坡地应沿等高线起垄，切忌顺坡起垄，容易造成水土流失。

图 3-10　整地起垄

应在雪茄烟叶移栽前完成起垄。如遇下雨，要在下雨前起垄，以保证土壤的通透性。雨后起垄，必须在土不沾锄头时进行，否则容易压实土壤，降低土壤通透性。起垄时要用绳子和尺子按规格开沟起垄，做到烟墩宽窄一致、土细、垄面呈板瓦形，烟沟深浅一致、沟直、沟底平，为烟苗的成活和生长创造一个良好的环境条件。

二、种植密度调控

种植密度直接影响烟株的个体发育和群体发育，并最终对烟叶产量和可用性产生影响。在控制单叶重的情况下，可通过提升种植密度来增加雪茄烟叶的产量。雪茄烟叶的产量是衡量其经济效益的重要指标之一。种植密度越大，烟叶的蛋白氮含量越低，但可以通过增加施肥量和叶面施肥等技术措施进行弥补。

烟草产量由每亩株数（种植密度）、单株叶片数和单叶重决定。构成产量的这些因素之间关系密切、互相制约，三者协调与否决定着烟叶的品质和产量（胡荣海，2007）。雪茄烟叶的种植密度不同，形成的群体结构也不同，因而田间小气候有较大的差异。随着种植密度的增加，田间风速减小，湿度增加，土温、气温下降，光照减弱，特别是中下部叶的遮阴率加大，会降低叶片的光合作用强度（张嘉雯等，2020）。因此，茄衣烟叶在生产过程中要通过合理增加种植密度来提高产出率。

雪茄烟叶种植必须在烟株个体生长正常均衡的基础上，有一个合理的群体结构，这样才能实现优质适产，这是因为烟草群体结构是否合理直接影响光合作用，决定着烟草干物质的积累乃至烟叶品质的优劣。雪茄产品一般利用完整的叶片通过手工卷制完成。雪茄和卷烟生产工艺的最大差别是雪茄没有卷烟的切丝处理过程。因此，在相同的亩产量下，提高产叶率是提高雪茄成品数量的有效方式。

总之，种植密度直接影响烟株的生长和烟叶的产质量，从而使烟叶的化学成分和评吸品质产生明显差别。随种植密度的增加，叶面积变小、叶片变薄、单叶重降低；在一定条件下，种植密度由低至高，叶片的颜色由深变淡。只有在合理的种植密度下形成合理的群体结构，加上群体和个体正常均衡地协调发展，烟叶的品质和产量才能得到保证。

1. 国外种植密度

国外雪茄烟叶种植密度显著高于国内。古巴茄衣烟叶的种植密度高达 32 000 株/hm²，茄芯烟叶高达 38 000 株/hm²；多米尼加种植密度根据品种的不同一般在 23 000～28 000 株/hm²；苏门答腊茄衣烟叶为 30 000 株/hm²；美国康涅狄格州遮阴栽培的茄衣烟叶为 30 000～32 000 株/hm²。

2. 国内种植密度

我国除四川什邡种植密度为 30 000～33 000 株/hm² 外，其他产区的茄衣烟叶种植密度显著小于国外。其中，浙江桐乡为 20 000～24 000 株/hm²，湖北来凤为 20 820 株/hm²，海南为 22 725 株/hm²，云南为 25 500 株/hm²。经过近些年的开发，云南正在逐步增大雪茄烟叶种植密度，在株距为 35cm 左右的情况下，通过调整行距改变种植密度，有两种设置，一种是行距 90cm、株距 35cm，另一种采用宽窄行，即宽行 100cm、窄行 80cm，株距 35cm。

三、移栽

雪茄烟叶移栽需要综合考虑产区气候条件、种植制度、品种特性等因素的影响。适宜的移栽就是把烟草的生长、发育、成熟、晾制安排在气候最有利的时期，充分利用有利的生态条件，避开不利的因素，满足优质雪茄烟叶生长发育要求。

（一）移栽期

气候条件是决定雪茄烟叶移栽期的首要因素，尤其是大田生长期温度、降水量及雨季开始时间为确定移栽期需要考虑的主要因素。一般认为，雪茄烟叶生长发育需要的温度比烤烟高，大田生长期的日均温度以22～25℃为宜，既有利于烟株的生长发育，又能促进烟叶产量品质的形成和提高。云南地处低纬高原，上半年气温不高，尤其是部分烟区移栽时温度还不到15℃；下半年温度升高，但是雨热同季现象明显，降水量的增加对雪茄烟叶的采收和晾制非常不利。实践证明，过早移栽后烟株生长期的温度在较长时间内低于18℃，加上光照不足，将明显影响植株正常的营养生长，而加速生殖生长，促进花芽分化，容易出现早花或叶数减少、产量不高、质量不好的现象。但也不能过迟栽烟，否则大田生长后期气温高、雨水多，导致雪茄烟叶内含物少，晾制后杂色烟多，造成减产降质。所以，在确定移栽期时，不仅要考虑大田生产前期的温度条件，还要注意采收期的气温，以利于雪茄烟叶晾制。

海南雪茄烟叶产区结合气候特点及近年生产实践，确定12月中下旬至次年1月上中旬为主要移栽时段。各种植区可依据各自气候特点适当调整移栽期，但尽量不要晚于次年2月中旬，亦不要早于11月上旬。

四川雪茄烟叶产区移栽期一般从4月下旬开始，1周内移栽完毕。

湖北雪茄烟叶产区一般在4月中旬至5月上旬开始移栽，也在1周内结束。

云南雪茄烟叶产区的气候条件差异较大，各产区移栽期如下：德宏，在配备田间增湿设施的前提下，1月下旬移栽，5月底完成田间采收。保山，2月上旬移栽，5月底完成田间采收。普洱，1月下旬至2月上旬移栽，6月上旬完成田间采收。临沧，1月中旬至3月中旬移栽，6月底前完成田间采收。玉溪，3月中旬至4月初移栽，6月底完成田间采收；5月上旬移栽，7月底完成田间采收。楚雄，5月中旬移栽，8月初完成田间采收。曲靖，5月上旬移栽，7月下旬完成田间采收。昭通，4月上旬移栽，7月上旬完成田间采收。文山，3月中旬移栽，6月上旬完成田间采收。大理，4月下旬移栽，7月中旬完成田间采收。

（二）移栽方法

国内的雪茄烟叶一般采取起垄移栽的方法，原因是我国的气候条件和国外有所差异，大部分烟区属于温带气候，昼夜温差大，夏季高温多雨，冬季寒冷干燥，雨热同期，且大部分产区在雪茄烟叶移栽后会有降水的天气，因此采用起垄移栽的方式来避免水淹风险，同时起垄对烟草的生长发育是有利的，不仅可以排水防涝，而且利于烟株根系的生长发育。

国外和国内的移栽方式有所不同，但是最终效果相差不大。国外一般采用平地移栽的方法，即在土地上开条沟，然后沟中灌水，待土壤湿润后将雪茄烟苗栽在沟边。其在移栽时不起垄，但后期频繁提沟培土和除草，最终烟田也会呈现出起垄的效果。

（三）起垄

由于雪茄烟叶的种植密度较高，一般按 90cm 开墒，起垄高度不低于 20cm；沟深：边沟＞腰沟＞墒沟；起垄后做到墒平、沟直、土细，则烟墒饱满。

（四）开沟移栽

1. 开沟

要根据由栽烟密度确定的株距进行开沟，在预先起好垄的墒面按中线开一条深 20cm 左右的"V"形小沟，沟底施用底肥和有机肥，移栽前预先放满半沟水。

2. 选苗和运苗

选苗时要选择大小一致的壮苗，淘汰带病虫害的苗和弱苗。

漂浮苗移栽时取苗和运苗比较方便，只要把育苗盘从漂浮池取出放在运输工具上运到烟地即可进行移栽。注意要防止烈日暴晒，以免造成烟苗水分过分蒸发而失水过多，移栽后难以成活。

3. 栽烟

移栽时将烟苗栽在沟侧面距离沟底中间 10～15cm 处，以避免根系附近肥料浓度过大或根系直接接触肥料造成烧苗或抑制烟苗生长。另外，由于漂浮苗根部所带的基质较少，如果在干旱和气温高的中午移栽，栽后还需要浇一遍水以确保烟苗不会因为蒸发量太高而大面积死亡。移栽时环施有机肥和化肥（图 3-11）。

图 3-11 移栽时环施有机肥和化肥

4. 病虫害防治

雪茄烟叶种植区域的气温比烤烟高，加之有些地方湿度大，很容易受到病虫害的侵袭。因此，雪茄烟苗移栽后要特别加强对地下害虫、根茎病害的防治。如果有前作，应该在前作收获后立即进行清除杂草、翻耕整地工作，以减少小地老虎的寄主植物和产卵场所以及土壤中的幼虫与蛹，方法为移栽当天选用 2.5%氯氟氰菊酯 1500～2500 倍稀释液或 2.5%敌杀死 1500 倍稀释液等农药对烟株及沟面进行喷雾。采用覆膜移栽的雪茄烟叶应加强根茎病害的防治，方法为在移栽后用 58%甲霜灵·锰锌 500 倍稀释液浇施灌根。

四、中耕

（一）培土

1. 作用

培土的目的是通过机械力改良烟田表土物理性状，改善土壤理化性状。培土可提高土壤温度，调节土壤湿度，增加土壤通透性，促进养分分解和清除杂草。培土是保水、保肥、升温、减少病虫草危害的重要措施。

培土能使烟茎基部发生大量的不定根，而根系多则烟株吸收能力强，且营养吸收面积扩大，有利于烟叶产量、质量的提高，同时根系发达有利于烟碱含量的提高。培土即把土壤向植物的主茎秆靠拢，对雪茄烟叶的生长有益处。第一，培土可以刺激根部发育，增加植物的水分和营养吸收能力。第二，培土能帮助烟株获得更大的支撑，从而抵御恶劣天气而不发生倒伏。第三，培土能够提高烟株周围土壤的保水能力。第四是最重要的，培土利于将施入的肥料与烟株根际土壤充分混合均匀。

2. 方法

培土的方法是将行间挖出墒沟的土壤培于烟株茎基部及墒面，墒面增高的同时将烟株基部埋入土中。每次施肥后，应立即对烟株进行培土，高度根据田地的水分状况决定，一般为30~45cm。在旱地或干旱年份，培土高度可适当降低；在雨水多的年份、地下水位高的田块，培土高度应适当提高一些。

3. 要求

培土时要求细土与茎基部紧密结合，墒体充实饱满，不留空隙，以促进不定根的生长。培土与清理排灌沟渠相结合，要求达到墒高、沟深、底平、排灌通畅。中耕培土时，尽量减少对根的伤害，从而减少病原物从伤口侵入（图3-12）。

图3-12 中耕培土

（二）除草

除草能够消除种植地内与作物争夺氧气、光照、空间和养分的杂草，也是通过消除宿主植物来减少病虫害的一种方式。一般来说，在烟草生长周期内要进行2~3次的除草作业，但在必要时应进行多次除草。

除草工作一般在施肥后3~5天进行。移栽后8~12天进行第一次除草，以锄破土表、消灭杂草为目的，为锄土深度5~7cm的浅中耕，能有效切断土体的毛细管，锄松的表土形成覆盖层，当太阳照射烟地时，由于表土覆盖层的阻隔，下面湿润层的水分蒸发减少，为烟苗生长提供较好的小环境，从而促进烟苗根系的生长。

移栽后15~20天进行第二次除草，配合培土，以疏松根标土壤、促进根系生长为目的。株间深锄，根周围浅锄，同时用细土壅根。

雪茄烟叶种植过程中一般不使用控制杂草的化学产品（除草剂）。最常用的杂草控制方法是除草，一般还是人工方式，即用砍刀或锄头等工具进行手工操作，或者利用牲畜牵引的耕作机或拖拉机除草。

五、茄衣遮阴栽培

遮阴栽培在茄衣烟叶的品质形成中起着重要的作用。遮阴后烟叶表面接受的光强降低，因此光合速率降低，所以烟叶变薄，组织结构更疏松，干物质积累降低，叶绿素降解更加缓慢。

茄衣虽然在一支雪茄烟中的重量占比最小，但对其质量要求高，如要大小适中、较薄、完整度好、无斑点和孔洞、色泽均匀、组织细密、支脉细而不突、韧性好、拉力强、燃烧性好等，因此在雪茄烟叶生产中占有较高地位。世界优质的茄衣烟叶多产自古巴、厄瓜多尔，其他国家如多米尼加、美国、尼加拉瓜等也种植茄衣烟叶。目前，全世界优质且产出率高的茄衣烟叶均采用遮阴栽培。

国内海南、浙江桐乡的茄衣烟叶种植采用遮光率高的黑色遮阴网，研究表明其能有效保持田间相对湿度，并且生产出的茄衣烟叶较薄、组织细致，能够基本满足外包皮烟的要求，但是过度遮阴对雪茄烟叶的养分吸收有影响，会造成产出的茄衣烟叶存在内含物缺乏、香气物质少、油分不足、韧性差等方面缺陷。因此，在满足茄衣烟叶厚度要求的前提下，应该尽可能少遮阴，保证茄衣烟叶内在化学成分的协调性。云南的雪茄烟叶的遮阴种植效仿古巴的遮阴方式，采用白色的遮阴网，遮阴率在25%～30%时茄衣烟叶的外观和内在化学品质相对较协调。

目前，国产优质茄衣烟叶适宜生态区域少、茄衣烟叶晾制工艺与配套晾房缺乏、遮阴棚搭建成本高是制约茄衣烟产质量提高的主要因素。因此，雪茄烟叶的遮阴栽培研究应该首先筛选合适的种植区域，再进一步完善配套晾房和科学晾制工艺，最后才是根据产地的气候条件合理配置遮阴棚。

（一）古巴茄衣遮阴种植技术

1. 种植节令

古巴比那尔德里奥的茄衣烟叶最佳种植时间是10月20日至11月30日，除特殊情况，都会在12月20日前结束移栽。古巴雪茄烟叶一般在1月10日到2月底采收，虽然会受到对流层臭氧的危害，但10月20日至11月10日种植的雪茄烟叶受到的影响最小。

2. 种植密度

在古巴比那尔德里奥，茄衣烟叶传统的种植框架是株距35cm、行距84cm（32 000株/hm²）。在双行种植的情况下，建议茄芯烟叶采用35cm株距，40cm与1m宽窄双行交替种植（38 000株/hm²）。与传统种植密度相比，这一种植密度意味着每公顷多种植21%的烟草。此外，由于田地上的所有活动（施用植物保护产品、除草、除虫和收割）都在宽沟进行，这一种植密度对叶片的机械损伤几乎减少 50%，也就意味着每层的产量大大增加。坡度超过 2%的土地，应根据等高线开沟，以减少水土流失。

3. 移栽方法

移栽在湿润垄沟后进行，而湿润垄沟可以采用滴灌法、喷灌法或垄沟灌水法。种植烟草的基本条件是将潮湿的土壤和茎秆的根部牢固地结合在一起，以免对茎秆造成损害。

移栽在第一次轻度浇水后进行，直接将秧苗从苗床中移出。如有必要，应在移栽后 8～10 天进行第二次补苗，以获得最佳的田间成活率。一般在 11 月 30 日前将秧苗移栽到土地中，每 6 行单行移栽，接 1 行双行移栽，保证每块地有大约 15%的植株有备份烟苗。在其他移栽状况下，只需要准备 10%的备份幼苗来弥补田间死亡的植株。

4. 施肥

两段式施肥：移栽后 8～10 天施用 40%的剂量，移栽后 18～20 天施用其余 60%的剂量。肥料配方应尽可能等比例提供硝态氮和铵态氮，即每种形式的氮各占 50%，剂量应确保收获时烟草汁液中的硝酸盐浓度在 200～500ppm。研究表明，160kg/hm^2 左右的纯氮浓度就能保证成熟时烟草汁液的硝酸盐水平。

在降水量大或气温超过 11℃的情况下，应对田地进行硝酸盐分析测定，以确定是否需要补充施用硝态氮，其中硝酸铵可在移栽后 30 天内使用，施用量为每 1000 株 2kg，硝酸钾可在移栽后 40 天内使用，施用量为每 1000 株 4～6kg。

在古巴比那尔德里奥，对于较贫瘠的土壤，为保证收获时烟草汁液的硝酸盐水平，可选择将肥料分三阶段施用，其中 20%的肥料在移栽时施用。

微量元素应施用三次：第一次和第二次分别在移栽后 10 和 20 天施用，第三次在打顶后按照包装标明的配方和计量施用。另外，将硝酸镁与第一次和第二次施用的微量元素混合后进行叶面喷洒；此外，根据营养诊断结果和技术主管人员建议，再施用三次硝酸镁。具体的诊断过程是在移栽后 15、21、28 和 39 天测定叶片的叶绿素含量，如果 SPAD 低于 40～43，则建议叶面喷洒硝酸镁，使用的配比分别为：移栽后 15～27 天，用 16L 的背式喷壶配 100g；移栽后 28～39 天，用 16L 的背式喷壶配 130g。

5. 叶绿素含量测定

使用 SPAD-502 叶绿素仪测量植株所有叶片的叶绿素含量并取平均值，仪器直接贴在叶片上，放在叶片中心和顶点间的一点，在田间对角线上随机抽取 15～

20 株植株进行测量。测量时间为移栽后 15、21、28 和 39 天。

6. 有机肥施用

施用的有机肥料是蚯蚓腐殖土，但必须先检查肥料是否被除草剂污染。施肥量至少为 $6t/hm^2$，在移栽后 8～10 天直接施入垄沟。根据土壤和烟草研究所的建议，还可以使用其他有机肥料。

7. 耕作

耕作就是松土，以促进植物生长。在雪茄烟叶的大田生长过程中，应该进行至少 4 次以上的松土工作，尤其是在灌溉或者降水之后，目的是防止土壤板结，增加土壤通透性。如果有机肥用量少于 $40t/hm^2$，土壤结构的稳定性和通透性较差，更应该注重松土工作，对减轻对流层臭氧的危害和种植过程中可能出现的涝害至关重要。

8. 培土

培土的目的是用松软的土壤覆盖植物茎部，从而去除杂草、保持土壤湿度、改善土壤通透性和促进根系早生快发并更好地吸收养分。如果在移栽过程中使用了促进生根的物质，培土工作可以提前 3～4 天进行。培土后可以观察到新发的白色幼嫩根系。

9. 培土起垄

移栽后 18～20 天施肥，并借助锄头用土覆盖茎秆，应注意确保土壤和植物茎秆紧密结合在一起，以促进不定根的形成。如果前一步的培土工作提前，这项工作也要提前。培土越高，植物周围土壤的气体交换面就越大，根系获得的氧气就越多；培土高度不应该低于 25cm。除了培土，还应该去除基部烟芽，有助于植株更好生长，而且可以防止蓝霉病菌和尾孢菌侵染。

10. 第三次培土

移栽后 30～35 天进行第三次培土。此时烟株已经长大，为避免对烟株造成机械损伤，不能用机械进行培土工作。此次培土的目的依然是防止杂草滋生、维持土壤通透性、消除地表板结。

11. 遮阴搭建

搭遮阴网是为了使光强降低 30%，同时创造一个湿度较高的密闭环境。为实现这一目标，需要及时、正确地安装遮阴网，应在移栽后 10～20 天安装，高度为 2.5m。

四周的围网应在移栽前 1～2 天铺设完成，且铺设双层，以保护烟株免受风吹的不利影响。应确保没有敞开的开口，底部垫层密封良好，以创造一个密闭的环境。侧面越密闭，就越能有效减轻臭氧损害和虫害。

12. 烟株生长支撑

为防止植株因风吹雨打而弯曲或倒伏，应在遮阴网下面搭建支撑架，为茎秆留有一定的生长空间，以确保烟株正常生长而不会受到机械损伤。

烟株吊线方式：在每排平行于垄沟的 2.0m 高柱子上放置一根直径 2.0mm 的铁丝，用钉子固定。在铁丝的上方，沿着与垄沟相同的方向拉出一根直径为 1.8mm 的铁丝，并将其绑在田地的两端，垄沟中的每一株植物都用棉线绑在铁丝上。如果采用宽窄双行栽培，则在构成双行的两行植物间拉长铁丝，使两行植物都能绑在这根铁丝上。将棉线绑在铁丝上时，应避免过度拉紧铁丝，以免日后因风吹等外力造成烟株卷起。为方便捆绑，可先将一行烟株用棉线绑扎后吊在铁丝上，然后绑另一行烟株。

13. 灌溉

灌溉应根据预测进行，即考虑田间容水量和种植阶段，次数应为 6～8 次，具体如下。

第一阶段（移栽后 0～20 天）：当田间容水量达到 70%时，小水灌溉。

第二阶段（移栽后 21～50 天）：当田间容水量为 65%时，大水灌溉。

第三阶段（移栽后 51～72 天）：当田间容水量为 65%时，隔行大水灌溉。

采用双行技术时，应在第二和第三阶段交替进行沟灌，并始终采用宽沟灌溉，以便随后破除地表结块。

如果无法获得田间容水量的信息，则应遵循以下程序：每天对种植园进行观察，并结合最后一次浇水日期，观察烟株是否出现枯萎症状，如果在一天中最凉爽的时候出现萎蔫，则可以肯定应该浇水。不过，为了保险起见，可以用手捏一捏土壤，如果松手后土壤很快脱落，显然就需要灌溉了。在局部灌溉的情况下，应根据各公司负责此项工作的专家指示进行灌溉。

需要注意的是，过量灌溉会对叶绿素含量产生负面影响，因此必须考虑营养诊断结果，在大田生长期即移栽后 22～39 天，这种影响会更加明显。

14. 封顶打杈

封顶打杈对烟叶产量和质量有直接影响。需要重点强调的是，封顶打杈在烟株生长一定时间后越早进行越好，早打顶可以防止叶片中淀粉积累，并提高后续的晾制和发酵效果。

从移栽 30～35 天后开始，分 2～3 次进行扣芯打顶。每株烟株最后剩余 16～18 片叶子。留叶数量过多或过少都会影响优质烟叶的产量。侧芽一旦出现就应该立即清除，防止侧芽长度超过 5cm。

以上农事操作对提高烟叶产量和质量至关重要，最重要的是可以防止烟叶在晾制和发酵过程中出现斑点。

（二）我国云南遮阴栽培技术

目前，我国云南茄衣烟叶栽培除需要搭建遮阴棚外，其他的栽培技术与茄芯烟叶基本相同（图 3-13）。

图 3-13　茄衣烟叶遮阴栽培

遮阴棚包括钢管支架、遮阴网、配套材料三部分。其中，钢管支架出土高度不低于 3500mm，四周采用 DN80 热镀锌管（壁厚不低于 4.0mm）为主支架（间距 10 000mm），两根主支架间使用两根 DN65 热镀锌管（壁厚不低于 2.5mm）作为副支架（间距 3333mm），遮阴棚的四周顶端采用 50mm×30mm 热镀锌方管（壁厚不低于 2.5mm），全部用扣件连接，或者采用立柱顶端焊制扁铁、方管打孔螺栓方式固定；中间使用 DN65 热镀锌管（壁厚不低于 2.5mm）作为中间支架，田间按照 10 000mm×10 000mm 栽埋支架，每亩栽埋 32 根（其中 DN80 热镀锌管 10 根、DN65 热镀锌管 22 根）；顶部主线用 ϕ 不低于 6.0mm、支线用 ϕ 不低于 4.0mm 的包塑钢线搭建，按 1111mm×3333mm 铺设，在每根支架顶端用圆形钢板焊接固定包塑钢线主线（图 3-14）。根据地块性状、土壤质地紧实情况，灵活确定钢管支架入土埋深、撑杆位置和是否浇筑加固水泥桩等。采用透光率为 60%～70% 的白色遮阴网，需要兼顾防虫的产区，可使用 80 目的白色防虫网。钢管支架顶部及四周铺设遮阴网，顶部遮阴网与长格拉筋用尼龙扎带固定，四周遮阴网采用拉线等方式固定。遮阴棚钢管支架使用年限不低于 6 年。

图 3-14　茄衣烟叶遮阴棚

六、土壤保育

土壤是农业可持续发展的基础，也是优质雪茄烟叶生产的必要条件之一。目前，我国农业长期存在的重用轻养生产方式，使土壤的负重指数居高不下，土壤质量退化是整个农业发展面临的严重挑战。虽然国内的雪茄烟叶生产还在初级阶段，但围绕优质雪茄烟叶建立核心烟区与配套的耕作制度是国产雪茄发展的基础，相关的土壤保育技术体系也必须启动。

（一）合理轮作

不同作物对各种营养元素的吸收能力不同，如安排恰当可相互补充。例如，烟草是对钾需求较高的作物，而小麦是需氮较多的作物，将小麦作为烟草的前作，有利于烟草的养分平衡、产量稳定和品质提高。在水旱交替的耕作措施下，烟草和水稻轮作能促进土壤中好气性微生物的活动，提高土壤中养分的有效性，烟草产量和质量有保证，水稻产量得到增加。水旱轮作可使许多病原菌在土壤中的存活年限大大缩短，减少其危害发生。

云南烟草的轮作方式大致可分为水旱轮作和旱地轮作两大类。

1. 水旱轮作

水旱轮作是指在同一地块上有顺序地轮换种植水稻和旱地作物的种植方式。这种轮作方式对改善土壤理化性状、提高地力和肥效、防治病虫害，尤其是土传病害有着特殊的意义。在病虫害发生严重的烟区，应积极提倡稻烟轮作的种植方式，是实现持续和稳定增产、保证烟叶质量的有效措施。

2. 旱地轮作

旱地轮作是指在同一地块（旱地）上有顺序地轮换种植不同旱地作物的种植方式。因旱地作物种类多，故旱地轮作烟区的轮作方式较为复杂。与烟草轮作的主要旱地作物有小麦和玉米，还有豆类、红薯、大麦等。这类烟区的水利条件较差，灌溉不方便，土壤肥力中等或偏低，土壤多为壤土或沙壤土。

（二）施用有机肥

有机肥肥效缓慢而持久，单施有机肥或有机物易造成土壤氮素供应前轻后重，导致雪茄烟叶前期生长缓慢而后期贪青晚熟，影响产量和品质。但是，只要有机肥的物料选择和施用量及施用方法得当，配合化肥可以对雪茄烟叶起到很好的促进效果。雪茄烟叶生长前期需要的肥料较少，而有机物分解较缓慢，尤其在土壤含水量低的情况下很少分解，其在改良土壤结构的同时，不会导致土壤微生物与烟草争氮的现象出现，当烟草进入旺长期后，土壤水分充足，有机物分解随之加快，防止氮素供应过多和减少烟草的氮素吸收有利于降低根系的烟碱合成。因此，直接施用未腐熟的有机物既可改良土壤结构，又可实现雪茄烟叶的优质适产。云南烟区长期大量单一施用化肥的现象相当普遍，配合施用有机肥，无疑对土壤可持续利用和烟草产业可持续发展具有重大的科学意义。施用有机肥改良土壤结构的效果显著，如可改善土壤通透性，从而调控烟草氮素营养，使其硝态氮含量前高后低，明显改善烟叶质量（图3-15）。

图3-15 增施有机肥

（三）改良土壤酸碱度

1. 影响土壤酸碱度的主要因素

针对植烟土壤，酸度的决定因素依次为：交换性 H^+、腐殖酸、交换性酸（总量）、交换性 Al^{3+}；碱度的决定因素依次为：交换性 CO_3^{2-}、HCO_3^-、交换性 Ca^{2+}、Mg^{2+}。水溶性 K^+、交换性 K^+、富里酸（FA）、交换性 Na^+、Na^+、CEC 基本对土壤酸碱度无影响。植烟土壤酸碱度与有机质组分相关。通过分析腾冲酸性土壤与昌宁酸性土壤的碳组分差异可知，腾冲土壤胡敏酸（HA）芳构化程度高，腐殖质组成复杂，碳结构稳定性组分多。有机质含量低的土壤，随着 pH 增高，HA/FA 逐渐降低，说明活性高的碳组分逐渐增多，稳定性高的碳组分逐渐减少；有机质含量高的土壤，随着 pH 增高，HA/FA 逐渐增大，说明稳定性高的腐殖质组分增多。表明在一定 pH 范围内，有机质含量相同的情况下，稳定性腐殖质组分增多，土壤 pH 降低。

2. 土壤酸碱失衡调控技术

施用石灰、白云石粉可改良土壤 pH。石灰施用量根据烟田土壤酸度而定，一般每亩 60～150kg，白云石粉每亩 100kg。采用撒施的方法，在耕地前撒施 50%，耕地后整畦前再撒施 50%。石灰用量一般一次不超过 200kg/亩，用量过多会影响烟株对钾、镁的吸收，而且会引起烟株缺硼，同时使土壤有机质矿化作用加强，导致后期供氮能力提高，从而影响烟叶成熟落黄。施用石灰调节土壤酸度具有一定后效，通常隔年施用。也可采用白云石粉[主要成分是碳酸钙镁 $CaMg(CO_3)_2$]调节土壤酸度，其和土壤酸度的能力较缓和持久，并具有缓解烟株缺镁症的功效，能够避免大量施用石灰造成的 Ca、K、Mg 离子拮抗和土壤板结等弊端。

调节酸碱度的办法：①pH 4.0 以下的土壤，每亩施用 150kg 熟石灰；②pH 4.0～5.0 的土壤，每亩施用 133kg 熟石灰；③pH 5.0～6.0 的土壤，每亩施用 60kg 熟石灰；④pH 6.0 以上的土壤，不可施用熟石灰。

对于 pH 小于 5.0 的酸化烟田，以腐熟厩肥、生物炭处理效果较优，产值明显高于石灰处理，且烟株抗病性明显增强；针对烟区土壤碱化问题，开展硫磺粉改良土壤酸碱失衡试验，取得部分成效。

近年来的植烟土壤酸度调节试验表明，适量施用石灰可促进土壤中 NH^+-N 转化为 NO_3^--N，降低土壤中交换性铁、铝和有效锰含量；土壤中放线菌、好气性纤维分解菌、亚硝化细菌数量明显增多，真菌数量减少，脲酶、蛋白酶活性增强；采用石灰改良土壤后，烟株的肥料利用率提高，早生快发，根系发达，光合速率提高，有效叶片数增加，抗病性增强，气候斑点病、花叶病和黑胫病发病率下降，烟叶的产量和质量效益明显提高。

（四）栽种绿肥

为了提高植烟土壤的持续生产力，也为了提高烟叶品质，可以在前作种植一季绿肥来改良土壤。绿肥以豆科和禾本科作物居多，特点一般是速生快长，生物量大，根系穿透能力强，从而使土壤疏松和加深土层厚度。光叶苕子、毛叶苕子、紫云英、印度麻、黎豆、薇菜、芜菁、大爪草、苜蓿、野燕麦、掩青大麦、掩青黑麦等都是较好的绿肥品种，其中尤以禾本科绿肥最好。美国、巴西等国的前作以高碳氮比的掩青黑麦等禾本科绿肥居多。绿肥一般不做特别处理，直接翻耕还田或粉碎后直接翻耕还田。

第五节　水 分 管 理

雪茄烟苗的水分管理与烤烟差异不大，具体要求为还苗期水分要充足，伸根期要控水，旺长期需多浇水，成熟期要适量补水。

一、水分需求

（一）还苗期

雪茄烟叶移栽后的还苗期一般为3～7天。此期烟苗较小，烟田耗水以地表蒸发为主，叶面蒸腾很少。移栽使烟苗根系受损，吸水能力减弱，因此主要靠浇足定根水来满足烟株对水分的需求，在干旱地区还要根据当地情况浇足还苗水，以促进烟苗尽快恢复生长。此期水分管理的主要目的是促使根系尽快恢复生机、烟苗迅速生长。一般土壤含水量为田间最大持水量的70%左右有利于还苗（图3-16）。

图3-16　还苗期保持田间最大持水量的70%左右

（二）伸根期

还苗后，根系生长快，烟苗长出新叶，对水分的需求逐渐增加。此期的适宜土壤含水量为田间最大持水量的 50%～60%，土壤含水量为 50%视为干旱（图 3-17），若土壤水分过多，不利于烟株根系生长，灌水一般应半沟轻浇，忌大水漫灌。

图 3-17　伸根期保持田间最大持水量的 50%～60%

（三）旺长期

旺长期烟株生长速度较快，需水量约为整个生育期的 50%。此期的适宜土壤含水量为田间最大持水量的 80%左右（图 3-18），土壤含水量为 60%视为干旱，若降水不足，应足量适时灌水，能促进土壤养分和肥料养分的转化及利用，对促进叶片开展、增大节间距、形成合理株形等具有重要作用。

图 3-18　旺长期保持田间最大持水量的 80%左右

（四）成熟期

烟株打顶后，上部叶扩展需要充足的水分。此期的适宜土壤含水量为田间最大持水量的 70%（图 3-19），土壤含水量小于 50% 视为干旱。传统的生产方式对烟草的水分需求及其重要性认识不足，一般在成熟期不灌水，近几年的实践证明，烟叶成熟期的水分管理也非常重要。此期为烟株提供适当的水分，有利于叶片正常发育、成熟，采收时叶片含有足够水分，对内含物的合成积累和充分转化及合理分配等十分有利；同时叶片含有足够水分，在田间可避免由阳光灼伤等因素造成的假熟，且晾制后质量好。若供水不足，往往导致叶片紧密、晾制后杂色多等问题。若成熟期雨水过多、光照不足，雪茄烟叶内含物含量降低，品质下降。

图 3-19　成熟期保持田间最大持水量的 70%

二、灌溉

移栽时要浇足还苗水。成活后若遇气候和土壤干旱，土壤含水量下降到 50% 以下，或叶片含水量减少 7%～10%，烟株出现萎蔫直至傍晚才能恢复，将影响烟株正常生长，此时应及时浇水或灌水，以傍晚或清晨灌水为宜。灌水可采取分段灌水和浅水灌溉的方法，以水面距垄面 10～15cm 为佳，土壤浸润后应及时排出，切忌大水漫灌或长时间泡水。有条件的地区应积极采用节水农业技术，如滴灌、喷灌等。

烟草大田期灌溉与否，主要视有效降水量而定，可从以下几方面考虑。

1）土壤湿度。一般土壤湿度为田间最大持水量的 50% 以下就要及时灌溉。

2）形态指标。当烟叶白天萎蔫、傍晚仍不能恢复时，表示土壤含水量已经不能满足烟株正常生长的需要，应当及时灌溉。当次日早晨还不能恢复正常，说明缺水严重，生长已受影响，必须立即灌水抢救。

三、防涝

雪茄烟叶在整个生育过程中需要充足的水分，但水分过多也不利于其生长。烟株根系需要利用土壤空气进行有氧呼吸才能维持正常的生命活动，当水分过多而呈饱和或过饱和状态时，土壤空气缺乏，气体交换断绝，根系不能正常进行有氧呼吸，烟株生长受阻，生长不良、萎蔫或死亡等。雪茄烟叶受涝灾影响的程度取决于渍水时间，渍水时间愈长，植株受害愈重。生育期不同，烟草对渍水的反应亦有异，一般是后期重于前期。

雪茄烟叶在大田生长后期如逢雨季，应注意疏通排灌沟渠，保持烟田边沟、腰沟比垄沟深3～7cm，雨后能及时排出，做到沟无积水。大雨过后应做好清沟排水工作，防止田间积水，减少肥料流失、垄体土壤板结及病害发生。

第六节 封 顶 打 杈

封顶打杈是在生长后期调节烟株营养和烟叶质量性状的一项有效措施，通过改变打顶时间、打顶高度和留叶数，可以在一定程度上调控叶片的大小、厚度、重量和烟碱含量等，使烟叶质量更加符合人们的要求，是提高雪茄烟叶产质量的一项重要技术措施。

一、封顶作用

烟株主茎的顶芽后期发育成繁殖芽，并现蕾开花（一般雪茄烟叶移栽后50～60天开始现蕾），而花蕾出现以后需要消耗很多营养物质，即随着花序的生长和种子的形成，烟株体内大量的营养物质向顶端输送，上部叶营养不良，中部叶变薄，下部叶枯萎死亡，导致烟叶产量、质量下降（江鸿，2013；张思唯等，2022）。在烟草栽培中，除繁殖种子外，必须采取打顶措施，即在适当时期摘去顶部花蕾和花序（封顶打杈），以打破顶端优势，控制和减少叶片贮存的营养物质向外输送，减少烟株体内营养物质的消耗，集中营养物质供应叶片生长，改善叶片营养条件，从而使中、下部叶重量、化学成分产生有利变化，提高烟叶产量和品质。

雪茄烟株每个叶腋都有腋芽，通常在打顶前出现，当烟株打顶后，由于人为去除了顶端生长素对腋芽的抑制作用，腋芽由上而下快速萌发，生长成杈烟，杈烟同样能开花、结果,但会大量消耗叶片养分,降低烟叶产量和质量。因此,及时打杈同封顶一样重要。

封顶打杈可控制和减少叶片内含物向外运输,这是针对雪茄烟叶的生物学特性来提高其产质量的一项重要措施。封顶打杈能促进根系生长,调整烟株长势,提高烟叶烟碱含量,及时封顶打杈是雪茄烟叶优质高产的一项重要技术措施。

二、封顶方法

雪茄烟株封顶的早晚和留叶多少,要根据烟株的营养状态、品种特性等来确定。优质雪茄烟叶栽培实践证明,在单株留叶数方面,一般以 16～18 片为宜。

封顶时期一般以开花程度为依据,按打顶的早晚可分为扣芯封顶、现蕾封顶、中心花开封顶、盛花封顶 4 种。雪茄烟叶大田生产为扣芯封顶,封顶打杈一般采用人工方式。

雪茄烟叶正常生长 40 天左右时,花蕾与嫩叶还未能截然分开,此时将花蕾和花梗连同附着的 2～3 片花叶(小叶)一齐打去,称为“扣芯封顶”。这种方法使烟株养分消耗减少,顶叶能充分展开,操作虽然不够简便,但是对雪茄烟叶的品质具有最佳的效果。

三、优化结构

(一)留叶数量

按照“除底、封顶、打杈”的操作顺序,用 2～3 次完成全田封顶留叶。茄衣烟叶留 18 片(±1 片)、茄芯烟叶留 16 片(±2 片)。

(二)去除底脚叶

茄衣烟叶移栽后约 42 天,田间见到花蕾时,及时清除 4～5 片底脚叶,扣芯摘除花蕾,打掉>5cm 的烟杈,单株留有效叶 18 片(±1 片);用 2～3 次完成全田封顶留叶。

茄芯烟叶移栽后约 40 天,田间见到花蕾时,及时清除 5～6 片底脚叶,扣芯摘除花蕾,打掉>5cm 的烟杈,单株留有效叶 16 片(±2 片);用 2～3 次完成全田封顶留叶。

雪茄烟叶封顶后,烟杈(侧芽)生长较快,为确保品质和产量,必须及时清除>5cm 的烟杈。

四、打杈

打杈又称抹杈、抹芽，即待腋芽长出 3～5cm 就抹去。早杈小，脆嫩好抹，伤口容易愈合，并能促进叶片生长；大杈消耗养分多，木质化后费工难抹。一般以每隔 5～7 天抹一次为宜，抹杈时连腋芽的基部抹去。

第七节　绿色防控

烟草在从播种到收获的整个生育期，加上从调制直至仓储加工的过程中，会受到多种有害生物的危害，从而对烟叶的产质量和可用性造成巨大影响。迄今为止，我国统计报道了 68 种烟草侵染性病害、200 多种害虫、600 余种有害生物，对烟叶生产构成严重威胁（罗梅浩和李正跃，2011；谈文和吴元华，1995）。近几年来因主要病虫害造成的烟叶产量损失超过 1 亿 kg，产值损失超过 10 亿元，成为目前烟叶生产的重要限制因素之一。

云南烟区地处亚热带和暖温带，由于独特的立体农业气候，烟草有害生物种类繁多，有益微生物资源及害虫天敌种类也十分丰富。目前，云南已调查发现的烟草侵染性病害 40 余种，害虫及相关动物 252 种，常见的烟田杂草 50 多种，害虫天敌 126 种，以烟草黑胫病、赤星病、野火病、根结线虫病、普通花叶病毒病、气候性斑点病、烟蚜、烟青虫等 30 多种病虫害危害较大（胡荣海，2007）。当前烟草生产倡导病虫害绿色防控，遵循"绿色植保"理念，采用以农业防治、物理防治和生物防治为主，化学防治为辅的综合防控技术体系，以保障烟草生产质量安全，利于农业生态可持续性发展，对促进烟草行业高质量发展具有重要意义。

一、雪茄烟叶主要病害及防治

云南作为烟叶生产的黄金地带，具有巨大的雪茄烟叶种植与开发潜力。雪茄烟叶的种植环境有别于传统烤烟，气候炎热往往有利于提高其长势，因此在云南雪茄烟叶产区种植雪茄烟叶更倾向于选择低热河谷或干热平坝。但云南独特的气候条件和丰富的作物种类导致病虫害滋生与蔓延，严重威胁雪茄烟叶的高质量发展。目前，云南雪茄烟叶病虫害种类包括病毒病、根茎类和叶斑类病害，其中病毒病以曲叶病和马铃薯 Y 病毒病为主，斑萎病、烟草花叶病毒病少有发生；根茎类病害中青枯病发生频率和为害面积较大，根腐病和黑胫病个别地块发生；叶斑类病害主要包括靶斑病、蛙眼病、赤星病和非侵染病害气候性斑点病等；常见害虫有斜纹夜蛾、小地老虎、棉铃虫等。

（一）曲叶病

烟草曲叶病是热带和亚热带及一些温带烟区常发生的病害，常在我国云南、广东、广西以及福建等烟区发生。曲叶病在云南临沧、普洱、楚雄等雪茄烟叶产区普遍发生，一般发病率在10%左右，严重发生地块达50%，是云南雪茄烟叶生产中一种重要的病毒病，严重威胁雪茄烟叶的产量与品质。

1. 病原

目前已知的病原种类多样，包括烟草曲茎病毒（*Tobacco curly shoot virus*，TbCSV）、云南烟草曲叶病毒（*Tobacco leaf curl Yunnan virus*，TbLCYNV）、中国胜红蓟黄脉病毒（*Ageratum yellow vein China virus*，AYVCNV，）（2019年海南雪茄烟叶首次报道发生）以及中国黄花稔曲叶病毒（*Sida yellow mosaic China virus*，SiYMCNV）等。

2. 病害症状

大田期主要表现：感病烟株叶片皱缩、叶面扭曲不平整、叶缘卷曲；发病较重的烟株，叶脉、叶柄、茎扭曲变形，整体矮化；严重发生时，烟株生长停滞，严重矮化，烟叶皱缩（图3-20）。

图3-20　曲叶病

3. 发病规律

曲叶病可由多种病毒侵染引起，烟粉虱为传播媒介，初侵染源包括残留在田边的杈烟、老病叶以及病毒的诸多中间寄主如番茄、辣椒、曼陀罗、忍冬等。曲叶病的发生和流行与粉虱活动关系密切，高温干旱条件下，粉虱活动旺盛，曲叶病发生较重，雨季则发病轻。

4. 防治方法

1）农业防治：选种抗病品种；做好田间卫生，清除田间病株、自生烟和杂草寄主，减少初侵染源和烟粉虱滋生地；早期发现病株应及时拔除，并定期在苗床和大田使用杀虫剂，杀灭传病媒介昆虫烟粉虱；适当调节播栽期，使烟草生长前、中期避开烟粉虱的发生高峰期。

2）科学用药：可选用10%吡虫啉5000倍液，或22%噻虫•高氯氟悬浮剂5000倍液等内吸性较强的杀虫剂。从移栽大田7～10天后开始，每隔15天施药1次，连续2～3次。宜在清晨喷药，着重喷施叶背面。

（二）马铃薯Y病毒病

烟草马铃薯Y病毒病是由马铃薯Y病毒属病毒引起的系统性病害，又称烟草脉坏死病、烟草褐脉病、烟草脉斑病等。侵染性强，且烟株被侵染后不易治愈，防治难度较大，对烟叶产量和质量影响极大，发病严重地块可导致绝收，是我国烟草生产上重要的病毒病之一。

1. 病原

病原为马铃薯Y病毒（*Potato virus Y*，PVY）。

2. 病害症状

PVY侵染烟草可引发多种症状，且同一烟株不同叶位的叶片会出现不同的症状类型，主要包括以下三种（图3-21）。

图3-21　马铃薯Y病毒病

脉带花叶型：叶片的叶脉颜色变浅，叶脉两侧颜色加深，叶片出现"明脉"，严重时可造成卷叶，甚至烟株矮化。

脉坏死型：一般于下部叶发病，叶片呈黄褐色，叶脉从基部开始从褐色变至黑色并坏死，背面叶脉褐色至黑色较明显。叶脉受损严重时病叶肥厚、皱缩弯曲，根部发育不良，须根减少、颜色加深，严重的病叶会大面积皱缩，整株枯死。

茎坏死型：病株根部发育不良、颜色加深、腐烂，茎部和髓部变成褐色，茎部维管束组织和髓部呈褐色坏死或腐烂，生长点坏死，严重时造成绝收。

3. 发病规律

马铃薯 Y 病毒病在雪茄烟叶生产中是一类高发病毒病，蚜虫为传播媒介（非持久性传播），寄主植物包括烟田周边茄科、十字花科、蔷薇科、菊科、豆科、藜科、旋花科等。成蚜、若蚜多聚集在烟株嫩叶、嫩茎以及嫩蕾上，以其口针刺吸取食植物汁液，造成病毒传播。

4. 防治方法

1）品种选择：重病区宜选择抗、耐 PVY 品种。

2）苗期防控：全程使用防虫网，在大棚门窗、通风口设置 40 目以上的防虫网，以隔离蚜虫。

3）合理轮作：严重发病地块与水稻、玉米等非茄科作物轮作 2～3 年，种植布局实行区域化连片轮作，以减少初侵染源。

4）治虫防病：当田间蚜株率＞50%、单株蚜量＞20 头时，可选用 10%烟碱乳油 600～800 倍液或 0.5%苦参碱水剂 600～800 倍液等生物制剂喷雾防治蚜虫。

5）科学用药：在重病区，团棵期、旺长期、打顶抹杈阶段用 3%超敏蛋白微粒剂 3000～5000 倍液或 8%宁南霉素水剂 1000～1200 倍液等药剂交替进行防治。

（三）辣椒脉斑驳病毒病

1. 病原

病原为辣椒脉斑驳病毒（*Chilli veinal mottle virus*，ChiVMV）。

2. 病害症状

ChiVMV 侵染烟草后可引起多种不同的症状，主要包括叶面沿叶缘下卷呈畸形状，叶片呈"大黄斑"状和沿叶脉形成闪电状坏死斑等。通常感染初期叶片表现为褪绿黄化，背面主脉可观察到黑色坏死斑，后期叶片下卷、皱缩明显，背面黑色斑加深，严重时整片叶干枯（图 3-22）。

图 3-22　辣椒脉斑驳病毒病

3. 发病规律

该病害的传播媒介为蚜虫,以非持久性方式进行传播。发生流行规律与马铃薯 Y 病毒病类似。

4. 防治方法

参考马铃薯 Y 病毒病。

(四)烟草脉带花叶病毒病

1. 病原

病原为烟草脉带花叶病毒(*Tobacco rein banding mosaic virus*,TVBMV)和烟草脉斑驳病毒(*Tobacco vein mottling virus*,TVMV)。

2. 病害症状

烟草感染 TVBMV 和 TVMV 后,叶片表现出花叶、脉带(沿叶脉的带状绿岛)及坏死斑症状,因此称为脉带花叶病毒病。一般新叶先表现出症状,形成深绿色脉带花叶,随后脉带颜色加深,严重时植株略矮化(图 3-23)。

图 3-23　烟草脉带花叶病毒病

3. 发病规律

该病害的传播媒介为蚜虫，以非持久性方式进行传播。发生流行规律类似马铃薯 Y 病毒病。

4. 防治方法

参考马铃薯 Y 病毒病。

（五）烟草斑萎病

番茄斑萎病毒是全世界危害性最大的 10 种植物病毒之一，在世界烟叶主产国均有发生。斑萎病在我国多个省份报道发生，在云南烟区广泛分布，局部地区可造成 60% 以上的损失，是最具潜在威胁的烟草病害之一。

1. 病原

目前已发现烟草斑萎病毒属的 4 个种可侵染烟草，代表种为番茄斑萎病毒（*Tomato spotted wilt virus*，TSWV）。

2. 病害症状

烟草斑萎病是一类系统性病害，自苗期到大田成株期均可发病，蓟马为传播媒介。苗期发病，通常幼嫩叶片一侧出现带状坏死斑点，另一侧正常，可引起叶片弯曲；伴随病程发展，叶片密布小的坏死环状斑点，随后合并为大斑，形成不规则的坏死区，初期呈淡黄色，后变为红褐色；严重时烟株死亡。成株期感染后，中上部叶形成坏死斑，严重时叶片沿主脉形成闪电状黄斑或坏死条纹，坏死条纹也可沿茎秆发展，并在导管和髓部出现黑色坏死与空洞，同时植株矮化，顶芽萎垂或下弯，或叶片扭曲，发生不对称生长（图 3-24）。

图 3-24　烟草斑萎病

3. 发病规律

传播媒介蓟马的寄主范围广泛，在花卉及多年生杂草中聚集并将其作为越冬场所。初春蓟马在毒源植物上获毒后，迁飞到烟田刺吸健康叶片即可传播病毒。随着蓟马在发病烟株上取食、繁殖、扩散和迁飞，病毒完成再传播，造成烟田斑萎病的扩散。雪茄烟叶若在生长初期遇到气温高、干旱环境，蓟马的繁殖和迁飞加快，病害发生重。田间发病最适温度为25℃。

4. 防治方法

1）苗期防控蓟马：清除育苗场地及周围的杂草，育苗场地应远离蓟马寄主植物，周围建立薄膜隔离带。育苗场地用 25%乙基多杀菌素水分散粒剂 15～20g/亩、3%甲氨基阿维菌素苯甲酸盐微乳剂 2000 倍液或 25%噻虫嗪水分散粒剂 5000 倍液防治蓟马；烟苗生长期发现蓟马，及时用上述药剂防治。病重烟区育苗棚覆盖 60目防虫网；蓝板诱杀蓟马，每个育苗小棚悬挂蓝色诱虫板，呈间距 5m 的棋盘式，距烟苗高度约 10cm。

2）农业防治：避免选用中间寄主连作或邻作田；培育无病壮苗，加强中耕管理；发现病株及时拔除并带离田块。

3）病害预防：在移栽前 3 天左右，选择喷施超敏蛋白、氨基寡糖素、宁南霉素等药剂预防。大田烟苗移栽后，用 8%宁南霉素 1000 倍液、3%超敏蛋白 1500倍液等生物制剂叶面喷施 2～3 次，每次间隔 10 天，预防斑萎病发生。

4）田间蓟马防治：蓟马一般于早春 2～3 月开始活动，此时要防治早春作物如葱、蒜、莴苣及杂草上的蓟马，减少春季虫源。有发病史的烟田或发现病株，在烟田和周边杂草上交替喷乙基多杀菌素水分散粒剂、甲氨基阿维菌素苯甲酸盐微乳剂或噻虫嗪等杀虫剂 2～3 次，间隔 7 天，做到连片田块统防统治。另外，覆盖银灰色薄膜对蓟马有驱避作用。

（六）烟草花叶病毒病

1. 病原

病原为烟草花叶病毒（*Tobacco mosaic virus*，TMV）。

2. 病害症状

烟草自苗期至成株期均可感染普通花叶病毒病。发病初期新叶叶脉组织变成浅绿色（称"明脉"），随后叶肉组织发生不均匀褪绿而形成斑驳，而后褪绿组织颜色变淡，形成淡绿和浓绿相间或黄绿相间的花叶症状，俗称"马赛克"，病叶边缘向背面卷曲。感病雪茄烟株可呈现节间缩短、矮化、生长缓慢等症状；重病烟株叶片枯萎脱落，最终死亡（图 3-25）。

图 3-25　烟草花叶病毒病

3. 发病规律

病株残体是花叶病毒病的主要初侵染源，人为和自然行为（如打顶抹芽、大风和昆虫为害）可造成该病害的传播为害。温度、湿度和光照对花叶病毒病的发生影响不大，但高温易引起感病的烟叶发生灼斑坏死。

4. 防治方法

1）合理轮作：避免在以茄科、十字花科、葫芦科等蔬菜或花卉为前茬作物的区域种植。

2）毒源控制：严格设备设施消毒，严控剪叶过程传毒。剩余烟苗或废弃烟苗及时清除并集中处理。田间操作注意卫生，操作顺序保证先健株后病株，早期发病烟株要及时拔除，烟花、烟杈、底脚叶等要及时带出烟田外销毁。烟叶采收后，清除烟秆等病残体，晾制结束后清理晾房附近烟叶废屑等并集中处理。

3）免疫诱抗：烟苗移栽前，喷施抗病毒剂 1 次，可选用 8%宁南霉素水剂 1600 倍液、24%混脂•硫酸铜水乳剂 900 倍液等药剂。移栽后 15 天内，喷施 1 次免疫诱抗剂，可选用 3%超敏蛋白微粒剂 3000～5000 倍液、6%寡糖•链蛋白 1000 倍液、2%氨基寡糖素水剂 1000～1200 倍液、0.5%香菇多糖水剂 300～500 倍液等。田间花叶病毒病发病率大于 5%时，可用抗病毒剂进行防治，也可选用氨基酸类叶面肥叶面喷施，以缓解病毒病症状，减少损失。

（七）白粉病

1. 病原

病原为二孢白粉菌（*Erysiphe cichoracearum*）。

2. 病害症状

该病主要为害叶片，典型症状为叶片或茎部着生一层白粉（分生孢子和分生孢子梗及菌丝）。发病初期叶片正面出现黄褐色褪绿小斑，随后在斑块正反面出现白色绒状霉斑，之后病斑相互融合，逐步扩展到整个叶片。在大田成株期，该病通常先由下部叶发生，然后自下而上逐渐蔓延，最终扩展至顶叶和茎秆，严重时引起全株枯死。若幼苗受害，叶片上长满白粉，叶色逐渐变黄甚至干枯死亡（图3-26）。

3. 发病规律

初侵染源主要为寄生在上茬烟株上的分生孢子。越冬的子囊孢子、菌丝和分生孢子在不同烟区均可形成初侵染源。分生孢子梗成熟后产生分生孢子，后者随气流扩散，再次传播到烟株上侵染。反复侵染主要靠粉孢子随气流扩散实现。

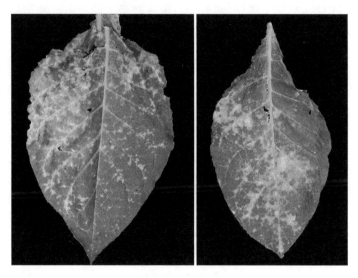

图 3-26　白粉病

4. 防治方法

1）农业措施：合理施肥，增施钾肥，提高植株抗病能力；及时摘除白粉病病叶，清除田间病残体，减少初侵染源；田间通风透光，加强田间排水，降低田间湿度，减少病害蔓延。

2）科学施药：可选用 15%丙唑·戊唑醇悬浮剂、4%嘧啶核苷类抗生素 400 倍液、30%醚菌酯悬浮剂 1500～2500 倍液或 30%氟菌唑可湿性粉剂均匀喷雾防治。

（八）靶斑病

靶斑病在云南多个烟区为害发生，病斑组织薄，感病叶片上容易出现破裂穿孔，对茄衣烟叶产出具有极为重要的影响。

1. 病原

病原为瓜亡革菌（*Thanatephorus cucumeris*），无性世代为立枯丝核菌（*Rhizoctonia solani*）。

2. 病害症状

烟草从苗期至成熟期均可发生靶斑病，其既侵染叶片，也危害茎部。侵染初期叶片形成圆形水渍状斑点，如温度较高、湿度大、叶片湿润时间较长，则病斑迅速扩展，形成直径 2～8cm 的不规则病斑，病斑组织浅褐色，常有同心轮纹，坏死部分易碎而形成穿孔，似枪弹射击后留在靶子上的空洞，故称靶斑病。典型病斑具有"小白点"，病斑组织薄，易破碎穿孔（图 3-27）。

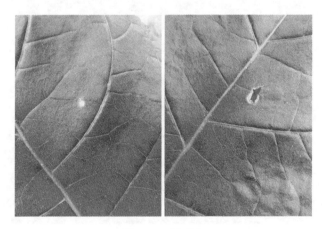

图 3-27　靶斑病

3. 发病规律

病菌以菌丝和菌核在土壤及病株残体上越冬，越冬病菌产生担孢子，靠空气流通或雨水飞溅传播扩散到健康烟株上发生侵染危害。越冬病菌在 24℃以上的温度和适宜的湿度条件下产生孢子，孢子萌发直接侵入烟草叶片完成初侵染，发生流行速度快。

4. 防治方法

1）农业措施：合理施肥，苗期调控漂浮育苗池营养液的 N 肥浓度，保证其不低于 75kg/10^{6}kg（ppm）；合理调整种植密度，保持田间通风透光；适时打顶，合理留叶；及时清除烟田杂草和底脚叶并带出烟田统一处理。

2）科学用药：大田期以预防为主，打顶前 15 天均匀喷施 80%波尔多液可湿性粉剂 600～750 倍液，也可自行配制。初现病斑时，及时选用 30%醚菌酯悬浮剂 1500～2500 倍液或 3%多抗霉素 150 倍液或 10%井冈霉素水剂 500～700 倍液或 4%嘧啶核苷类抗生素水剂 400 倍液等进行叶面喷雾。

（九）赤星病

1. 病原

病原为链格孢菌（*Alternaria alternata*）。

2. 病害症状

感病叶片上的病斑最初为黄褐色圆形小斑点，周围有黄色晕圈，后逐渐扩大，直径可达 1～2cm。病斑中心有暗黑色霉层，为病原菌分生孢子和分生孢子梗。病斑多数呈圆形、近圆形、褐色，有明显的同心轮纹，边缘明显，外围有淡黄色晕圈。病害严重时，多个病斑相互连接，叶片上形成大片的焦枯破裂斑，丧失使用价值（图 3-28）。

图 3-28　赤星病

3. 发病规律

病菌以菌丝体在病残体上越冬，翌年产生分生孢子，借气流传播进行初侵染。该病是烟叶成熟期病害，幼苗期较抗病，生理成熟期较感病，主要发生于现蕾后。病害从烟株下部叶开始发生，自下而上逐步发展扩散。移栽迟、晚熟、追肥过晚、施氮过多及暴风雨后发病较重；种植密度大、田间荫蔽、采收不及时发病重。若雪茄烟叶适时采收，病害鲜有发生。

4. 防治方法

1）农业措施：及时采收；合理施肥；保持田间通风透光；及时清除烟田杂草和底脚叶并带出烟田统一处理。

2）科学用药：打顶前15天，均匀喷施波尔多液预防病害发生，可选用80%波尔多液可湿性粉剂600～750倍液，也可自行配制。初现病斑时，可选用10%多抗霉素可湿性粉剂800～1000倍液、30%苯醚甲环唑悬浮剂或40%菌核净100～150g/亩交替进行叶面喷雾，施药时应着重喷施中、下部烟叶，自下而上喷施。

（十）黑胫病

1. 病原

病原为烟草寄生疫霉菌（*Phytophthora parasitica* var. *nicotianae*）。

2. 病害症状

烟草在整个生育期均可发生黑胫病，易发生于天气潮湿温和的时期。田间发生初期，下部叶萎蔫，随后逐渐扩展到整株叶片，最终导致全株枯萎。随着病害发展，叶片逐渐变黄并悬垂在茎秆上，病原菌侵入后，侧根和不定根会变黑甚至腐烂，纵剖病株茎部，可见髓部变为棕色至黑褐色，后期常干缩并分离呈碟片状，碟片间有白色絮状菌丝体（图3-29）。

图 3-29 黑胫病

3. 发病规律

以烟草团棵至旺长前后发病普遍。高温高湿是发病的主要条件，最适温度为24～32℃。在适宜温度条件下，雨后相对湿度达80%以上保持3～5天，即可出现一个发病高峰。降水量大、地块连作、地势低洼及土壤黏重黑胫病发生重。

4. 防治方法

1）农业措施：轮作，宜水旱轮作，或选择以非茄科、十字花科、葫芦科等蔬菜为前茬作物的区域种植；合理施肥，坚持"控氮、稳磷、增钾、补微"原则，施用有机肥；加强排水，高起垄、深挖沟，及时揭膜培土，保证根周围不积水；及时拔除发病严重的烟株，带离烟田集中处理。

2）生物防治：采用10亿孢子/g枯草芽孢杆菌粉剂125～200g/亩（其他剂型参照说明书）、寡雄腐霉（100万孢子/g）20～50g/亩移栽时穴施，2亿孢子/g木霉菌可湿性粉剂1000g/亩移栽时灌根，或在发病初期喷淋茎基部。

3）化学防治：有发病史的田块在移栽期、摆盘期、中耕培土时，选用50%烯酰吗啉1000倍液、58%甲霜灵锰锌600～800倍液、50%氟吗•乙铝可湿性粉剂600倍液、722g/L霜霉威水剂72～108g/亩或68%丙森•甲霜灵可湿性粉剂100g/亩等药剂喷淋茎基部或灌根，每隔7～10天1次，共交替施用2～3次。

（十一）青枯病

1. 病原

病原为茄科雷尔氏菌（*Ralstonia solanacearum*）。

2. 病害症状

发病初期，首先是病侧有1～2片叶软化萎垂，但仍为青色，故称"青枯病"。发病中前期，烟株表现为一侧叶片枯萎，另一侧叶片较正常，将茎部横切，可见发病一侧的维管束呈黄褐色至黑褐色。随着病情发展，病原菌从茎部维管束向外表的薄壁组织扩展，随病菌大量增殖，茎秆的暗黄色条斑逐渐变成黑色条斑，并可一直延伸至烟株顶部，甚至到达叶柄或叶脉，掰开叶柄，可观察到基部维管束褐变。发病后期，病株全部叶片萎蔫，根部全部变黑腐烂，茎秆木质部变黑，髓部呈蜂窝状或全部腐烂（图3-30）。

3. 发病规律

病菌在土壤及病残体上越冬，主要靠雨水扩散传播，一般从烟株根部伤

图 3-30　青枯病

口侵入。高温（30℃以上）和高湿（相对湿度 90%以上）是青枯病流行的主要条件。土壤黏重、排水不良、湿度过高和连作地块，青枯病发病重。土壤缺硼、有线虫或其他地下害虫伤害根部会加重病情。

4. 防治方法

1）农业措施：合理轮作；施用有机肥；保证田间排水通畅；发病严重的烟株应及时拔出并带离烟田。

2）生物防治：移栽至旺长期可选用 50 亿 cfu/g 多粘类芽孢杆菌 1000～1500g/亩或 3000 亿孢子/g 荧光假单胞杆菌 500～700g/亩、10 亿 cfu/g 解淀粉芽孢杆菌可湿性粉剂 100g/亩、100 亿芽孢/g 枯草芽孢杆菌可湿性粉剂 50g/亩等药剂灌根。

3）化学防治：田间初现病株，可选用 20%噻菌铜悬浮剂 500～750 倍液、25%溴菌·壬菌铜微乳剂 40～55ml/亩、52%氯尿·硫酸铜可溶性粉剂 750～1000 倍液、3%中生菌素可湿性粉剂 600 倍液、42%三氯异氰尿酸可湿性粉剂 50g/亩、40%噻唑锌悬浮剂 600 倍液、4%春雷霉素可湿性粉剂 600 倍液、77%硫酸铜钙可湿性粉剂 500 倍液、57.6%氢氧化铜水分散粒剂 1000 倍液等药剂灌根。

（十二）气候性斑点病

气候性斑点病是危害烟草最重的非侵染性病害之一，症状主要出现在中、下部叶。受害叶片正面出现许多密集的不定型的水渍状小斑，症状类型可分为白斑型、褐斑型、环斑型、尘灰型、坏死褐点型、非坏死褐点型、成熟叶褐斑型、雨后黑褐斑型等（图 3-31）。

图 3-31 气候性斑点病

防治建议：在烟株敏感阶段，喷洒具有促进气孔关闭功能的脱落酸及促进生长、加快抗氧化物更新的植物生长调节剂。

二、雪茄烟叶主要虫害及防治

（一）烟粉虱

1. 发生为害

烟粉虱（*Bemisia tabaci*）俗称小白蛾，是世界范围发生的农业害虫，有"超级害虫"之称，我国大部分省份有分布。寄主广泛，有烟草、番茄、番薯、木薯、棉花、十字花科、葫芦科、豆科、茄科、锦葵科等。为害寄主植物的方式有三种：一是直接刺吸植物汁液，导致植株衰弱；二是分泌蜜露诱发煤污病；三是传播病毒病，如曲叶病。烟粉虱是目前雪茄烟叶生产中最重要的害虫之一。

2. 形态特征

烟粉虱卵多产于叶背面，长椭圆形，长约 0.2mm，宽约 0.1mm。若虫可分为 1～4 龄，1～3 龄若虫淡黄色或淡绿色，足三对；4 龄若虫称为伪蛹，扁平，长椭圆形，淡绿色或黄白色，长 0.5～0.8mm。成虫体长约 1mm，淡黄白色或白色，翅白色，附有白色蜡粉，雌虫个体大于雄虫；复眼红色，单眼 2 个（图 3-32）。

3. 发生规律

烟粉虱种群发生动态与气温显著相关。在热带和亚热带地区，每年发生 11～15 代，有明显的世代重叠现象。温度、寄主植物和地理种群可在很大程度上影响烟粉虱的生长发育与产卵能力。成虫寿命 10～22 天，最佳发育温度 26～28℃。

图 3-32　烟粉虱成虫

4. 防治方法

1）育苗时全程覆盖 60 目防虫网，育苗前和移栽前彻底杀虫，做到移栽的烟苗无虫。及时清除田间及周围杂草，减少田间初始虫量。

2）烟粉虱成虫对鲜黄色有明显趋性，可设置黄板诱杀。

3）烟粉虱发生初期，可喷施 70% 吡虫啉 10 000 倍液、22% 噻虫·高氯氟悬浮剂 5000 倍液等内吸性较强的杀虫剂。从移栽大田 7～10 天后开始，每隔 15 天施药 1 次，连续 2～3 次。宜在清晨喷药，着重喷施叶背面。

（二）蚜虫

1. 发生为害

蚜虫是蚜科害虫的统称，为害雪茄烟叶的蚜虫主要有烟蚜。烟蚜（*Myzus persicae*）又名桃蚜、桃赤蚜，别名腻虫、蜜虫、油汗，属同翅目蚜科。

烟蚜在我国大部分烟区有分布，寄主植物广泛，主要有茄科、十字花科、豆科、菊科、藜科等。

蚜虫对烟草的为害分为直接为害和间接为害。直接为害是成蚜和若蚜刺吸烟株汁液，影响其正常生长发育；间接为害指的是蚜虫分泌蜜露，污染叶片，影响烟叶品质（图 3-33）。蚜虫还是多种病毒的传播媒介，可传播病毒病，如雪茄烟叶生产中发生的马铃薯 Y 病毒病。蚜虫的间接为害程度远超于其刺吸造成的直接为害。

2. 形态特征

烟蚜体小且软，近卵圆形，体长 1.8～2.0mm。体型有无翅蚜与有翅蚜之分。无翅孤雌胎生雌蚜：体较肥大，全体淡红、绿、黄绿、橘黄或褐色，有光泽，

图 3-33　蚜虫为害雪茄烟叶

触角 6 节，仅第 5 及 6 节基部各有 1 个感觉圈。有翅孤雌胎生雌蚜：体稍瘦，头黑色，触角 6 节，第 3 节外侧有 9～15 个感觉圈，第 5 节端部及第 6 节基部各有感觉圈 1 个。翅 2 对、透明，腹部绿、黄绿、褐或赤褐色，背面有黑斑，腹管细长、圆筒形、端部黑色，尾片圆锥形，有侧毛 3 对。

3. 发生规律

烟蚜在华北地区每年发生 10 余代，在南方则可多达 30～40 代，世代重叠极为严重。在南方烟区，烟蚜终年以孤雌胎生方式生活、繁殖。云南气候温和，烟蚜终年进行孤雌生殖，在烟草、蔬菜、杂草、花卉上交替为害。秋季烟草收获后，烟蚜转移到蔬菜及一些杂草上为害。翌年 2～3 月烟草播种后，烟蚜又转移到烟草上为害。烟草上的有翅蚜也来回迁飞到蔬菜上为害。

4. 防治方法

1）农业防治：育苗期间，清除苗床周围烟蚜寄主植物；在育苗棚通风口、门窗等处全程设置 40 目防虫网；合理规划烟田种植布局，远离桃园、菜园和保护地，移栽前注意防治烟田周边作物上的烟蚜。

2）蚜茧蜂防治：各产区结合本地生产实际和《烟蚜茧蜂防治烟蚜技术规程》（GB/T 37506—2019）进行蚜茧蜂规模化繁殖，在团棵期和旺长期放蜂，放蜂前后 7 天内烟田避免喷施杀虫剂。

3）生物防治：当田间蚜株率＞50%、单株蚜量＞20 头时，选用 10%烟碱乳油 600～800 倍液、0.5%苦参碱水剂 600～800 倍液等生物制剂喷防蚜虫。

4）化学防治：可选用 25%噻虫嗪水分散粒剂 8000～10 000 倍液、20%啶虫脒可湿性粉剂 8000～10 000 倍液等药剂喷雾防治。

（三）斜纹夜蛾

1. 发生为害

斜纹夜蛾（*Spodoptera litura*）属鳞翅目夜蛾科，是一种世界性农业害虫，幼虫具有杂食性、暴食性以及广泛的寄主植物。以幼虫取食烟株中下部叶为主，严重时也可为害中上部叶（图 3-34），高龄幼虫（图 3-35）取食量大，虫口密度高时可造成毁灭性损失。

图 3-34　斜纹夜蛾低龄幼虫为害雪茄烟叶　　　　图 3-35　斜纹夜蛾高龄幼虫

2. 形态特征

幼虫头部黑色，腹部体色变化大，主要有淡绿色、黑褐色、土黄色 3 种，中胸至第 9 腹节背面各具 1 对近半月形或三角形黑斑，中后胸的黑斑外侧有黄白色小圆点。成虫体长 14～20mm，翅展 36～41mm；头胸灰褐色或白色，下唇须灰褐色，各节端部有暗褐色斑，胸部背面灰褐色，被鳞片及少数毛；前翅褐色，雄虫色较深，肾纹黑褐色，内侧灰黄色，外侧上角前方有一橘黄色斑，环纹与肾纹间有斜纹，由 3 条黄白色线组成；后翅银白色，半透明，微闪紫光（图 3-36）。成虫多在叶色浓绿的阔叶作物叶背面产卵，呈块状，上盖黄白色绒毛。

图 3-36　斜纹夜蛾成虫

3. 发生规律

斜纹夜蛾繁殖能力强，是一种多食性害虫，主要为害烟草、花生、大豆等作物，夜晚活动旺盛。幼虫共 6 龄，在烟草上主要以幼虫取食叶片为害，幼虫食性杂且食量大，成虫将卵产于叶背，初孵幼虫在叶背为害，取食叶肉，仅留下一层表皮，呈窗纱状；3 龄以后幼虫取食叶片会造成叶片缺刻、残缺不堪。成虫飞翔能力较强，有成群迁移习性以及假死性、趋光性和趋化性，对黑光灯的趋性明显。易于在夏秋气候暖和干燥的条件下严重发生为害。

应加强雪茄茄衣烟叶种植中遮阴棚内斜纹夜蛾的防控，发现幼虫为害及时施用杀虫药剂，避免大面积害虫暴发取食茄衣烟叶而造成损失。

4. 防治方法

1）农业防治：冬前清除全部作物残体，适时冬翻，山区耕作深度 20cm 以上，地烟 30cm 以上，减少害虫越冬基数。

2）性诱剂防治成虫：于烟田第一代成虫始见期前 10～15 天或成虫首次迁入烟田前 10～15 天，按照规程安置诱捕器诱杀成虫。

3）灯诱防治成虫：利用成虫的趋光性，用黑光灯诱杀成虫。

4）生物防治幼虫：可选用 0.5%苦参碱水剂 600～800 倍液、10%烟碱乳油600～800 倍液、0.3%印楝素乳油 800～1000 倍液等喷雾防治，宜在幼虫 3 龄前进行。

5）化学防治：在以上措施仍不能有效控制危害的情况下，选用 25g/L 溴氰菊酯乳油 1000～2500 倍液、1%甲氨基阿维菌素苯甲酸盐微乳剂 17～25ml/亩等药剂喷雾防治。

第四章　雪茄烟叶采收与晾制技术

在雪茄烟叶生产中，品种栽培是基础，采收与晾制是关键。成熟采收是雪茄烟叶品质和风格特色形成的关键环节之一；晾制是将晾房内温度、湿度和空气流通调整到适宜烟叶发生生化反应的条件，使烟叶发生生理生化变化从而缓慢失水，逐渐从绿色变黄、变褐的过程，一般 30～40 天。

第一节　采　收　技　术

在烤烟生产上，俗话说："采收是师傅，烘烤是徒弟"，说明了采收的重要性，而正确把握成熟度是获得优质烟叶的前提和基础，也是烟叶品质形成的核心因素。雪茄和烤烟一样，最终需要的是颜色和品质俱佳的烟叶，尚熟的雪茄鲜烟叶晾制后基本为褐色或棕褐色，化学成分更加协调，香味更加醇和、细腻（金敖熙，1980）。

对于茄衣烟叶，采收是对完整度损伤最大的一个环节，而完整度是衡量茄衣烟叶质量的一个最重要指标，因此茄衣烟叶采收时需要像保护眼睛一样，轻采轻拿轻放。

采收技术包括成熟度判定、采摘、运输、穿编、装烟等生产环节。

一、成熟采收的意义

一般情况下，随着成熟度的增加，晾制后的烟叶颜色从青色至黑褐色：未熟烟叶晾制后呈绿色和青色，尚熟烟叶晾制后呈浅褐色至黑褐色，过熟烟叶晾制后呈黄色或黄褐色。目前，根据外观、内在和感官质量综合评价，认为浅褐色至黑褐色烟叶品质最佳（蔡斌等，2019）。因此，正确判定成熟度，对雪茄烟叶晾制、品质形成具有重要的意义。

（一）对外观质量的影响

尚熟的雪茄鲜烟叶晾制后，色泽均匀一致，组织结构疏松，油分较多，拉力、抗张强度和平衡含水率较大，对雪茄烟叶手工卷制是有益的；而未熟的雪茄鲜烟叶晾制后，叶面光滑，油分较少；过熟的雪茄鲜烟叶晾制后，组织松弛，黄片较多。总之，尚熟雪茄烟叶采收晾制后物理外观质量更加均匀协调。

（二）对化学成分的影响

尚熟雪茄鲜烟叶采收晾制后化学成分更为协调。经查阅古巴相关书籍发现，优质雪茄烟叶化学成分含量为：烟碱 2.5%～4.5%，总糖 0.4%～0.8%，总氮 3.2%～4.0%，淀粉 0.6%～1.2%。

雪茄烟叶采收时间与其淀粉和烟碱含量具有显著的相关性（杨月先等，2022）。采收时间延迟会造成雪茄烟叶的淀粉含量呈现显著下降趋势，而烟碱含量呈现显著升高趋势，从而影响内在化学成分，导致烟叶品质下降。

在香气物质上，主要是烟碱、新植二烯、二烯烟碱、巨豆三烯酮、麦斯明、2,3-联吡啶等与香气有关，而尚熟烟叶的香气物质含量高于未熟和过熟烟叶。

（三）对感官质量的影响

随着成熟度增加，雪茄烟叶香气质提高，香气量增加，吃味醇和，各类香型凸显，刺激性减小，劲头增强，余味干净。但雪茄与烤烟不同，在晾制环节烟叶成熟度的标准必须为尚熟，此为最佳采收期，主要由移栽天数、叶片外观和叶绿素含量等综合决定。

由表 4-1 可知，尚熟烟叶表现出香气质好，香气量多，杂气有但较少，浓度和劲头中，刺激性有但较小，余味纯净舒适等特点。

表 4-1　不同成熟度烟叶的评吸质量

成熟度	香气			吃味			
	香气质	香气量	杂气	浓度	劲头	刺激性	余味
未熟	差	少	重（-）	小	有（+）	大（-）	苦涩、辛辣
尚熟	好	多	有（-）	中	中	有（-）	纯净舒适
过熟	差（-）	多（-）	重（-）	大（-）	小	有（-）	苦、滞舌

注：表格中的"-"表示感官程度弱，"+"表示感官程度强

（四）对晾制工艺的影响

成熟度一致的烟叶，在晾制过程中凋萎、变黄、变褐期失水和干燥等速率基本一致，能更好地适应晾制工艺需求。同时，能根据烟叶变化情况更好地调整晾制工艺，实现精准晾制。而晾制出均匀一致的干烟叶，可减少后期发酵、分拣等环节，节省大量的人力和物力。

二、成熟度

成熟度是指烟叶成熟的程度，包含两层含义。一是指在充足的营养条件下，烟叶生长发育达到的成熟程度，即生理成熟度；二是指采收成熟的烟叶，经过调制后达到的成熟程度，即工艺成熟度。在采收时，通常按照未熟、尚熟、适熟、过熟来划分成熟度。正常情况下，无论是烤烟、香料烟，还是白肋烟，适熟采收的烟叶外观质量和内在品质均较为协调，而雪茄所需的烟叶成熟度和上述类型差异较大，目前我们的研究表明雪茄烟叶采收时成熟度较低，初步确定为尚熟烟叶。

（一）成熟期

雪茄鲜烟叶成熟期是指一个阶段，为了获得最大的经济效益或品质风格，需要在这个时期明确最佳的成熟度。雪茄烟叶追求的是品质风格，分析近年来的研究成果，初步明确最佳的雪茄烟叶成熟度为尚熟，因此在这个时段进行采收将获得最佳的烟叶内在品质和质量风格（图4-1）。

图 4-1　进入成熟期的雪茄烟株

一般情况下，下部烟叶最佳成熟期为 5 天左右，中部烟叶为 15 天左右，上部烟叶为 10 天左右。在这段时间进行采收，不仅能降低晾制技术难度，还能提高晾制后烟叶品质。因此，为选定最佳的晾制时期，需要进一步对鲜烟叶的成熟度进行判定。

（二）成熟度判定

雪茄烟叶成熟度主要以生理成熟度为标准，当田间烟株呈现叶片绿色变淡、叶尖端下垂且泛黄、叶片由向上伸展变为翻转向下、主支脉变白等生理特征时，意味着鲜烟叶进入成熟期，可以进行采收晾制。正常情况下，茄衣烟叶在尚熟进行采摘，茄芯烟叶在适熟进行采摘。

未熟：雪茄烟叶生长发育已基本完成，达到最大叶面积，但叶内干物质积累还不充分，内含物不充实。田间表现为叶色绿，叶面为绿色或深绿色，绒毛较多，嫩脆，易破损。

尚熟：雪茄烟叶已完成干物质积累过程，达到最大生物学产量，并开始出现部分成熟特征。主色调为绿或浅绿，下部叶叶面大部分呈绿色，叶尖部和基部呈黄绿色；中部叶叶面开始由绿变黄，大部分呈绿色，叶尖和叶缘呈黄绿色；上部叶叶面呈浅绿色，主侧脉附近呈绿色，叶尖和叶缘呈浅黄色。

适熟：雪茄烟叶在生理成熟的基础上，充分进行了内在物质的生理生化转化，可加工性和可利用性达到要求。这个时期叶面部分呈黄色，绒毛部分脱落，叶片自然下垂弯曲，叶脉变白或褪青。

过熟：雪茄烟叶适熟后未能及时采收而继续衰老，叶内养分过度消耗，甚至一些叶片组织细胞解体而趋向死亡。过熟烟叶主色调为黄，叶面呈黄色（图4-2）。

图4-2　雪茄烟叶成熟度判定

（三）成熟度标准

雪茄烟叶是叶用经济作物，其产量和质量经过采收晾制后才能得以转化与实现。准确判断成熟度与适时采收是提高雪茄烟叶品质的重要保障，是获得优质雪茄烟叶的关键技术之一。从某种意义上讲，成熟度是雪茄烟叶质量的重要指标，与成品色、香、味密切相关。成熟度好的雪茄烟叶，具有组织结构疏松、油分与香气足、色泽光鲜等特点。

茄衣烟叶成熟度标准参照尚熟烟叶，茄芯烟叶成熟度标准参照适熟烟叶。

根据近几年的雪茄烟叶成熟度研究成果，结合成熟度判定，初步明确雪茄烟叶成熟度判定标准主要参考以下 5 个方面。

1. 时期

一般情况下，烟株移栽后 45～60 天可视为进入成熟期，在成熟期选择适宜的时间节点进行采收尤为重要。但受各种因素如气候、烟株营养、田间管理、水肥供应等影响，适宜的采收时间节点各地有所差异，应灵活掌握（图 4-3），采收过早和过迟的烟叶，均不利于后期晾制。

图 4-3　成熟采收

采收时间过早，烟叶为绿色，干物质积累不充分，内含物不充实，嫩脆，难采收。

采收时间过迟，烟叶为黄色，养分过度消耗，甚至一些组织细胞解体，整个叶片趋向死亡，叶尖和叶缘出现枯焦烧边现象，易采收。

2. 叶色

雪茄烟叶达到成熟时，叶面的绿色逐渐消退，黄色逐渐增加，称为"落黄"。当田间烟株呈现叶片绿色变淡、叶尖端下垂且泛黄、叶片由向上伸展变为翻转向下的特征时，可进行采收，一般由下至上逐叶采收（图 4-4）。

3. 主支脉

烟叶主支脉在整个生育期经历由绿向白再向发亮转变的过程。下部烟叶适熟时主支脉基本为绿色；中部烟叶适熟时主脉发白，支脉全白；上部烟叶适熟时主支脉变白发亮（图 4-5）。雪茄烟叶采收时，叶基部产生分离层，采摘时易折断，采收后断面呈整齐的马蹄形，不带皮。

图 4-4　雪茄烟叶颜色变化

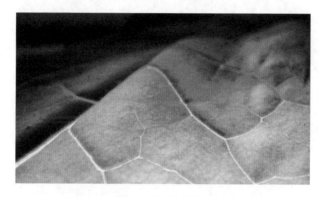

图 4-5　主支脉状态

4. 叶片状态

　　无论哪个部位的烟叶，成熟时均显现出叶尖和叶缘下卷，叶片下垂，茎叶角度增大等特征。茄芯下部烟叶成熟时，叶尖下垂程度较高，茎叶角度较大，而茄衣烟叶成熟时，不同部位叶片状态差异不明显。除此之外，水肥条件好的烟株，叶片较宽、较长，成熟时叶尖下垂程度较高，茎叶角度也较大；水肥条件较差的烟株，叶片较窄、较短，成熟时叶尖下垂程度较低，茎叶角度也较小。干旱程度不同的烟株，由于具有自我调控能力，叶片开片较小，对于成熟度标准的界定，还需结合气候、经验等综合判定。

5. 叶绿素含量

古巴雪茄烟叶在采收过程中，广泛采用叶绿素含量（SPAD）来判定成熟度，即用"叶尖"减去"叶中部"的 SPAD 差值判定成熟度，差值大于"6"为"未熟"，越大未熟程度越高；差值在"0～6"为"适熟"，差值为"0～2"时采收最好；差值小于"0"为"过熟"（图 4-6）。

图 4-6　叶绿素含量差值及成熟度判定

三、采收

采收时严格执行成熟采收标准，遵循"生不采、熟不漏"的总体原则。注意雨天和光照较强的高温时段不采烟，应选择晴天清晨露水基本干后至上午 11:00 前（或晴天下午 5:00 后）采收雪茄鲜烟叶。采收后要做到轻采轻拿轻放和分类装筐，控制烟筐装烟量，以轻压后烟叶回弹至烟筐把手处为宜，装筐后覆盖麻片/棉布并放置阴凉处，避免太阳直射灼烧烟叶。运输时避免机械损伤，最大程度保护烟叶的完整度。编装烟叶时，严格执行分类采收、分次晾制，进入晾房的烟叶必须表面无水渍和水珠，更不能脱水萎蔫。另外，严禁收购、晾制杈烟。

（一）采收时间

在采收当天，主要选择 6:00～10:00 和 16:00～19:00 这 2 个时段。

雪茄烟叶采收时，尽量避开阴雨天或光照较强的高温时段，因为阴雨天叶面沾有水珠，影响鲜烟叶收购和晾制质量；而高温时段采收后烟叶失水较快，在晾制过程中难以变黄和变褐，晾制后青烟和青黄烟较多，这两点是雪茄烟叶采收时务必首要考虑的因素。

一般来说，采收时右手采烟，左手托烟，右手大拇指与食指、中指向下按压叶柄，逐片采收，之后按叶面朝下、叶背朝上将烟叶放于展开的左手中，左手托烟量 20～30 片，每片烟叶须主脉依次对齐，确保采收烟叶的完整度（图 4-7）。

图 4-7 雪茄烟叶采收

从田间采收的雪茄鲜烟叶要及时装筐，参照图 4-8：叶柄朝外、叶尖朝中，交替叠放装入烟筐，烟筐装烟不宜太多，以轻压后烟叶回弹至烟筐把手处为宜，装筐后覆盖麻片或棉布并放置于阴凉处，避免太阳直射灼烧烟叶。

图 4-8　雪茄烟叶装筐

（二）采收方式

雪茄烟叶的采收方式常见的有 3 种，分别是逐叶采收、半株和整株砍收法。世界各国普遍采用逐叶采收法，半株和整株砍收法已很少应用。

1. 逐叶采收法

按照雪茄烟叶的叶位自下而上逐叶采摘称为逐叶采收法。优点是可以保证每片烟叶都能实现成熟采收，缺点是采收期较长，采收费时，采后穿烟同样费工费时。

采收后为防止烟叶病害发生，需对烟株进行药物防治。优选 16% 的代森锌粉剂加硅藻土，配比为 1∶4，每亩用 5kg，每次采收后喷施，直至采收结束。

（1）茄衣烟叶采收

茄衣烟叶品种采用遮阴栽培技术，产出率较高，一株烟去除 3～4 片无效底脚叶后，余下的只有第 4～12 叶位共 9 片有可能产出优质茄衣烟叶，第 1～3 叶位产出茄套或茄芯烟叶，第 13～18 叶位产出茄套或茄芯烟叶（图 4-9）。

移栽后约 45 天开始采收，30～35 天采完；一般采收 8 次，每 3～5 天采 1 次，每次采 2 片；第 5 次采收结束后，根据烟叶成熟情况灵活掌握上部烟叶的采收期，第 7 次采收除 2 片顶叶外的所有烟叶，第 8 次采收最后 2 片顶叶。

（2）茄芯烟叶采收

移栽后约 48 天开始采收，30 天左右采完；一般采收 6 次，每 5 天采 1 次；第 1、2 次每次采 2 片，第 3、4 次每次采 4 片，第 5 次采收除 2 片顶叶外的所有烟叶，第 6 次采收最后 2 片顶叶。

图 4-9　雪茄烟叶叶位图

2. 半株砍收法

进入成熟期后，依据成熟度将下部烟叶逐叶采摘 1～2 次，剩余的待中上部烟叶成熟后一次性半株砍收，叶片连茎秆一起进行晾制（图 4-10）。

图 4-10　半株砍收法

3. 整株砍收法

整株砍收法最早始于劳动力成本较高的美国康涅狄格地区，现在主要适用于质地较厚、不易落黄的茄芯烟叶（图4-11），国内很少用此方式采收。

图 4-11　整株砍收法

逐叶采收法与半株、整株砍收法不仅采收方式不同，采收烟叶的晾制处理也完全不同，导致最后烟叶质量风格迥然不同。

四、穿编烟

雪茄烟叶上竿的方式主要有 2 种：一种是穿烟，另一种是编烟。除此之外，还有一些产区选择编烟机编烟、烟夹夹烟和藤条绑烟等方式上竿。以下主要介绍穿编上竿方式。

（一）穿编烟原则

穿编烟是雪茄烟叶生产中较为费工的环节之一，也是决定晾制成败的关键。因此，为做好穿编烟工作，须遵循以下原则。

1. 分类穿编

根据品种、部位、成熟度、尺寸和等级进行烟叶分类穿编。将同一品种、同一部位、同一成熟度、同一等级的雪茄鲜烟叶穿编在同一竿上，切忌混品种、混部位，穿编好的每竿须做到同竿同质。破损、主支脉折断和尺寸过小（茄衣：下部叶长＜45cm，上部叶长＜40cm；茄芯：下部叶长＜40cm，上部叶长＜20cm）等无晾制价值的烟叶严禁穿编并进入晾房。

根据不同品种、不同部位，选用不同颜色的线穿编烟叶。对于茄衣烟叶品种来说，选用白色、红色和黄色来分别穿下部、中部和上部鲜烟叶；对于茄芯烟叶品种来说，选用白色、蓝色、红色和黄色来分别编下部、下二棚、中部和上部鲜烟叶（图4-9）。这是为了在发酵时能够准确地区分部位，进而采用不同的温度进行发酵，实现精准发酵，同时利于发酵后精准分级，做到部位、等级和类别不混淆。

2. 穿编烟数量

根据雪茄鲜烟叶大小和含水量确定穿编烟数量。小或含水量低的鲜烟叶稍密穿编，大或含水量高的鲜烟叶稍稀穿编。一般烟竿长1.5m，可穿烟25～30束，可穿编烟35～40束，每束2叶，每束背对背，切记不能穿编3叶或更多。

穿编好的雪茄鲜烟叶挂置于阴凉处，确保其均匀失水，同时做到尽量减少人为和机械损伤，避免造成未晾先损。

（二）穿编烟方法

一般来说，茄衣烟叶采用穿烟方式，茄芯烟叶采用编烟方式。

1. 茄衣烟叶穿烟

雪茄茄衣对烟叶外观完整度、身份、病斑等要求较高，为了尽可能地减少损伤，烟叶采用针穿挂竿方式上竿，以下简称穿烟。

过程：用穿烟针将采收的叶片穿线上竿，针线从距叶基部主脉1.5～2cm的位置穿过，两片茄衣烟叶背靠背，叶距2cm左右；按照穿烟净长度为1.2m，每竿穿烟50～60片（根据叶片大小适当增减）的标准穿烟（图4-12）。

图4-12 茄衣烟叶穿烟

2. 茄芯烟叶编烟

雪茄茄芯相对于茄衣，对烟叶的完整度要求稍低，采用编烟挂竿方式上竿，以下简称编烟。编烟方法通常有 3 种：梭线、活扣和死扣，雪茄茄芯烟叶一般采用梭线编烟法。

梭线编烟法的材料为烟竿和麻线，麻线用两根，一根是直行麻线，平放在烟竿上，并将两头拧紧；另一根为活动麻线，一头系在距烟竿一端 8～10cm 处。编烟时，直行麻线在上，烟竿在下，用活动麻线在烟竿与直行麻线间左右穿梭，烟叶分别放于活动麻线扣中，在烟竿左面穿一束，又在右面穿一束，一直编到距烟竿另一头 8～10cm 处，将活动麻线拧紧（图 4-13）。

图 4-13　茄芯烟叶编烟

优点是烟叶扎得紧，晾前、晾后均不易脱落，每束烟叶间保持一定距离、分布均匀，有利于晾制，晾制后解烟速度快、效率高。

对于活扣和死扣编烟法，在雪茄烟叶上也可使用，但缺点均多于优点，不建议使用。对于编烟机编烟、烟夹夹烟和藤条绑烟等方法，由于对烟叶损伤较大、晾制难度大、晾制工艺不同、晾损率较高等，不建议在雪茄烟叶上使用。

目前烤烟使用的烟夹不能用于雪茄烟叶，主要是因为雪茄烟叶晾制工艺强度小、变黄和失水速率较低，雪茄烟夹需要进一步设计验证后方可应用。

五、装烟

（一）装烟要求

在烤烟上，烟农常说："装烟装不好，神仙也难烤。"说明了装烟非常重要，而雪茄烟叶由于晾制工艺和烤烟差异较大，因此要求没有烤烟那么高，但是有一点非常重要，那就是雪茄烟叶装烟需要均匀（图4-14）。

图 4-14　均匀装烟

雪茄烟叶装烟要求：一是分类装烟，茄衣和茄芯烟叶分别装于不同晾房进行晾制，因其晾制工艺有所差异。二是装烟密度，湿度较大时装烟要稀（竿距 30cm左右），湿度较小时适当稍密（竿距 25cm 左右），整个晾制过程中以每竿烟叶刚好接触而不粘贴在一起为宜。除此之外，雪茄烟叶进入晾房时，须做到表面无水渍和水珠，更不能脱水萎蔫，否则严重影响晾制质量；若当天采收的烟叶不能及时穿编入炉，可少量散堆放置过夜（堆放高度低于 60cm），第二天穿编好后进入晾房进行晾制。

（二）装烟方法

雪茄烟叶装烟主要有整炉装满、二次装满和多次装满等方法。

1. 整炉装满

采用整炉装满，前提是晾房必须具备良好的温湿度环境，能满足晾制工艺需求，可提供足够的温度和湿度，对晾房的要求更高，因此晾制后烟叶质量也整体较好。整炉装满的顺序为先装晾房顶台，之后为中台，最后为底台（图4-15）。优点是全炉烟叶变化均匀一致，晾制工作易操作，最大的缺点是晾房装烟后就不能调整竿距，导致装烟量少，晾房利用率低。

图 4-15　整炉装满

2. 二次装满

二次装满的装烟顺序与整炉装满不同，根据采烟量的多少，先装第 1~4 台，后装第 5~7 台，整炉装满的时间间隔不超过 7 天。一般情况下，先晾制 3~4 天，烟叶基本完全凋萎塌架后，须将第一次装的第 1~4 台移至第 5~7 台，用空余出来的空间装第二次采收的烟叶进行晾制（图 4-16）。

图 4-16　分次装满

3. 多次装满

三次装满是在二次装满的基础上，将二次变为三次，装烟数量大于二次装满，整炉装满的时间间隔也不应超过 7 天，装烟操作基本与二次装满相似。

第二节 晾 房

晾房是晾制雪茄烟叶的专用建筑物。在雪茄烟叶晾制上，晾房是最为重要的基础设施，不可或缺，其与烟草的种植和生产密切相关，地位较高，甚至达到只有先建设好晾房才能确定雪茄烟叶的种植。晾房的成功落地，决定着雪茄烟叶的质量，因为在田间所做的一切和所有的投入都可能因为晾房不足与管理不善而白费工夫。晾制基础设施必须在烟叶采收前建设完成。

下面主要从国内外晾房概况、晾房选址和晾房建设等方面进行逐一介绍。

一、晾房概况

各地的雪茄烟叶晾房因为生态气候、晾制季节温湿度不同，建盖结构和样式差异较大，但基本以古巴晾房为基础，然后进行优化改造升级。随着科技水平的日新月异，晾房也由简单化朝着自动化和智能化发展，以下着重介绍国内外主流的雪茄烟叶晾房。

（一）国外雪茄烟叶晾房

主要对古巴、多米尼加、印度尼西亚、美国、意大利和莫桑比克等国的雪茄烟叶晾房进行介绍。

1. 古巴

古巴晾房主体结构用木制框架搭建而成。屋顶由扇棕皮、锌制皮或两者混合铺设构成，墙壁由木头、扇棕皮或棕榈树皮制成，在墙壁和前后门周边开设足够的门窗，以调节晾房内的温度和湿度（图4-17）。

图 4-17 古巴晾房

古巴晾房具有以下 3 个特点：一是晾房一般建设在烟田附近，烟叶采收后直接进入晾房；二是农场自建晾房，政府或烟草企业无补贴资金；三是属于低矮型晾房，晾制能力 2～3 亩。

2. 多米尼加

多米尼加多为基斯克亚型和新基斯克亚型晾房，由木头和扇棕皮、锌制皮混合搭建而成。屋顶由扇棕皮或锌制皮制成，墙体没有遮盖。若使用锌制皮制顶，则晾房应建得更高，以减少一些辐射热的作用。晾房长宽通常为 12.80m×10.97m，每个隔间长 1.82m，一般有 3～4 台，可装 800～900 条编好的烟串。

基斯克亚型晾房与古巴晾房大体相似，主要区别在于没有墙体结构（图 4-18）。好处是晾制期间晾房内温度和外界温度差异较小，温度更加均匀；坏处是晾制出来的烟叶属于晾晒烟，雪茄风味不突出。

图 4-18　基斯克亚型晾房

新基斯克亚型晾房是古巴型和基斯克亚型的结合，也是基斯克亚型的优化和升级，还是主要由木头和扇棕皮、锌制皮构成。其与古巴晾房的主要区别在于墙体底部 3m 采用锌制皮来维护，减少了扇棕皮的使用量，节约了建盖成本；与基斯克亚型晾房的主要区别在于有墙体结构和晾房内开设过道。

新基斯克亚型晾房长宽一般为 12.80m×10.97m，有 7 个 1.82m 长的平台，中间有一个过道，档烟梁是水平放置的，一般有 6～7 台，烟竿和立柱都比较长，因此属于高大型晾房（图 4-19）。

古巴、基斯克亚型和新基斯克亚型晾房的使用寿命大约为 10 年，如果屋顶由扇棕皮制成，则需要 5 年左右更换一次。

图 4-19　新基斯克亚型晾房

3. 印度尼西亚

印度尼西亚晾房和古巴晾房相似，由木头、竹片和牧草搭建而成。屋顶由扇棕皮铺设构成，起防雨和保温作用，墙壁由扇棕皮或竹片编制而成，底部开设足够的门窗，以调节晾房内的温度和湿度（图 4-20）。

图 4-20　印度尼西亚晾房

4. 美国

美国雪茄烟叶种植主要分布在康涅狄格州，晾房与古巴晾房差异较大，为多通道巨型化晾房。档烟梁为钢结构材质，屋顶采用彩钢瓦，四周无遮挡物，晾制工艺为晾晒形式。近年来，美国晾房放弃了无遮挡物的形式，采用轻型板材或帆布等进行遮光（图 4-21），自然晾制雪茄烟叶。

图 4-21　康涅狄格晾房

5. 莫桑比克

莫桑比克晾房与康涅狄格晾房大体相似，主要差异为：一是钢结构主体由木头替代，二是采用白布对晾房四周进行遮光，三是屋顶采用白色透明塑料板搭建而成（图 4-22），也是自然晾制雪茄烟叶。

图 4-22　莫桑比克晾房

6. 意大利

目前，意大利生产的晾房卖到世界各雪茄烟叶主产国，自动化和智能化控制技术深受各国青睐。

意大利晾房的规格可以根据购买方需求自行设定，并根据规格尺寸配备适宜的供热装置，而供热装置可根据需热量、配风比例、排湿需求进行定制，结合自动控制装置，可为晾房提供适宜的温度和湿度，从而满足晾制工艺需求，进行雪茄鲜烟叶自动化晾制（图 4-23）。

图 4-23　意大利晾房

（二）国内雪茄烟叶晾房

1. 湖北

雪茄烟叶晾房分为茄衣烟叶晾房和茄芯烟叶晾房 2 种。

茄衣烟叶晾房包括主体结构、晾烟支架及自控化通风排湿模块和附属设备。

每间晾房长 7m（进深）、宽 5m（顺深），屋檐高 5m，出檐 0.5m，2 分水，每间晾房可晾制茄衣烟叶 1 亩。顶部及四周墙面、门、窗等均采用厚度不低于 50mm 的泡沫夹心彩钢板。每间晾房前、后面的下、上方各设宽 1.2m、高 2m 的电动窗户 2 扇（即 8 扇窗户/间）。晾房共设晾烟架四层：第一层（最下层）离地 1.6m，第二至四层各间隔 1m，第四层（最上层）离屋檐 0.4m（图 4-24）。

图 4-24　湖北晾房

每间晾房内部上面水平布置加湿支管 3 条，每 50cm 开 φ 为 1cm 左右的小孔；支管于晾房外连接总管，支管方向与晾烟梁平行，每 20 间晾房配置一个加湿器，功率为 7kg/h。晾房长边墙面前、后面的上下方各安装风机 1 台（每台功率为 200～300W），共 4 台，风向为前进后出或后进前出。

茄芯和茄衣烟叶晾房大体相似，但茄芯烟叶晾房规格较大和在门窗上有差异。

2. 海南

雪茄烟叶晾房为大型晾房，墙体采用泡沫夹芯板构建，屋顶为屋脊式设计，便于通风排湿，档烟梁为镀锌方管，9 层结构，内部分为 2 个晾制区，中间有过道，晾烟宽度 1.5～2.0m，晾房长度根据种植面积确定（图 4-25）。

图 4-25　海南晾房

3. 福建

雪茄烟叶晾制设施包括晾制设施单元主体、晾烟架和烟竿周转单元框提升装置、温湿度调控系统、编烟设备等（图 4-26）。

图 4-26　福建晾房

规格：宽度方向柱内净距 10m，长度方向柱内净距 25m，高度方向净距 6m（滴水檐口底离地高度），晾制能力 10 亩，每 5 亩分区进行软隔断。

晾房保温门采用对开式，正面前后大门、侧面大门长宽规格均为 2700mm×2950mm；天窗为屋脊式长天窗，位于屋脊两侧，对称布置，采用电动控制方式启闭，可以按照控制指令开启指定的角度，最大开启总面积不少于 24m^2；地窗位于晾制设施单元长度方向的两侧外墙面下方，下沿距地高度为 100mm，采用电动控制方式启闭，可以按照控制指令开启指定的角度，最大开启总面积不少于 24m^2；地窗强制通风机带自垂百叶，安装于地窗窗扇上，总风量要求 ≥30 000m^3/h，沿地窗均布。

晾烟架立柱高 6m，挂烟 7 层，每层安装 "J" 形轨道，底层轨道距地面 1.5m，2～7 层的层距均为 0.7m；烟竿周转单元框（简称周转框）长 2m、宽 2m，安装有 6 个滚轮，每个晾制设施单元需配置不少于 20 个；挂烟竿为长 2m、直径 18mm 的镀锌管，每竿挂烟约 75 片，竿距 0.2～0.25m，根据内长 25m、内宽 10m 的晾制设施单元的装烟容量，每个单元需配置不少于 3400 竿；在距离地面高 2m 和 4m 处设中间过道和边道，中间过道宽 0.85m，边道宽 0.4m。

周转框提升装置采用剪式提升结构，底盘规格 2.5m×1.8m，轨道轮凸缘间距 1620mm，额定承载 ≥0.5t，行走电机、提升电机功率 ≥0.75kW，采用永磁减速电机或者伺服电机，配置位置控制传感器。运动控制系统采用 PLC 品牌，水平行走定位精度 ±1mm，垂直提升定位精度 ±1mm；行走速度可无级调速，配置无线遥控器。

晾制设施单元的温湿度调控系统由自然通风装置、强制通风装置、调温调湿装置和智能控制装置等组成，可实现自然换气通风、强制换气通风、调温调湿循环通风等晾制模式。温湿度调控系统必须具备三种工作模式：仅除湿、仅加热、同时除湿加热。

智能控制装置由温度传感器、湿度传感器、智能控制器和执行器等组成，能够根据布置在室内的传感器的数据，基于物联网数据采集、数据分析，自动切换控制通风晾制模式，从而对晾制设施单元内的温湿度进行智能调控。

4. 云南

雪茄烟叶晾房包括晾房主体、辅助供热设备、增湿排湿设备和控制系统 4 个部分，具备保温保湿、强制通风和增湿排湿功能，晾制期间温度控制在 25～40℃，相对湿度控制在 35%～90%。晾房长边与当地常年风向一致，间距原则上不小于 4000mm，如两座晾房间架设穿（编）烟棚，间距不小于 6000mm（图 4-27）。

图 4-27 云南晾房

内长 30 000mm、内宽 7800mm、内高 7200mm（含晾房顶高 1250mm），晾制能力茄衣烟叶为 8.5 亩/座、茄芯烟叶为 10 亩/座；内长 20 000mm、内宽 7800mm、内高 7200mm（含晾房顶高 1250mm），晾制能力茄衣烟叶为 5.5 亩/座、茄芯烟叶为 6.5 亩/座。晾房正面前后大门规格均为 2600mm×3050mm；四周排湿窗规格为 1200mm×1200mm，采用自动翻转开启方式，四周通风窗规格为 800mm×400mm；屋顶开设排湿风帽，直径 600~800mm，风帽进风口配置电动风板；晾烟架净高 5500~5700mm，共 7 台，底台距地面 1300~1500mm，2~7 台间距均为 700mm，烟竿长 1500mm 或 2000mm。

晾房墙体采用 50mm 彩钢泡沫夹芯板材（彩钢厚度≥0.3mm，泡沫夹芯采用聚氨酯，容重≥38kg/m³），屋面采用 50mm 彩钢泡沫夹芯板材（彩钢厚度≥0.5mm，泡沫夹芯采用聚氨酯，容重≥38kg/m³）；墙体立柱为 120mm×120mm 热镀锌方管（壁厚≥4mm）；晾房顶横梁为 100mm×100mm 热镀锌方管（壁厚≥2.5mm），加固斜撑为 40mm×60mm 热镀锌方管（壁厚≥2.5mm），檩条为 50mm×100mm 热镀锌方管或 C 型钢（壁厚≥2.5mm）；晾烟架采用 60mm×60mm 热镀锌方管（壁厚≥2.5mm）和 40mm×60mm 热镀锌方管（壁厚≥2.5mm）搭建；门芯（窗芯）材质与墙体一致，门框材质为 60mm×60mm 热镀锌方管（壁厚≥2.5mm），用密封胶条进行密封处理；四周排湿窗翻板材质为厚 1.2mm 冷轧板；室内地坪为本土夯实，高出室外地坪 200mm；晾房屋顶采用轻钢骨架连接成一个整体，彩钢泡沫夹芯板安置于拉筋的上端；穿（编）烟棚与晾房共用立柱，顶采用彩钢泡沫夹芯板或彩钢瓦制成，用厚 0.8mm 彩钢板卷制接水槽 2 根（长 30m、宽 200mm、深 300mm）；鲜烟收购棚立柱为 100mm×100mm 热镀锌方管（壁厚≥2.5mm），檩条为 40mm×60mm 热镀锌方管或 C 型钢（壁厚≥2.5mm），物架由 50mm×100mm 热镀锌方管（壁厚≥2.5mm）搭建，屋面采用彩钢泡沫夹芯板或彩钢瓦制作。在保障功能齐全和安全牢固的前提下，可选用其他更环保耐用的材质建造晾房，但要满足晾房主体使用年限不低于 10 年的要求。

雪茄烟叶晾房必须配备辅助供热和增湿排湿设备，温度控制在 25～40℃，相对湿度控制在 35%～90%，鼓励开发智能控制系统。

二、晾房选址

晾房的选址，要遵循以下原则。

一是晾房要因地制宜集群建设，与烟叶种植面积可持续发展紧密结合。选择地势较高且平坦、地下水位高、避风向阳的场地。

二是位置要适中、交通要便利。需考虑鲜烟叶运输和晾制能力、收购等因素，原则上距离烟田不超过 5km，便于运输和管理。

三是选址要开阔，地势要平坦。结合当地实际情况，规划必需的建筑设置，如收烟区、编烟区等，同时要尽量节约用地。编烟区、附属设施与功能相配套，要对编烟、装烟、卸烟、回潮和就地堆垛等工作场所做好规划与安排。

四是要具有方便的水源。应与仓库、村舍保持一定距离，以防火灾和其他不可预见的灾害。

五是电力要充沛。晾房集群要有足够容量的三相交流电源，且供电平稳，距离电源近，减少接电成本。如必须安装变压器，要科学规划电力设施，包括靠近高压电源（10kV）、变压器、配电房、发电机组等，避免因线路过长造成投资成本增加和电能损失。

六是晾房要先进、实用、节能环保。可研究开发集中晾制、余热回收等新技术。

三、晾房建设

晾房包括主体、辅助供热设备、增湿排湿设备、控制系统和附属设施 5 个部分，具备保温保湿、强制通风和增湿排湿功能。

（一）建设要求

1. 性能要求

晾房具有良好的密封性，温度控制在 25～40℃，相对湿度控制在 35%～90%。

2. 其他要求

1）为满足雪茄烟叶晾制期间的通风排湿要求，原则上晾房长边与当地常年风向一致，间距原则上不小于 4000mm。

2）为了节约晾房的建设成本和便于穿（编）烟操作，可在两座晾房间架设穿（编）烟棚，间距不小于6000mm。

3）为满足安全使用要求，晾房墙体采用轻钢骨架连接成一个整体，墙板间及墙板与钢骨架间均使用螺栓及螺母连接。

4）为满足雪茄烟叶晾制的温湿度控制要求，应结合当地气候条件，合理设计晾房门窗，所有墙板间、门、窗、屋顶等密封严实；屋顶与房屋主体间使用钢制构件（蝶栓及蝶母）连接，屋顶与墙体形成一个整体。

5）依据雪茄烟叶晾制的温湿度调控要求，晾房配套相应的水电保障设施。

（二）主体参数

1. 容量与规格

雪茄烟叶晾房数量应根据种植面积来确定，尽量提高装烟量，以减少晾房建盖数量。晾房容量主要由竿距决定，竿距越小，装烟量越多，竿距越大，装烟量越少。

全国晾房的规格差异较大，建盖容量和规格还需研究开发。设计科学合理的雪茄烟叶晾房，可进一步提升国产雪茄烟叶的晾制质量。

2. 辅助供热

一般雪茄烟叶种植在相对较热的区域，晾制季节温度相对较高。正常情况下，雪茄烟叶晾房无须配备辅助供热设备，但对于连续出现阴雨天和温度较低的区域，需要配备辅助供热设备，只有提供足够的温度，雪茄烟叶才能更好地发生物质变化，颜色才能更加均匀，内含物转化才会更充分，品质才会更佳。

（1）晾制热负荷

晾制过程中，烟叶会发生一系列的生理生化变化，产生对香气有利的化学成分，但这部分反应热难以计算，且涉及复杂的烟草学生化过程。定位于满足晾制工艺条件的负荷分析，可将晾房内烟叶、空气看作一个整体，以晾房围护结构为边界，通过计算晾房与外界环境的热量和质量平衡，得出烟叶晾制过程的热负荷。

第一步，计算验证围护结构热负荷：

$$Q_1 = AK(t_n - t_{wn})$$

式中，Q_1 为围护结构热负荷，W；A 为计算传热面积，m^2；K 为传热系数，$W/(m^2 \cdot \text{℃})$；t_n 为晾房内设计温度，℃；t_{wn} 为晾房外环境计算温度，℃。

第二步，计算验证烟叶脱水排湿热负荷。根据质量守恒，烟叶在晾制过程中的失水速率如下：

$$G_w = L(d_2 - d_1)$$

式中，G_w 为烟叶失水速率，kg/h；L 为进入和排出晾房的湿空气的质量流量，kg/h；d_1 和 d_2 分别为进入晾房的新风和排出晾房的湿空气的含湿量，g/kg。

在晾制的初始阶段，烟叶表面的初始温度一般低于热空气的湿球温度，存在一个短暂的预热阶段，短时间后烟叶表面温度达到空气的湿球温度且维持不变。当空气的湿球温度为定值时，烟叶表面空气的湿度也为定值，传热传质速率保持恒定不变。在恒速干燥过程中，烟叶内部水分向表面转移的速率与水分从烟叶表面汽化的速率相匹配，该过程汽化的水分为非结合水，失水速率取决于烟叶表面水分的汽化速率。当烟叶含水量降至临界值后，进入降速干燥阶段，水分由烟叶内部向表面转移的速率小于烟叶表面水分向空气汽化的速率，失水速率取决于烟叶内部水分的扩散速度。

烟叶晾制过程中的失水量、失水速率受烟叶品种、鲜烟叶质量、晾制工艺参数、晾制设备等各方面因素影响，因此难以获得精确的变化规律。结合相关数据，得出烟叶晾制的大致失水规律：变黄期、变褐期失水量为 27%～35%，定色期为 50%～55%，干叶期为 10%～23%。根据以上规律，变黄期、变褐期失水量取 32%，定色期取 52%，干叶期取 16%。

烟叶脱水排湿热负荷 Q_2 可通过下式计算：

$$Q_2 = L(h_2 - h_1)$$

式中，h_1 和 h_2 分别为进入晾房的新风和排出晾房的湿空气的焓值，kJ/kg。

根据烟叶晾制时的传热传质过程可知，晾房散失的热量为自身结构的散热损失及晾制过程排湿导致的散热损失之和，为保证晾房热量平衡，进入晾房的热量需等于排出的热量，即晾房的总热负荷 Q_0 为围护结构热负荷与烟叶脱水排湿热负荷之和，即

$$Q_0 = Q_1 + Q_2$$

第三步，计算验证鲜烟叶热负荷。由上式可知，最大值 Q_0=12 894.393W+500W=13 394.393W。由此可得，平均每千克鲜烟叶的热负荷为 13 394.393W/1000kg=13.394W/kg，可用于估算某设计装烟量下需配备的热量。

（2）不同辅热

在雪茄烟叶晾房辅助供热上，我们还开展了水暖、陶瓷厚膜、石墨烯、燃气、生物质和风暖等研究。

水暖晾房：热源属于辐射热，具有温度均匀、散热慢等优点，但供热慢、设备投入成本大等缺点制约了其发展，还需进一步研究（图 4-28）。

陶瓷厚膜晾房：具有升温快、安装便捷、可移动等优点，缺点为设备投入成本大、安全性差、用电量大等（图 4-29）。

图 4-28　水暖晾房

图 4-29　陶瓷厚膜晾房

石墨烯晾房：具有升温快、安装方便、效率高等优点，缺点为使用成本高、安全性差、用电量大等（图 4-30）。

图 4-30　石墨烯晾房

燃气晾房：具有升温快、可移动等优点，缺点为使用成本高、安全性差等（图 4-31）。

图 4-31　燃气晾房

生物质晾房：热源属于辐射热，具有降温慢、使用成本低等优点，缺点为建设成本高、安全性差等（图 4-32）。

图 4-32　生物质晾房

风暖晾房：具有升温快、安装方便、效率高等优点，缺点为设备投入成本高、晾制速度快等（图 4-33）。

图 4-33　风暖晾房

3. 增湿排湿设备

雪茄烟叶晾制过程中，湿度是最为重要的指标，甚至超过温度的重要性。对于湿度较小的晾房，需要配备增湿设备；对于湿度较大的晾房，需要增加自然通风门窗或配备强制排湿设备。

对于增湿，主要采用地面加湿、关紧门窗、配备加湿器、调整竿距等方式，作用是满足不同晾制阶段的湿度需求，特别是变黄和变褐期湿度需要维持在75%～85%，从而使烟叶外观变黄和内在成分更为协调。

对于排湿，主要采用打开门窗、强制抽风、升温排湿等方式，主要作用是防止湿度过大造成雪茄烟叶霉烂。

4. 附属设施

为了更好地做好晾制工作，需配套晾房附属设施，实现编烟、收购、分级和仓储等功能。附属设施主要包含收购、编烟、分级、打包、仓储、水电、道路、围栏、值班宿舍和卫生间等相关配套内容。

（三）建设实例（以云南为例）

雪茄烟叶晾房建设按照标准工程流程，主要有测量、土方开挖施工、主体工程施工、机电设备安装和彩色压型钢板施工等步骤。

1. 测量（图 4-34）

（1）施工准备

施工准备工作是保证施工测量全过程顺利进行的重要环节，包括图纸的审核，测量定位依据点的交接与校核，测量仪器的检定与校核，测量方案的编制与数据的准备，施工场地的测量等。

具体内容：到现场了解工程位置，核实测量基准点是否稳固，确定通视条件，勘察场区及周边情况，做好勘察记录。开工前进行工程现场标高测量，并将所得资料按业主方要求制成图纸，上报业主方进行审查。

图 4-34 晾房测量

考虑到工程的重要性和测量的复杂性，对专业的测量技术人员进行精挑细选，反复审核，要求其必须具备扎实的理论基础、丰富的实操技术；计算思维缜密，能完成工程中的各种复杂计算。同时，对所有施测人员进行专业技术交底、安全技术培训、环保培训等。

（2）土方施工测量

首先根据轴线控制桩，采用经纬仪投测出外边框主轮廓控制轴线，然后根据开挖线与控制轴线的尺寸关系放样出开挖线，并撒出白灰线作为标志。开挖线的阴、阳角点钉出木桩并用小铁钉做标记，以便开挖线被破坏后能及时恢复。

土方开挖时，随时投测结构外轮廓控制轴线，依据边坡坡度计算当时标高阶段的护坡位置，以防护坡太陡或太缓造成塌方或影响基槽尺寸。

土方开挖至基坑底面时，首先投测控制轴线，并撒出白灰线作为标志，然后根据开挖底口线与控制轴线的尺寸关系放样出开挖底口线，同样撒出白灰线作为标志。同样，以控制轴线为依据，放样出独立的基坑开挖线，也撒出白灰线作为标志。为避免开挖错误，测量人员要在基坑开挖现场实时指导挖土司机作业。

在土方开挖即将挖到基坑开挖底标高时，测量人员要对开挖深度进行实时测量，即以引测到基坑的标高基准点为依据，用 S3 水准仪抄测出挖土标高，每隔2m撒一白灰点，指导清土人员按标高清土。

（3）基槽验收

当土方开挖完成后，根据各轴线控制桩投测外轮廓控制轴线到基坑底，并钉出木桩，在木桩顶面轴线方向钉小铁钉，然后栓白线检查基坑底口和集水坑、电梯井坑等位置是否正确，并架设水准仪，联测基底水准控制点，每隔 3m 测量基底实际标高并记录，检查基底标高是否正确。同时，测量人员要积极配合监理单位、设计单位验槽。

2. 土方开挖施工（图 4-35）

（1）施工方法

土方开挖是基坑工程施工的主要环节，所有支护措施均是为了保证土方顺利开挖。同时，土方开挖与支护结构施工相互交叉、互为前提，因此需要制定详细的基坑开挖施工方案，以保证土方开挖顺利进行。

图 4-35　晾房土方开挖施工

考虑到基坑土方开挖与其内支撑施工需交叉作业，为了尽量缩短施工工期，基坑土方宜分区开挖。综合考虑基坑开挖面积、开挖深度及支撑体系平面布置，结合现场实际情况进行基坑土方开挖。

（2）开挖方法

整个土方开挖顺序，必须与支护结构的设计工况严格一致，要遵循"开槽支撑、先撑后挖、分层开挖、严禁超挖"的原则。

挖土时，挖土机和运土车辆不得直接在支撑上行走与操作。

挖土机挖土时严禁碰撞工程桩、支撑、立柱和井点降水管。分层挖土时，层高不宜过大，以免土方侧压力过大造成工程桩变形倾斜，在软土地区尤为重要。

同一基坑内深浅不同时，土方开挖宜先从浅处开始，如条件允许待浅处底板浇筑后再挖较深处的土方。

注意：深基坑土体开挖后，地基卸载，土体压力减少，土的弹性效应将使基坑底面产生一定的回弹变形（隆起），而减少基坑回弹变形的有效措施是：设法减少土体有效应力变化，减少暴露时间，并防止地基土浸水。因此，基坑开挖过程中和开挖后如水量大，应保证井点降水正常，并在挖至设计标高后尽快浇筑垫层和底板。必要时，可对基础结构下部土层进行加固。

场地边坡开挖应沿等高线自上而下、分层分段依次进行，淤泥地层每层开挖深度控制在 1m，其他地层开挖深度控制在 1.5m，在边坡上采取多台阶同时机械开挖时，上台阶的开挖进深比下台阶应不少于 3m，以防塌方。

边坡台阶开挖应做成一定坡势，以利泄水。边坡下部设有护脚及排水沟时，应尽快处理台阶的反向排水坡，进行护脚矮墙和排水沟的砌筑与疏通，以保证坡脚不被冲刷、不积水，否则应采取临时性排水措施。

对于软土土坡，边坡开挖后应对坡面、坡脚采取喷浆、抹面、嵌补、护砌等保护措施，并做好坡顶、坡脚排水，避免边坡积水。

（3）技术要求

土方开挖应严格遵守"先撑后挖、限时支撑、分段分层开挖、严禁超挖"的原则，并尽可能对称、均衡地开挖土方。

对土方开挖过程中临时边坡范围内的立柱和降水井应采取保护措施，均匀挖去其周围土体，以避免立柱和降水井受到附加的侧向压力。

对于上、下基坑道路部位的内支撑，宜将支撑下的土填实，并在支撑构件上覆盖 300mm 以上建筑砖渣、黏土等，然后铺设钢板，或者采取其他有效措施对该部位的支撑构件进行妥善保护。应充分考虑施工作业荷载，严禁挖土机械在底部已经挖空的支撑上行走或作业。

基坑开挖过程中必须坚持信息化施工，注意监测信息的反馈，以便及时指导开挖工程。应有充分的应急准备，遇异常情况时，应及时调整施工措施。若出现紧急情况，必须采取果断措施，按"回填反压、坡顶卸载"的原则，阻断事态发展，再行加固处理，消除隐患后方可继续开挖。

基坑土方开挖应在深度范围内合理分层，在平面上合理分块，并确定各分块开挖的先后顺序，可充分利用未开挖部分土体的抵抗能力来有效控制土体位移，以达到减缓基坑变形、保护周边环境的目的。基坑对称开挖即对称、间隔开挖；基坑限时开挖就是尽量控制无支撑暴露的时间；基坑平衡开挖是指保持各分块均衡开挖。

采用开槽方法浇筑混凝土支撑梁，开挖到支撑作业面后，应及时进行支撑的施工，以减少基坑无支撑暴露的时间和空间。

土方开挖分层深度一般控制在 1.5m 左右。对于软土，各分层开挖的深度不宜超过 1m。

基坑开挖期间，加强降水，确保地下水位始终在开挖面标高以下至少 1m。

挖土机械不得碰撞支护结构、立柱及立柱桩、降水运行系统、测量标志和监测元件，严禁损伤隔渗帷幕和碰撞、拖动工程桩，不得直接在工程桩顶部行走；机械挖土应避免对工程桩产生不利影响。

基坑周边、放坡平台的堆载及施工荷载不得超过支护结构设计的规定值；基坑开挖的土方不应堆放在周边及影响邻近建筑物的范围内。

坑底应根据地基土性质预留厚 0.3～0.5m 的余土采用人工清理，防止大型机械开挖对天然地基及桩基产生扰动及破坏。已挖好的基坑应及时清边检底、满封垫层，以保护基底，从而有利于改善支护结构的工作状况。

邻近基坑边的局部坑中坑宜在大面积垫层完成后开挖。

基坑开挖过程中必须做好基坑内外的截水、排水，防止水对基坑坑壁和坑内土体浸泡，并保证施工作业面正常。

（4）保护措施

基坑开挖范围内存在深厚的软土，确保工程桩在挖土时不受损伤是土方开挖的重点之一，主要采取的技术保护措施如下。

挖土前，对挖土施工单位、反铲司机做好技术交底，明确工程桩位置、挖土顺序、每层开挖深度等。

土方开挖时，派专人负责指挥，分层进行，严格控制高差。

工程桩超出坑底过高时，应控制分层开挖深度和分段截桩，工程桩顶与开挖面底部高差保持在 1.5m 范围内。在深厚软土层分布区，要严格控制每层开挖深度（不得超过 1.0m）及长度，及时截断超出过高的工程桩，清除桩侧不均匀分布的土体，防止桩体受到外力而发生偏移和倾斜。

工程桩、立柱桩、降水井周边土体应人工开挖，并严格控制四周土方高差不超过 0.5m。进入软土层后，反铲不得在工程桩、立柱桩、降水井周边行走和进行挖土作业，以免造成桩体偏位和断桩。无法避让时，需对工程桩、立柱桩周边土体进行加固，并应派专人进行监护。

3. 主体工程施工（图 4-36）

现场根据施工进度，提前制订材料进场计划，做到材料供应及时，保证施工进度。采购的钢结构和彩钢板必须有质量保证证明或出厂检验证明，且必须通过材料工程师的批准签证，并应符合设计要求。

（1）施工准备

施工图到达后，立即组织技术、施工、质检等相关人员熟悉图纸，认真对施工图进行联合审核，编制施工组织设计，制定施工方案。积极与设计单位、施工单位、监理单位就施工图有问题的部分进行信息沟通，及时处理解决存在的问题。

根据工程特点，认真制定安全施工技术措施，提出材料方案，针对工程重点难点由施工技术方组织制定方案，合理选择施工技术标准，科学安排程序。对专业和特殊施工人员进行技术培训，提高工人素质，为保证质量奠定基础。逐步开展技术、质量、安全等公开工作，做好开工前的各项准备工作。

图 4-36　晾房主体工程施工

（2）钢结构加工、生产、材料管理

采购的材料必须有质量保证证书或出厂检验证书，且必须通过材料工程师的批准签证，并应符合设计要求。

（3）钢结构安装

安装前，应根据图纸标定底座标高和安装轴线，并进行校准。执行技术措施准备和安装脚手架。做好技术交底及部件安装姿态监测仪器、测量仪器的校准等。

（4）主体构件安装顺序

基础检查→构件进场→钢柱安装→钢梁吊装→其他钢结构配件安装。安装前进行基础检查，包括建筑物的定位轴线、基础轴线和基础标高，地脚螺栓的位置和尺寸。

（5）钢柱安装

钢柱安装前应将基础和预埋板清理干净，然后根据测量记录放置相应厚度的垫板，最后吊装。用两台经纬仪依据十字法测量垂直度，调整钢柱到符合规范要求后，先点焊，再对称焊。钢柱的安装质量为：垂直度允许偏差 2mm，标高允许偏差±3mm。

（6）钢梁安装

钢梁按放样尺寸制作完成后进行安装，应从一端轴线开始，先安装主梁，再安装次梁。钢梁的安装质量为：轴线位移允许偏差 5mm，标高允许偏差±3mm，垂直度允许偏差 2mm。

（7）墙板和屋顶板安装

墙板安装：检查墙梁的平整度、门窗洞口的大小；根据楼板宽度在墙梁上布置线；装内墙板；装门窗洞口的异形件和角包；装门窗；检查。

屋顶板安装：逆着盛行风向依次安装屋顶板；装屋顶板边缘和屋檐头；用胶水或密封胶对板与板间的间隙进行密封处理；最后进行电气安装。

4. 机电设备安装（图 4-37）

（1）工程特点

晾房内部设施比较齐全，质量要求比较高。为此，在安装施工过程中，应结合工程的结构特点，结合土建的结构施工，统筹安排，协调配合，优质高效地完成安装任务。

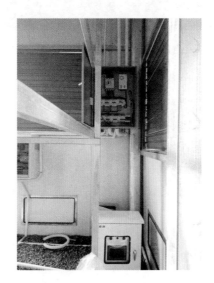

图 4-37 晾房机电设备安装

（2）施工布置

集中力量保重点、保工期，在人力物力、机械上为主体安装提供充分保证，专业的管理工作人员要协助指导项目施工班子组织好施工工作，并做好各方面的协调配合。

按交工程序组织好分段施工，以墙体内暗设工程为重点作业段，吊顶内明设工程为一般作业段，总平面施工为次重点作业段，分段组织施工，综合布置，合理安排好各项工序的施工。

（3）安装与土建配合

预留预埋工作人员按预埋预留图进行预留预埋，操作时不得随意损伤建筑钢筋，与土建结构矛盾处，由技术人员与土建单位协商处理，楼、地面内错、漏、堵塞或设计增加的埋管，必须在未做楼、地面前补埋，板上、墙上留设备进入孔，由设计确定或安装有关工种在现场与土建单位商定土建留孔。

在土建主体施工时要配合留洞，安装时由土建单位确定楼层地面标高基准，内粉刷结束后器具安装前必须做好地面防水，土建施工不得损坏安装管口。

（4）钢结构安装顺序及方法

安装顺序：钢柱→柱间支撑、屋面梁、联系梁、水平支梁→二层平台梁、檩条、拉条、角隅撑。

安装方法：钢柱拼装就位后，在四边弹出中心线，然后进行捆绑、起吊。待钢柱吊升到位后，首先将钢柱脚四边中心线与基础十字轴线对齐吻合，然后用螺母对钢柱进行初步固定，接着利用钢绳及倒链对钢柱进行临时固定，最后在测量人员的监控下，进行水平和垂直校正，两方向均确认无误后及时紧固螺母，再进入下一道工序。

（5）和土建交叉的施工措施

基础土建、钢结构安装和设备安装分别由不同施工单位承担，具有多个专业施工单位同时施工的特点，故需制定施工措施，以协调各专业施工。

5. 彩色压型钢板施工（图 4-38）

密封堵头及密封压条：采用耐腐蚀的高密度泡沫精制而成，主要用于屋脊处及屋檐处的密封，以增加防水和防风性能。彩板的两端、包边、泛水板接缝处用中性硅酮密封胶密封。配套的屋脊盖板、包边、泛水板与屋墙面彩板的用料相同。

图 4-38　晾房彩色压型钢板施工

对于该工程，精心设计了大量的装饰性包边，以增加建筑的美感。彩板专用螺钉、自攻螺钉为具有刻力封涂层（Climaseal）的专用螺钉，具有自钻力强、防腐性能好及美观大方的特点，与彩色镀铝锌压型钢板有同等的使用寿命，其简便的自钻安装方式有利于缩短安装时间。

第三节 晾 制 技 术

烟叶调制技术主要有晾制、烘烤和火烤。而雪茄烟叶采用的是晾制技术，最缓慢和最温和的调制工艺是自然晾制，最激烈的调制工艺是人工干预晾制。

自然晾制是将烟叶悬挂在晾房内，通过开关门窗调节温度、湿度和通风等方式，对烟叶干燥的过程。晾制过程很大程度上取决于天气条件，如温度、湿度和空气流动状况。在空气晾制过程中，需要非常缓慢地使叶片干燥，在非常潮湿的季节生长的烟草除外，因为这种烟叶会表现出很高的腐烂倾向并持续一段时间，晾制期间叶片组织足够湿润，内部的化学和酶促反应可自由进行。在晾制过程中，烟草一般在采收后 12 天左右达到变黄阶段，再经过 15 天左右完全变褐，35 天左右完成调制。当然，这些时间间隔因天气、烟草种类和采收时间不同而异。

但随着科技水平的日益提高，人们越来越倾向于通过人工方法来实施标准化干预晾制。例如，在非常潮湿的时段加热晾房，以去除空气中过多的水分，或在整个晾制期间于晾房内添加热源以满足不同晾制阶段的工艺要求，用于晾制有价值的茄衣烟叶或具有更高价值的烟叶。通常带茎和穿编晾制的烟叶化学成分存在较大差异，以下主要介绍国内主流的穿编晾制技术。

一、晾制原理

雪茄烟叶晾制是一个缓慢的失水过程，烟叶的颜色随着时间逐渐由绿变黄再变褐。不同类型雪茄的独特品质往往由烟叶在晾制和发酵过程中产生的特征性次生代谢物决定。晾制是雪茄烟叶内在化学成分转化的关键时期，而糖类、烟碱、有机酸和多酚类物质含量与雪茄烟叶的甜度、烟气、醇和度及香气等有关（叶科媛等，2022）。雪茄烟叶独特的风味特征主要由香气代谢物决定，而后者形成涉及复杂的化学反应，包括碳水化合物的降解、绿原酸的降解、蛋白质的降解、美拉德反应（非酶棕色化反应）、Strecker 降解和焦糖化反应等。降解反应形成的糠醛、糠醇、吡嗪、吡咯和呋喃等化合物，是烟叶香味浓郁的主要原因。碳氮化合物是最重要的香气前体物质，其中天冬氨酸、脯氨酸、苹果酸和糖类会发生美拉德反应，生成的产物使得雪茄烟叶具有独特香味。类胡萝卜素降解产物也是芳香类化合物，乙酸盐通过三羧酸循环进行积累有利于芳香类化合物的合成。晾制过程中，碳氮代谢是雪茄烟叶品质形成的基础。

由于雪茄烟叶的颜色外观可以直接观察到，在生产过程中往往作为重要的评价指标，是评判外观质量的重要指标，与品质有着密切关系。雪茄烟叶颜色与晾制过程中多酚、质体色素和生物碱等物质的含量显著相关。随着生物碱含量增加，雪茄烟叶颜色由浅至深，从柠檬黄变成橘黄。多酚类物质的氧化容易使烟叶变褐（杨焕文等，2000）。质体色素分为叶绿素和类胡萝卜素，叶绿素使得雪茄烟叶呈现绿色，蔗糖处理会影响叶绿素降解途径中的酪氨酸和柠檬酸，从而促进叶绿素正常降解；类胡萝卜素是植物和某些微生物合成的多烯，在各种生理过程中作为色素起作用，其中胡萝卜素呈橙黄色，叶黄素呈黄色（饶雄飞等，2023）。尽管颜色特征性代谢物在雪茄品质形成中起着至关重要的作用，但与烤烟相比，对晾制阶段烟叶颜色变化的物质代谢基础关注较少。

（一）水分变化规律

雪茄烟叶在晾制过程中，含水量整体呈下降趋势。茄衣和茄芯烟叶随着晾制时间的推移，含水量呈下降趋势，茄衣烟叶从 84.93%下降至 17.07%，茄芯烟叶从 85.09%下降至 18.91%，主要是变黄期和变褐期水分损失速率较大，而其他时期不大（图 4-39）。雪茄烟叶晾制凋萎期适宜的含水量为75%±5%，变黄期为70%±5%，变褐期为35%±3%，干筋期为20%±3%。

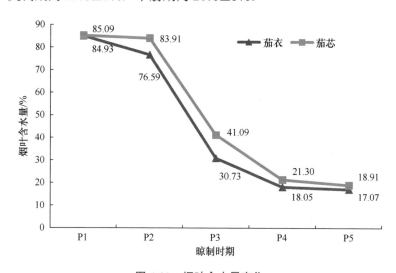

图 4-39　烟叶含水量变化

P1 至 P2 为凋萎期，P2 至 P3 为变黄期，P3 至 P4 为变褐期，P4 至 P5 为干筋期

由于未熟烟叶叶绿素含量过高，组织结构致密，晾制过程中失水较慢，而过

熟烟叶正好相反，因此采收适宜的成熟度烟叶，将极大地降低晾制难度，减少晾损率。

（二）颜色变化规律

采收适宜的成熟度烟叶，晾制难度会降低，内含物转化会更充分，烟叶品质会更好，然而适宜的成熟度最直观的表现就是烟叶颜色，因此准确判定烟叶颜色，对晾制尤为重要。

雪茄烟叶装入晾房后，在适宜的温湿度和通风条件下，叶肉细胞失去部分水分而萎缩、变软；烟叶凋萎后，颜色由绿逐渐转变为黄棕，呈现出叶片黄和主支脉绿白的状态；烟叶变黄后，逐渐由黄棕色转变为棕色或褐色；烟叶变褐后，在适宜的温湿度和通风条件下，主支脉逐渐干燥（图4-40）。

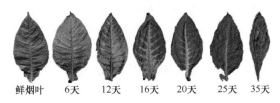

鲜烟叶　6天　12天　16天　20天　25天　35天

图 4-40　雪茄烟叶晾制过程中颜色变化

判定雪茄烟叶颜色可以选择 CCS 色相环、标准比色卡、叶绿素测定仪和人眼经验识别等方式。

1. CCS 色相环

对于田间雪茄鲜烟叶，主要有绿色、叶绿色、黄绿色、青黄色和黄色 5 种颜色。简单点可以理解为，未熟烟叶对应绿色和叶绿色，初熟烟叶对应黄绿色，适熟烟叶对应黄绿色，过熟烟叶对应青黄色和黄色（图4-41）。

2. 标准比色卡

有些产区或个人也会选择标准比色卡来对比烟叶颜色，潘通色卡是国家标准比色卡，主要通过赋值来界定颜色，对比标准比色卡，未熟烟叶为3405C、3415C、3425C、3435C、347C、348C、349C、350C；尚熟烟叶为354C、355C、356C、361C、362C、363C、364C；适熟烟叶为368C、369C、370C、371C、375C、376C、377C、378C、382C、383C、384C、385C、389C、390C；过熟烟叶为396C、397C、398C、3965C、3975C（图4-42）。

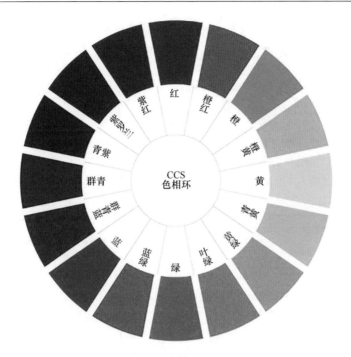

图 4-41　CCS 色相环

3405C	347C	354C	361C	368C	375C	382C	389C	396C	3865C
3415C	348C	355C	362C	369C	376C	383C	390C	397C	3975C
3425C	349C	356C	363C	370C	377C	384C	391C	398C	3985C
3435C	350C	357C	364C	371C	378C	385C	392C	399C	3995C

图 4-42　标准比色卡

（三）物质变化规律

晾制阶段烟叶的外观颜色发生了显著变化，而质体色素是控制植物颜色的主要化合物，多酚类物质是参与烟叶褐变反应的关键物质。雪茄烟叶晾制过程中，颜色变化与多酚、类胡萝卜素等色素类物质和还原糖、氨基酸等物质发生褐变密切相关。

在雪茄烟叶晾制过程中，碳水化合物（总糖、还原糖、淀粉）和含氮化合物（总氮、生物碱）含量在变黄期迅速下降，在变褐期缓慢下降，而后维持在低水平；叶绿素、类胡萝卜素等在变黄期发生剧烈降解，但叶绿素降解速率远高于类胡萝卜素，使得烟叶绿色褪去，逐渐呈现为黄色；在变褐期烟叶逐步变为黄棕色和黄褐色，发生剧烈的褐变反应；淀粉在变黄期分解，且糖类含量仍持续下降，糖类的消耗也许是由于非酶棕色化反应消耗，使得烟叶发生褐变，也可能是微生物利用这些糖作为营养物质来维持代谢，多酚类物质含量的下降与烟叶的酶促褐变有关（图4-43）。

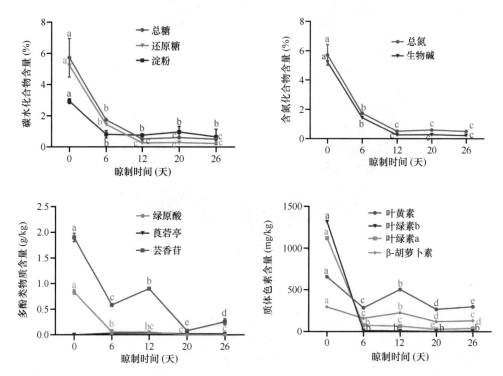

图 4-43　晾制过程中雪茄烟叶物质变化规律

二、晾制工艺

雪茄烟叶晾制工艺遵循"湿度优先、适度控温、严控晾速和适度通风"的原则，根据烟叶颜色变化和失水情况，分为凋萎、变黄、变褐和干筋时期。

（一）晾制原则

1. 湿度优先

整个雪茄烟叶晾制期间，必须优先考虑湿度，保证湿度区间在晾制工艺规定的范围内。

2. 适度控温

晾制期间，温度不能过高，否则烟叶内含物转化不充分，有损烟叶质量，也不能太低，否则易增加霉烂风险，造成烟叶变黄变褐不均匀。

3. 严控晾速

变褐期和干筋期不能干燥太快，否则易导致支脉周边无法变褐，黄棕烟叶比例较高，也不能干燥太慢，否则易增加霉变风险，造成颜色较深等现象。

4. 适度通风

通过调整装烟稀密度、开关门窗和强制排风等措施进行适度通风，做到每天将晾房内的空气更换出来。

（二）凋萎期

1. 温度

凋萎期适宜的温度范围为 26～28℃。在这个时期，温度是至关重要的，尽可能使温度处于适宜区间，因为适宜的温度能增加烟叶的香吃味。若温度过低，则烟叶内部水分含量大，阻止氧气进入，使烟叶产生硬变黄现象，不利于淀粉、蛋白质的水解，以葡萄糖、果糖和氨基酸为代表的香气原始物质形成较少，一定程度上降低了烟叶的香吃味，烟叶的外观表现为不会凋萎；相反，若温度过高，烟叶内部水分丧失快，内含物变化减弱，叶绿素转化不充分，烟叶不易变黄，从而提高青烟的比例。

2. 湿度

凋萎期适宜的湿度范围是 80%～90%，这里说的湿度是相对湿度（下同）。这个时期，湿度稍显次要，但不能高于 90%，否则烟叶一直处于僵硬状态，不会凋萎，从而造成两个方面的影响，一是长时间高湿导致霉变现象发生，严重时会出现腐烂；二是加大晾制后期烟叶失水难度，导致晾制后烟叶均质化程度低。湿度也不能低于 80%，否则会导致烟叶失水较快，晾制后青烟或者青黄烟较多。

3. 时间

凋萎期适宜的时间是 1～3 天。雪茄烟叶晾制对时间的要求不是太严，但也有一定的区间。若烟叶完全变黄或完全变褐后，温度和湿度不发生相应的改变，需要的烟叶外观质量特别是颜色就无法获得。同样，时间是划分不同阶段的重要依据。若变黄阶段时间太长，不利于烟叶变褐，或者说变褐效果较慢；若变黄阶段时间太短，烟叶内含物转化不充分，除了颜色不均匀外，内在品质也会较差。因此，控制好凋萎期时间，也是雪茄烟叶外观和内在质量研究需要深入的课题。

4. 目标要求

烟叶变软，达到凋萎塌架的状态（图4-44）。

图4-44　凋萎期正常（左）和非正常（右）变化的雪茄烟叶

5. 操作要点

昼开夜关门窗，湿度大于90%时，通风排湿，使烟叶稳步失水塌架。此时期要缓慢升温和缓慢降湿，使晾房内的温度由25℃以上缓慢升至指定温度，湿度由90%缓慢降至80%左右。若装烟后晾房内起始温度低于25℃，使用加热设备，在24h内升至25℃，自然挂晾1～3天，根据温湿度适当通风换气，然后保持缓慢升温降湿的原则晾制。

（三）变黄期

1. 温度

变黄期适宜的温度范围为28～30℃。变黄期温度要稍微比凋萎期高一些，因为烟叶完全变黄后，需要均匀地将温度提高，其目的一是有利于烟叶变褐，二是改变晾房环境温度，减少霉变现象发生，三是改善烟叶品质。

2. 湿度

变黄期适宜的湿度是85%左右。这个时期，湿度最为重要，甚至重于温度。通过晾制实践发现，若考虑保温还是保湿，则建议保湿，这是因为适宜的湿度和温度能够加速烟叶内棕色化反应，继续保持烟叶组织细胞的生命力，增强酶类活性，从而促进淀粉、蛋白质和叶绿素充分转化分解。

3. 时间

变黄期适宜的时间是 5~10 天。变黄期相对于其他时期时间要长，这是由于蛋白质的分解主要通过呼吸作用完成（同时伴随有碳水化合物的分解及糖类物质的水解），蛋白质的分解逐渐剧烈，将进一步转化和固定糖类、碳水化合物、含氮化合物和香气前体物质等，因此在稳定湿度的前提下，适当延长变黄期时间，能够改善烟叶品质。

4. 目标要求

烟叶由凋萎状态转变为黄棕色，呈现绿黄棕三色同叶、主支脉变软的状态（图 4-45）。

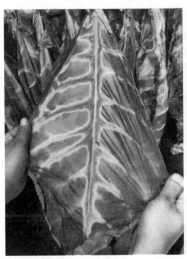

图 4-45 变黄期正常（左）和非正常（右）变化的雪茄烟叶

5. 操作要点

此时烟叶受水分蒸发的影响非常大。湿度大时加强通风，湿度小时关闭门窗或洒水增湿。当蒸发较慢时，褐色会变深；当蒸发较快时，褐色会变浅，有时甚至会变黄。应保持晾房内空气湿度缓慢下降，使烟叶颜色充分变化，转变成棕色，甚至是棕褐色，操作中注意控制温湿度不宜波动太大。

（四）变褐期

1. 温度

变褐期适宜的温度范围为 30~32℃。这个时期，烟叶内部的生理化学变化已基本完成，需要升高温度，尽量不要掉温，使叶内水分通过蒸发排出，以减弱并停止烟叶的生命活动，使叶片组织细胞逐渐死亡，将褐色和内在化学成分等固定下来，为实现这一目的，需要较高的温度和较低的湿度，就是在升高温度的同时排出叶中水分，尽可能让升温速度与排湿速度同步，从而达到叶片干燥的状态。

原生质被破坏后，氧气进入细胞增多，这时如果失水不够，多酚类物质在多酚氧化酶的作用下氧化为醌类物质，再进一步转化聚集生成大分子深色物质，烟叶就由黄色变为棕色、黑色。

2. 湿度

变褐期适宜的湿度是 80% 左右。控制湿度的目的：一是逐步抑制淀粉酶活性，二是加速烟叶水分散失。淀粉酶活性在变褐期迅速升高并达到一个高峰，湿度低于 75% 时淀粉酶活性开始降低，低于 70% 后淀粉降解量很小。因此，在淀粉酶活性较高的时期，保持较高的湿度并持续足够的时间对淀粉降解有着决定性作用。

3. 时间

变褐期适宜的时间是 10~15 天。通过试验研究发现，适当延长变褐期时间，除对苯甲醇、苯乙醛、丙酮、环戊烯-1,4-二酮等影响较小外，绝大多数香气物质含量呈增加趋势，晾制后烟叶香气物质总量显著增加。

4. 目标要求

烟叶完全变成棕褐色，达到颜色固定、叶片干燥的状态（图 4-46）。

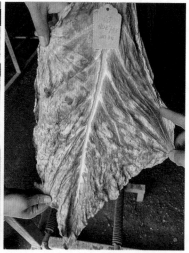

图 4-46　变褐期正常（左）和非正常（右）变化的雪茄烟叶

5. 操作要点

每天通过辅助加热设备使温度更缓慢上升、湿度更缓慢下降，湿度大时加强通风排湿，湿度小时关闭门窗或洒水增湿。此阶段是烟叶霉变的高发时期，须加强通风排湿、调整竿距、吹抖烟叶等操作措施，确保叶色变褐、叶面无霉和叶片干燥。温度维持在 80% 左右，使叶片干燥。

（五）干筋期

1. 温度

茄衣干筋期适宜的温度范围为 30～32℃，茄芯为 32～34℃。此时期，烟叶内水分已大部分排出，叶片基本干燥，细胞的生命活动基本停止，只是主脉太粗且还有部分水分，外皮组织紧密。因此，逐步升温降湿，在较高的温度和相对较低的湿度下使主支脉水分蒸发排出，达到干燥即可。

尽可能地保持升温速度稳定，温度和湿度适中可有效减少香气物质的分解转化及挥发，保持烟叶香气量充足。

2. 湿度

茄衣干筋期适宜的湿度范围是 60%～70%，茄芯为 50%～70%。此阶段，控制湿度最好的方法就是开窗通风，加大通风力度，可有效加速烟叶干燥，但降湿速度要均匀，降湿过快或过慢都会影响烟叶的风味。

3. 时间

干筋期适宜的时间是 7～10 天。此时期切忌快速升温和降温，因为温度突然下降会造成主脉中正在汽化排出的水分渗入主脉两边叶片内呈现黑褐色线纹，成为走筋烟，降温严重会使叶片的褐色面积扩大而成为褐片烟。而急速升温将使干烟的油分减少，光泽变暗，成为级外烟。当然，若烟叶主脉还未干透，必须延长干筋期时间，切忌未干就结束晾制，这是后期发酵中烟叶发生霉变的重要原因。

4. 目标要求

烟叶棕褐色固定，主脉干燥，达到颜色固定、支脉干燥的状态（图 4-47）。

5. 操作要点

关键是保持晾房内温度持续上升，湿度持续下降，完成干筋，防止长时间通风造成烟叶颜色变浅。夜间不能降温过大（避免烟叶主脉水分向下或支脉回浸）。

稳定温度晾制到将一片烟叶对折起来能听到清脆的爆裂声，说明烟叶烟筋已干，完成晾制。

图 4-47　干筋期正常（左）和非正常（右）变化的雪茄烟叶

　　晾制期间的温度、湿度和通风三个因素对雪茄烟叶的品质起着决定性作用。必须控制晾制速度，不要干燥太快，避免叶片留有绿色或颜色不均匀；也不要延长干筋期，以免烟叶颜色太深，结构太疏松。控制晾制温度，太高有损烟叶质量，尤其是底部烟叶易于变黑，太低容易产生霉变、病斑。保持适度通风，通过调整装烟稀密度、门窗开关，甚至强制排风等措施进行调控，但是在干筋期，通常夜间要关闭通风设备、持续加热，禁止出现掉温现象。

　　晾制总时间如下，阴植的茄衣烟叶：脚叶（Mañanita）2 片 35 天；下部叶（Libre de Pie）2 片、中部叶（Uno y Medio）2 片和上部中心叶（Centro Ligero）4 片 45 天；上部中心薄叶（Centro Fino）4 片 50 天；上部中心厚叶（Centro Gordo）2 片 55 天；顶叶（Corona）2 片 60 天。阳植的茄芯烟叶：顶叶（Medio Tiempo）2 片 60 天；上部叶（Ligero）6 片 55 天；中部叶（Seco）4 片 50 天；下部叶（Volado）4 片 45 天。

三、下竿扎把

　　雪茄烟叶完成晾制后，需进行下竿扎把。在下竿过程中，需要特别注意的是茄衣烟叶的机械损失，烟叶的含水量，做细分级工作，分颜色进行扎把，最后进行发酵工作。

（一）下竿

烟叶上竿晾制 35～60 天后，晾制基本结束。叶片主脉完全失水干燥后，对烟叶进行回潮，可采用自然回潮和人工加湿回潮，空气湿度较小的产区可通过超声波雾化加湿进行回潮，前提是雾化加湿要均匀。控制烟叶含水量为 20%±2%，如果没有烟叶水分测定仪器，则按传统方法判断，即一只手捏住烟叶的叶柄端，另一只手按压叶片的尖端，当松开手时，如果叶子回到原来的位置，且未有叶片碎裂或是粘连（图 4-48），表示烟叶含水量比较合适，可以进行下竿操作，下竿时抽掉穿编烟的棉线后进行分拣分级。

图 4-48　下竿烟叶含水量判定

下竿前需检查雪茄烟叶主脉是否完全干燥，含水量为 18%～22% 适宜下竿；下竿通常在清晨湿度较大的时间段进行，尽量在雨季前完成；湿度过大时，应停止下竿工作，关好晾房门窗避免湿气入侵；下竿时注意保护烟叶，避免其发生机械损伤或混入非烟物质；按烟叶类型和烟叶部位进行下竿，避免混杂。

雪茄烟叶是否干燥的判断方法：首先检查晾房内最后入炉批次的烟叶，然后检查烟竿中间部分的烟叶；最后用手捏烟叶基部主脉，能轻易折断即认为整片烟叶干燥，反之则未干燥。

（二）扎把

将烟叶分采收次数按质量进行分拣扎把。具体操作是：简单去除劣质烟叶，每把 25 片烟，距叶基部 3cm 扎把；为了方便后期雪茄烟叶的发酵、分拣等操作，不同部位的烟叶可用不同颜色的棉线扎把以便区分。

茄衣烟叶：第 1～3 叶位用白色棉线，第 4～12 叶位用红色棉线，第 13～18 叶位用黄色棉线（图 4-49）。

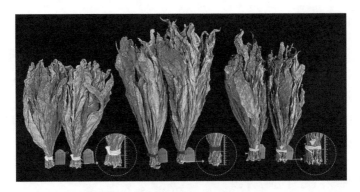

图 4-49　茄衣原烟下竿分拣扎把

茄芯烟叶：第 1～2 叶位用白色棉线，第 3～6 叶位用蓝色棉线，第 7～12 叶位用红色棉线，第 13～16 叶位用黄色棉线（图 4-50）。

图 4-50　茄芯原烟下竿分拣扎把

第五章　雪茄烟叶发酵技术

雪茄烟叶晾制后仍为生烟，青杂色明显、韧性差、易破碎，评吸后存在香味不足、杂气重、刺激性大、烟气粗糙及辛辣、苦涩等缺陷，必须进行一定时间的发酵，使其品质和加工性能得到显著改善。发酵是雪茄烟叶原料晾制后进行进一步新陈代谢的过程，包括物质转化、降解、挥发等多种过程。雪茄烟叶发酵主要分为自然发酵和人工发酵两类。发酵成功的雪茄烟叶，外观质量、内在质量和物理特性均得到不同程度的改善，组织变得更加细致，表面的生青色有不同程度消减，表现出更加成熟的特征。内在成分变化主要体现为含碳和含氮大分子物质显著减少，香气小分子物质增加，化学成分更加协调。感官质量变化主要是生青气、腥气和杂气等消除，特征香气显著显露出来，刺激性、苦涩味与劲头都相应减轻，吃味变得醇和柔顺，余味更加舒适。物理特性变化主要包括吸湿性、弹性、燃烧性得到改善。

第一节　发　酵　原　理

发酵是通过微生物的生长繁殖和代谢活动产生与积累人们所需产品的生物反应过程。雪茄烟叶发酵是其风格形成和彰显的必要工艺环节，发酵使其品质和加工性能得到显著改善，从而符合工业卷制雪茄的要求。雪茄烟叶发酵是在人为控制环境温湿度的条件下，在酶、微生物等因子的共同作用下，使烟叶发生物质转化，改进其吸食品质和加工性能，使之符合工厂加工需要的过程。

一、烟叶发酵概述

（一）发酵概述

发酵（fermentation）最初来自拉丁语"发泡（*fervere*）"这个词，是指酵母作用于果汁或发芽谷物产生二氧化碳的现象。巴斯德研究了乙醇发酵的生理意义，认为发酵是酵母在无氧条件下呼吸的过程，是生物获得能量的一种形式。

传统的发酵概念是指在厌氧条件下，糖在酵母菌等生物的作用下分解代谢，从而为菌体提供能量，并得到产物乙醇和二氧化碳的过程。然而，发酵对于不同的对象具有不同的意义。对于生物化学家，发酵的定义是指微生物在无氧条件下分解代谢有机物并释放能量的过程。现代发酵的概念是指生物学家利用微生物在有氧或无氧条件下的生命活动来制备微生物菌体或其代谢物过程的统称。而对于发酵工程，发酵是指采用现代工程技术手段，利用天然生物体或人工改造的生物体对原料进行加工，为人类生产有用的产品，或直接把生物体应用于工业生产的过程。

（二）雪茄烟叶发酵

烟草发酵属于固态发酵，与微生物的液态发酵是两个不同的概念。烟叶陈化是指在一定的温度和湿度条件下，改变烟叶理化特性和显著改善烟叶香气和风味的过程。经过多年的科学实验和生产实践，创造了加速烟叶陈化的各种方法，并把这些方法统称为烟叶发酵，发酵是加速的陈化，陈化是缓慢的发酵（Dixon *et al.*，1936；金敖熙，1982）。因此，烟叶发酵是人为干预下的加速陈化进程，可缩短陈化时间。

根据发酵条件和方法的不同，烟叶发酵可分为自然发酵和人工发酵。自然发酵是在库房室温条件下将烟叶贮存一段时间，在自然条件下陈化烟叶，从而使其更符合吸食要求。人工发酵是在温度和湿度相对可控的发酵室内，加速陈化烟叶，从而使其更符合吸食要求。烟叶发酵、烟叶陈化和烟叶醇化均为侧重于不同内容的烟草发酵概念。陈化主要侧重于自然发酵；发酵主要侧重于人工发酵；醇化侧重人工发酵和自然发酵的效果。多数情况下醇化等同于陈化。

目前，国内雪茄烟叶多采用人工发酵方式进行加工处理，根据发酵执行主体的不同，又将雪茄烟叶发酵分为农业发酵和工业发酵。农业发酵是指将晾制后的烟叶自然回潮或人工加湿回潮，随后进行堆积发酵，通过一定数量堆积产生的热量促进烟叶发酵，使其达到较适合加工状态的过程，是一个初步发酵过程。工业发酵是指在农业发酵的基础上，再次进行发酵处理，以提高烟叶成熟度和醇和度，进一步减少杂气和刺激性，使其品质达到工业生产要求。

晾制后的烟叶虽经过初步的化学变化，为形成令人满意的工业可用的烟叶打下基础，但其并非决定性步骤。未经过进一步发酵处理的烟叶，即使经过精心晾制，仍会在燃烧时产生刺激性和苦味，缺乏预期的香气。因此，雪茄烟原叶通常需要再经历一至多次发酵或醇化过程，以去除不良风味成分，优化吸食品质，从而使烟叶在燃烧时散发出宜人的芳香气味，且不含刺激性成分。

发酵是加工过程中改善烟草品质的一个重要环节，而发酵技术是雪茄烟叶生产的核心技术。与传统烤烟的调制方法不同，典型的雪茄烟叶原料是晾制而成的。在自然晾制过程中，经过漫长的饥饿代谢及内部化学物质的转化，雪茄烟叶变为棕至深棕色，感官上具有一定的雪茄烟香气。晾制结束后，雪茄烟叶的基础物质被固定下来，此时称为原烟。由于晾制过程中环境条件较温和，雪茄原烟不同程度地存在刺激性较大、生青杂气较重、香气质单调、香气量不足及烟气生硬粗糙、不柔和的缺点，品质不能达到工业加工使用要求（Frankenburg, 1946）。因此，雪茄烟叶发酵的核心是原烟所含的基础物质发生一系列化学反应或进一步转化，从本质上讲，发酵是晾制过程产生物质转化的延续，经过发酵的雪茄烟叶内含物更趋于协调，总氮、还原糖、蛋白质、烟碱、淀粉、多酚、总氨基酸和类胡萝卜素等物质含量均出现不同幅度的下降，各种化学成分更加协调，可用性更强，品质缺陷明显改善，吸食品质及工业可用性显著提高。

二、烟叶发酵机理

烟叶发酵的本质是在人为控制环境温湿度的条件下，使烟叶在酶、微生物等因子的共同作用下发生物质转化的过程。反应机理主要有 3 种理论，即化学作用、酶促作用和微生物作用。目前，关于雪茄烟叶发酵过程中物质变化、微生物群落结构变化、酶活性变化的研究很多，但由于样品、环境不同及研究手段存在差异，对于发酵机理仍不清晰。微生物在雪茄烟叶发酵过程中扮演的角色及其发挥重要作用的机理，仍是发酵机理研究的重点和难点。

（一）化学作用

化学作用主要包括氧化还原反应和美拉德反应（非酶棕色化反应）。氧化还原反应是指在自然条件下，烟叶所含的有机物质在无机元素（Fe、Mg）的催化下，与空气中的氧气发生氧化作用，导致化学物质发生变化的过程。美拉德反应是指含游离氨基的化合物、还原糖或羰基化合物在常温或加热时发生的褐变反应（韩富根，2010）。发酵过程中发生的主要代谢反应有以下几种。

1. 蛋白质降解转化

雪茄烟叶发酵过程中，蛋白质经微生物降解为氨基酸和其他含氮化合物，主要发生酰胺与易分解氨氮化合物的脱氨反应，氨氮化合物脱去氨基，形成有机酸和 NH_3，还有部分氨基酸脱去羧基形成胺类化合物和 CO_2，引起烟堆发热升温，随着有机酸和小分子胺类物质的积累与转化，烟叶逐渐达到理想的发酵效果。

2. 烟碱降解转化

生物碱是雪茄烟叶中一类核心化学成分，其组成和含量直接影响烟气浓度和强度、满足感、香吃味等感官质量。烟叶内含的游离烟碱由结合态烟碱产生，常产生较强的刺激性和不良吃味，发酵过程中游离烟碱逐步降解为中性成分烟酸和其他类似物，从而消除强烈的刺激性和不良的残留余味。

3. 纤维素和果胶质降解转化

果胶质和纤维素是产生烟气尖刺感的重要成分，发酵过程中微生物菌群能破坏烟叶细胞壁，将纤维素、果胶质降解为单糖和寡糖，并生成多种有机酸、维生素、生物酶及其他小分子化合物，其中果胶质缓慢降解为果胶酸和其他成分，烟气尖刺感逐渐减弱。

4. 美拉德反应

还原糖和氨基酸在一定条件下发生分子重排而形成类黑素（Maillard, 1912），即美拉德反应。烟草含丰富的还原糖和氨基酸，其通过陈化可形成 56 种杂环化合物，统称烟草类黑素，此类成分可使烟草表现出成熟醇和的香气。在自然条件下，美拉德反应是一个缓慢的分子重排过程，是烟叶还原糖和氨基酸含量下降的原因之一，可使烟叶颜色加深。通过人工添加美拉德反应产物，可提升雪茄烟叶的感官质量，将谷氨酸与果糖组成的美拉德反应液喷洒到雪茄烟叶原料上后进行卷制，可降低烟气的刺激性、杂气，烟气更加醇和细腻，更能彰显雪茄烟风格特征（李林林等，2019）。发酵产生的香气物质、类黑素是糖类与氨基酸、多肽和蛋白质通过美拉德反应生成的产物，其中有些化合物具有令人愉快的香气和吸味，均可明显改善烟叶的品质缺陷和提高其工业可用性。

5. 萜烯类化合物转化合成

萜烯类化合物是一类重要的次生代谢物，广泛存在于各种生物体中，烟草中萜烯类化合物主要起致香作用，能显著增强烟香，改善吸味，调和烟气，并减少刺激感。萜类化合物的生物合成途径主要由三个阶段组成，第一阶段生成异戊烯基二磷酸酯（IPP）及其双键异构体二甲基烯丙基二磷酸酯（DMAPP）前体；第二阶段生成法尼基焦磷酸（FPP）、牻牛儿基焦磷酸（GPP）及牻牛儿基牻牛儿基二磷酸（GGPP）等直接前体，第三阶段萜类化合物直接前体 GPP、FPP、GGPP在萜类合酶（TPS）的催化下分别形成单萜、倍半萜、二萜化合物的骨架。萜类化合物骨架形成后，经过修饰酶包括脱氢酶、细胞色素 P450 单加氧酶、还原酶、糖基转移酶、酰基转移酶和甲基转移酶等修饰，最后形成结构多样、生物活性丰富的萜类化合物。发酵过程中的生物反应进一步促进萜烯类化合物的积累，从而增强雪茄烟叶的香气特质。

6. 质体色素降解

晾制后的雪茄原烟仍然含有一定量的叶绿素和叶绿素蛋白复合体，致使原烟表现出较重的青杂气特征。发酵会将烟叶残留的叶绿素进一步降解，生成多种吡咯类化合物。质体色素的降解产物为新植二烯、巨豆三烯酮、大马酮、3-羟基大马酮、3-氧化紫罗兰酮、香叶基丙酮、二氢猕猴桃内酯、6-甲基-5-庚烯-2-酮等。非质体色素的降解产物为茄酮、氧化茄酮、糠醛、乙酰基吡咯、4-乙烯基-2-甲氧基苯酚、6-甲基-5-庚烯-2-酮、5-甲基糠醛等。总体而言，发酵过程通过这些物质的转化共同赋予雪茄烟叶独特的香气、顺滑醇和的口感，并提高烟叶的视觉均匀性和美观度。

7. 杂气挥发

发酵过程中，烟草会逐渐形成小分子醛、醇、酸、氨、碱包括游离烟碱等对烟草吸食有明显不良影响的成分，其具有明显的挥发性特征，在发酵过程中逐步挥发。小分子不良成分形成是化学过程，而挥发则是典型的物理过程。

8. 多酚降解

通过人工发酵处理的雪茄烟叶，多酚含量会迅速下降。多酚主要包括芸香苷和绿原酸，是烟叶的一类特征香气成分，过多降解会使香气变淡，适当分解可降低苦涩味。但人工发酵过度，多酚过量降解后会对烟叶品质产生负面影响，应适当控制。

（二）酶促作用

Frankenburg（1950）提出烟叶发酵是酶催化物质转化的过程。烟叶细胞内存在多种酶，是发酵过程中很多化学转化途径的主要催化因子，可促进化学物质转变。发酵过程中，主要是过氧化物酶、过氧化氢酶和氧化酶共同作用，使烟叶内部发生氧化还原反应，改变其理化性质（Jensen and Parmele, 1950; Zelitch and Zucker, 1958）。研究表明，通过向烟叶喷施 α-淀粉酶、糖化酶、过氧化氢酶等，可有效降低淀粉含量，促进其分解为水溶性糖，并促进烟叶发酵，从而使烟叶化学成分更协调，刺激性降低，品质得到改善；将中性和碱性蛋白酶组合制剂添加至茄芯烟叶，并根据最佳发酵参数进行人工发酵，处理后烟叶化学品质趋于协调（寇明钰等, 2012），降解和提质效果明显（表5-1）。

表 5-1　烟叶发酵过程中的主要酶类及其功能

种类	功能
果胶酶	降解果胶质为果胶酸、甲醇和醛酸；改善烟叶物理特性，如弹性、拉力和吸湿率等
多酚氧化酶	降解芸香苷、绿原酸等多酚类物质，产生深色香气物质；降低苦涩味
脂氧合酶	降解色素、脂类及酮类等物质转化为吡咯类化合物；减少生青气、腥气和杂气，提高香气，增加叶色均匀度
脱氢酶类	分解氨氮化合物，形成挥发性小分子醛、醇、酸、氨、游离烟碱；降低烟碱含量和刺激性，增加中性有机酸成分，提高特征香气，使吃味趋于醇和协调
蛋白酶和肽酶	降解部分蛋白质为氨基酸
淀粉酶	分解淀粉转化为糊精和麦芽糖
麦芽糖酶	分解淀粉产生麦芽糖，并进一步分解为葡萄糖
蔗糖酶	分解蔗糖转化为葡萄糖和果糖

　　酶可以在一定条件下高效、特异地催化化学反应，从而改变雪茄烟叶的外观形态和内在品质。通过对茄衣烟叶不同发酵阶段（4 天、10 天、16 天和 36 天）的谷氨酸脱氢酶、多酚氧化酶、过氧化物酶、纤维素酶、木质素过氧化物酶、果胶酶、蔗糖酶、淀粉酶、碱性蛋白酶、硝酸还原酶、谷氨酰胺合成酶和苯丙氨酸解氨酶活性进行检测和分析，发现这 12 种酶的活性在发酵过程中均发生了变化。

　　苯丙氨酸解氨酶是多酚类物质发生积累的关键酶，而多酚氧化酶和过氧化物酶是多酚类物质发生酶促褐变形成黑褐色沉淀的关键酶，所以苯丙氨酸解氨酶、多酚氧化酶和过氧化物酶等酶促褐变相关酶对烟叶颜色的改变具有重要作用。苯丙氨酸解氨酶在整个发酵期活性一直较强，说明此阶段芳香成分持续积累，是发酵后雪茄烟叶香气浓郁的原因之一。多酚氧化酶和过氧化物酶控制着多酚类物质的分解，通过使多酚类物质发生棕色化反应来改善烟叶外观和质量，但氧化和酶促褐变过度会使烟叶颜色变黑。

　　纤维素和果胶是植物细胞壁的主要成分，木质素可使细胞壁的硬度增加，植物组织机械力增大，对维持烟叶的平整度和完整度至关重要。纤维素酶通过水解作用把纤维素转化为葡萄糖等糖类物质，促进糖类物质进一步积累。我们对纤维素酶、果胶酶和木质素过氧化物酶活性进行检测，发现其活性在整个调制过程中相对果胶酶更稳定，在发酵阶段维持在较高水平。三种酶在整个发酵过程中活性均较高，说明烟叶的纤维素、果胶和木质素类物质在发酵期间不断降解。

　　蔗糖酶和淀粉酶是碳水化合物相关酶，在糖类物质的积累中起着重要作用。烟草的含糖量主要取决于调制过程中酶的活性，当碳代谢酶活性较高时，多糖降解导致单糖增加，淀粉过多会使烟叶抽吸时产生焦糊味，淀粉和烟碱含量过高会导致烟气粗糙并伴有刺激性。淀粉酶可以将淀粉分解为小分子糖类物质，不但可以改善燃烧性，还能降低苦涩刺激的口感。谷氨酸脱氢酶在发酵过程中持续保持较高活性，能催化谷氨酸脱氢并促进某些氨基酸脱氨，进一步优化烟叶的吸食品质（表 5-2）。

表 5-2　发酵阶段不同时间酶的比活力（U/g）

酶种类	发酵阶段不同时间			
	4 天	10 天	16 天	36 天
谷氨酸脱氢酶	3 757.46±927.88	5 186.71±2 069.31	3 786.16±1 283.15	2 286.52±191.00
多酚氧化酶	118.90±40.67	270.96±7.11	203.79±106.48	191.90±128.65
纤维素酶	79.60±11.13	77.99±4.16	128.41±21.54	74.29±3.68
木质素过氧化物酶	474.15±168.04	132.20±7.33	435.59±69.38	582.82±148.60
果胶酶	90.96±1.98	85.17±2.61	100.08±5.81	89.42±4.16
蔗糖酶	10.29±0.90	17.44±2.05	14.04±1.27	4.38±0.85
淀粉酶	38.01±8.21	28.46±1.02	32.49±1.27	29.43±1.68
碱性蛋白酶	0.084±0.067	0.070±0.023	0.104±0.025	0.226±0.055
硝酸还原酶	0.47±0.06	0.57±0.09	0.37±0.04	0.48±0.09
谷氨酰胺合成酶	98.95±24.19	389.65±185.13	197.70±37.84	401.75±57.19
过氧化物酶	36 806.77±16 202.30	32 500.59±18 022.60	33 427.10±14 580.60	4 454.90±1 112.00
苯丙氨酸解氨酶	636.26±14.11	590.77±18.08	487.09±41.47	687.40±3.19

（三）微生物作用

随着科学理论研究的深入和微生物测序技术的发展，针对烟叶发酵过程中微生物变化规律及作用的研究逐渐增加。国内外关于雪茄烟叶的叶面微生物群落结构已有多项报道，不同产地的雪茄烟叶表面微生物种类不同，随着发酵进行可培养的微生物数量逐渐降低（张倩颖等，2020）。主要的微生物种类包括芽孢杆菌属（*Bacillus*）、葡萄球菌属（*Staphylococcus*）、棒状杆菌属（*Corynebacterium*）、乳杆菌属（*Lactobacillus*）、假单胞菌属（*Pseudomonas*）、青霉属（*Penicillium*）、曲霉属（*Aspergillus*）、根霉属（*Rhizopus*）和毛霉属（*Mucor*）的真菌、细菌。在不同发酵时期，雪茄茄衣烟叶表面发生着细菌群落的演替。已有研究在雪茄烟叶发酵过程中通过添加酵母来增加发酵前期细菌数量，但不能明确其对烟叶化学质量的影响（Reid *et al*., 1944）。English 等（1967）从发酵的雪茄烟叶中分离到多种嗜热型芽孢杆菌属细菌，并将其中 3 株枯草芽孢杆菌（*B. subtilis*）和 1 株环状芽孢杆菌（*B. circulans*）接种至宾夕法尼亚的茄芯烟叶上进行发酵，感官评吸结果表明 4 株菌单独或混合接种，均能使雪茄烟叶产生一种令人愉悦的香气。李宁等（2012）研究表明，在雪茄烟叶堆积发酵过程中添加蜡样芽孢杆菌（*Bacillus cereus*）可明显减少含氮化合物，改善烟气劲头、刺激性，减轻杂气和增加香气。姚芳（2017）从海南茄衣烟叶表面分离鉴定出 4 种菌株，包括曲霉属、冠突散囊菌（*Eurotium cristatum*）、黄曲霉（*Aspergillus flavus*）、塔宾曲霉（*Aspergillus tubingensis*），并接种至烟叶进行发酵处理，结果表明微生物对烟叶的化学成分影响较大。微生物在缩短发酵周期、改善品质、降低有害物质和提高安全性等方面发挥重要作用。例如，芽孢杆菌属、杆菌属和微球菌属的功能微生物在繁殖代谢过程中会产生烟碱、蛋白质、果胶和淀粉等降解相关酶系，从而促进大分子物质降解，增加烟叶中小分子香气物质的生成。关于微生物在雪茄烟叶发酵过程中的作用及应用研究总体较少，目前的研究主要针对雪茄烟叶表面微生物的种类鉴定，但关于优势菌属在发酵过程中的作用机理及相关应用还存在很多空白。

我们分析了云南普洱（PE）、临沧（LC）和德宏（DH）产区雪茄烟叶在不同发酵阶段的微生物演替规律，并基于丰度和占有率分析确定了最重要的核心微生物类群。对于细菌群落，3 个产区雪茄烟叶发酵过程中共有的 OTUs 总计 111 个，PE、LC 和 DH 分别有 4152 个、743 个和 89 个特有 OTUs。对于真菌群落，3 个产区雪茄烟叶共有 111 个 OTUs，PE、LC 和 DH 分别有 337 个、454 个和 149 个特有 OTUs。多样性分析结果表明，随着发酵时间延长，细菌 α-多样性（Shannon 指数）呈现先增后减的趋势，而真菌 α-多样性逐渐增加。真菌和细菌的 β-多样性在各阶段均存在显著差异，而产地对 β-多样性的影响较小，细菌和真菌微生物群落结构在发酵前与发酵后存在显著的时间序列变化。

不同产区核心微生物群落的数量存在显著差异，这些核心微生物在不同发酵时期的相对丰度和占有率也呈现出较大差异。主要细菌有葡萄球菌属、假单胞菌属、鞘氨醇单胞菌属、芽孢杆菌属、马赛菌属等（表 5-3）；主要真菌有曲霉属、枝孢属、链格孢属、青霉属、镰刀菌属（表 5-4）。在这些核心微生物中，细菌种类明显比真菌种类多。

表 5-3　不同发酵阶段的核心细菌类群（前 18）

属	F0	F1	F2	F3	F4	F5
假单胞菌属 *Pseudomonas*	9.58% （100.00%）	10.43% （100.00%）	10.94% （100.00%）	4.80% （100.00%）	9.59% （100.00%）	65.24% （100.00%）
葡萄球菌属 *Staphylococcus*	1.00% （100.00%）	1.07% （100.00%）	0.93% （100.00%）	8.37% （100.00%）	62.76% （100.00%）	25.77% （100.00%）

续表

属	F0	F1	F2	F3	F4	F5
鞘氨醇单胞菌属 *Sphingomonas*	1.10% (100.00%)	1.81% (100.00%)	2.27% (100.00%)	1.81% (100.00%)	0.28% (100.00%)	0.22% (100.00%)
寡养单胞菌属 *Stenotrophomonas*	0.18% (100.00%)	0.22% (100.00%)	0.34% (100.00%)	0.12% (100.00%)	0.21% (100.00%)	0.17% (100.00%)
芽孢杆菌属 *Bacillus*	0.66% (100.00%)	0.58% (100.00%)	0.66% (100.00%)	1.92% (100.00%)	<0.01% (66.67%)	<0.01% (66.67%)
微小杆菌属 *Exiguobacterium*	0.17% (100.00%)	0.04% (66.67%)	1.20% (100.00%)	1.79% (100.00%)	0.00% (0.00%)	0.00% (0.00%)
微枝形杆菌属 *Microvirga*	0.25% (100.00%)	0.51% (100.00%)	1.15% (100.00%)	1.17% (100.00%)	0.00% (0.00%)	0.00% (0.00%)
斯克尔曼氏菌属 *Skermanella*	0.24% (100.00%)	0.65% (100.00%)	1.01% (100.00%)	0.94% (100.00%)	0.00% (0.00%)	0.00% (0.00%)
马赛菌属 *Massilia*	0.32% (100.00%)	0.36% (100.00%)	0.90% (100.00%)	1.11% (100.00%)	0.01% (100.00%)	0.02% (100.00%)
链霉菌属 *Streptomyces*	0.11% (100.00%)	0.25% (100.00%)	0.84% (100.00%)	1.38% (100.00%)	0.00% (0.00%)	<0.01% (33.33%)
不动杆菌属 *Acinetobacter*	0.59% (100.00%)	0.28% (100.00%)	0.15% (100.00%)	0.93% (100.00%)	0.04% (100.00%)	0.03% (100.00%)
甲基杆菌属 *Methylorubrum*	0.28% (100.00%)	0.50% (100.00%)	0.66% (100.00%)	0.48% (100.00%)	0.04% (100.00%)	0.06% (100.00%)
戴沃斯菌属 *Devosia*	0.24% (100.00%)	0.36% (100.00%)	0.71% (100.00%)	0.59% (100.00%)	0.00% (0.00%)	0.00% (0.00%)
Aureimonas	0.39% (100.00%)	0.49% (100.00%)	0.58% (100.00%)	0.19% (100.00%)	0.12% (100.00%)	0.07% (66.67%)
类诺卡氏菌属 *Nocardioides*	0.12% (100.00%)	0.20% (100.00%)	0.57% (100.00%)	1.00% (100.00%)	0.00% (0.00%)	<0.01% (33.33%)
谷氨酸杆菌属 *Glutamicibacter*	0.24% (100.00%)	0.21% (100.00%)	0.08% (100.00%)	1.23% (100.00%)	<0.01% (33.33%)	0.00% (0.00%)
根瘤菌属 *Rhizobium*	0.28% (100.00%)	0.24% (100.00%)	0.39% (100.00%)	0.57% (100.00%)	0.01% (66.67%)	<0.01% (100.00%)
糖霉菌属 *Glycomyces*	0.01% (100.00%)	0.13% (100.00%)	0.44% (100.00%)	0.94% (100.00%)	0.00% (0.00%)	0.00% (0.00%)

注：表中数据表示每种微生物的相对丰度（占比）；F0 表示发酵前，F1、F2、F3、F4、F5 分别表示堆积发酵后第一、二、三、四和五次翻垛，下同

表 5-4　不同发酵阶段的真菌核心类群（前 20）

属	F0	F1	F2	F3	F4	F5
Sampaiozyma	1.61% (100.00%)	2.61% (100.00%)	5.62% (100.00%)	3.40% (100.00%)	5.68% (100.00%)	0.59% (100.00%)
青霉属 *Penicillium*	28.43% (100.00%)	16.65% (100.00%)	17.45% (100.00%)	3.97% (100.00%)	1.00% (66.67%)	0.32% (66.67%)
枝孢属 *Cladosporium*	4.19% (100.00%)	0.88% (100.00%)	0.69% (100.00%)	1.23% (100.00%)	4.33% (100.00%)	0.87% (100.00%)
曲霉属 *Aspergillus*	11.06% (100.00%)	17.39% (100.00%)	11.08% (100.00%)	28.14% (100.00%)	9.09% (100.00%)	5.08% (100.00%)
镰刀菌属 *Fusarium*	0.99% (100.00%)	0.75% (100.00%)	0.98% (100.00%)	1.07% (100.00%)	1.24% (100.00%)	0.11% (100.00%)

属	F0	F1	F2	F3	F4	F5
Plectosphaerella	0.05% （100.00%）	0.12% （100.00%）	0.05% （100.00%）	0.34% （100.00%）	2.78% （66.67%）	0.05% （66.67%）
Trichomonascus	0.06% （100.00%）	0.02% （100.00%）	0.01% （66.67%）	0.03% （100.00%）	0.82% （33.33%）	0.67% （100.00%）
枝顶孢属 *Acremonium*	0.03% （100.00%）	0.52% （100.00%）	0.06% （100.00%）	0.13% （100.00%）	0.64% （66.67%）	<0.01% （33.33%）
尾孢属 *Cercospora*	0.29% （100.00%）	0.12% （100.00%）	0.28% （100.00%）	0.12% （100.00%）	0.18% （33.33%）	<0.01% （33.33%）
Gibellulopsis	0.05% （100.00%）	0.10% （66.67%）	0.03% （100.00%）	0.14% （100.00%）	0.44% （100.00%）	<0.01% （33.33%）
炭疽菌属 *Colletotrichum*	0.02% （100.00%）	0.12% （100.00%）	0.26% （66.67%）	0.06% （100.00%）	<0.01% （33.33%）	0.04% （66.67%）
腐皮壳菌属 *Diaporthe*	0.06% （100.00%）	0.11% （100.00%）	0.13% （100.00%）	0.11% （100.00%）	0.02% （33.33%）	<0.01% （33.33%）
链格孢属 *Alternaria*	0.04% （100.00%）	0.06% （100.00%）	0.06% （100.00%）	0.10% （100.00%）	0.09% （100.00%）	0.05% （100.00%）
帚霉属 *Scopulariopsis*	0.03% （100.00%）	0.10% （100.00%）	<0.01% （33.33%）	0.15% （100.00%）	0.01% （33.33%）	<0.01% （33.33%）
黑团孢属 *Periconia*	0.03% （100.00%）	0.03% （66.67%）	0.02% （66.67%）	0.07% （100.00%）	0.06% （66.67%）	<0.01% （33.33%）
Wallemia	0.06% （100.00%）	0.02% （33.33%）	0.04% （100.00%）	0.08% （100.00%）	0.01% （33.33%）	0.00% （0.00%）
Pallidocercospora	0.01% （66.67%）	<0.01% （66.67%）	0.14% （66.67%）	0.00% （0.00%）	0.00% （0.00%）	0.00% （0.00%）
茎点霉属 *Phoma*	0.01% （66.67%）	0.07% （100.00%）	0.02% （66.67%）	0.03% （66.67%）	0.00% （0.00%）	0.00% （0.00%）
假尾孢属 *Pseudocercospora*	0.00% （0.00%）	<0.01% （33.33%）	0.13% （33.33%）	<0.01% （33.33%）	0.00% （0.00%）	<0.01% （33.33%）
假丝酵母属 *Candida*	0.00% （0.00%）	<0.01% （33.33%）	0.12% （66.67%）	0.00% （0.00%）	<0.01% （33.33%）	0.00% （0.00%）

三、发酵过程中烟叶变化

雪茄烟叶发酵过程的主要特征是初始含水量较高的一个烟叶发酵单位（捆、散装、箱、垛）内产生大量的热量和挥发性气体，是一个持续进行的过程并伴有质量的变化。烟叶经过适当发酵后，感官质量大大改善，与发酵过程中组织内发生的多种化学变化密切相关。烟叶质量变化与发酵过程同步发展，以一种特有的方式变化，发酵后的烟叶表现出各种成熟特征。有经验的烟叶发酵专家可从气味、颜色、质地、燃烧性和感官等方面判断出发酵程度。

烟叶发酵过程中不仅气味、颜色和质地等定性指标发生变化，而且糖、氮和烟碱等一些可以用定量方法测量的指标也发生变化。然而，用数字来描述这些效应未必有助于更好地理解发酵过程。相反，这些整体效应，如干重损失、热量产生、氧气吸收以及二氧化碳、氨和其他气体释放、pH 变化、吸湿性和阴燃持火能力等都是一般性效应，因此，如无其他独立数据支持，对烟叶中特定化学或物理转化的解释只能保留定性描述。但从实用角度看，定量指标能更直观地反映发酵强度和速度，且允许必要时的数值对比，比单纯的定性变化更具优势。

（一）干物质损耗

在发酵过程中，烟叶内在化学成分发生明显变化，主要表现为氧气的吸收和二氧化碳、水、氨、挥发性小分子物质的排出，最终导致干物质减少。一般而言，烤烟经过醇化后，干物质减少约 2%；晾晒烟干物质损耗较大，一般在 3%～4%，有些晾晒烟在采用特殊方法进行人工发酵后干物质损耗更大，最高可达 18% 左右（Frankenburg, 1950）。

烟叶的亲水性胶体物质在发酵过程中会进一步分解，从而使那些原来与胶体物质结合在一起的水分游离出来，导致烟叶表现出"回潮"现象。发酵过程中出现的这种特异现象，在成熟度差的烟叶上表现尤为突出。当然，造成烟叶发生"回潮"现象的水分，除了来自发酵过程中烟叶内某些物质的结合水被释放排出外，还可能由氧化反应产生，可能是脱氢作用产生的氢与氧结合的产物。显然，这种现象的强烈程度与烟叶晾制加工的深度有关。换言之，如果烟叶在晾制时化学变化比较小，那在发酵过程中从结合状态释放出来的水分就多，发酵时发生"回潮"现象就比较明显，烟叶内部发热就高，发酵时干物质损耗就大。

烟叶发酵过程中的干物质损耗还包括有机物挥发，主要是游离烟碱氧化，果胶质解体产生的甲醇排出，条件适宜情况下的氨类物质排出，还有一些芳香油类和有机酸类物质排出。

不同类型的烟草在发酵过程中干重损失并不相同。一般来说，发酵强度越大，烟叶的物质损失就越多。多达 18% 的物质可以消失在烟叶高强度的发酵过程中。然而，认为这些物质损失是衡量烟叶对处理的反应程度的绝对可靠指标是错误的。雪茄烟叶的成功发酵通常伴随重量的下降，但不能作为发酵良好的评价标准。

烟叶等级不同，发酵时干物质的变化不同，等级越低的烟叶，发酵后干物质损耗越大。烟叶水分对干物质的变化也有很大影响，含水量越高，发酵后干物质损耗越大。烟堆规格越大，干物质损耗越多。发酵温度与干物质损耗量呈正相关。雪茄烟叶在发酵过程中的干物质损耗比烤烟多，其原因主要是：一方面雪茄烟叶具有较高的初始含水量；另一方面调制过程中雪茄烟叶的胶体物质未充分破坏，晾制后烟叶仍具有较强的持水力。此外，成熟度越差的烟叶，发酵时干物质损失越大。需要说明的是，烟叶发酵虽然造成干物质损耗，重量有所下降，但明显改善了烟叶的内在和外观品质，故这种干物质损耗是一种正常的工艺损耗。烟叶发酵过程中，由干物质损耗造成的重量下降，只能反映发酵的猛烈程度，并不能说明发酵方法的好坏，也就是说，发酵造成的重量损失多少并不表明发酵成功与否。在某种情况下，烟叶发酵时有相当多的物质减少，但并未获得发酵的成功。相反，烤烟借助陈化改善了品质，但干物质损耗比较少，这是因为组织内发生的一些很细微或者更重要的化学变化并不释放出挥发性产物而使干物质减少。

（二）化学物质

1. 含碳化合物

雪茄烟叶发酵后碳水化合物总量平均从未发酵时的 2.2% 降低至 0.8%，具体物质发酵前后的含量比较如下：还原糖（葡萄糖和果糖）由 1.00% 降低至 0.16%；总糖（还原糖和蔗糖）从 1.01% 降低至 0.19%；葡聚糖从 0.74% 降低至 0.55%；淀粉从 0.39% 降低至 0.01%（表 5-5）。

表 5-5　雪茄烟叶发酵过程中的物质损耗和化学变化

组分	发酵前质量分数（%）	发酵后质量分数（%）	损失量（%）	次级代谢物
碳水化合物	2.2	0.8	1.5	CO_2、H_2O、有机酸类
半纤维素（戊糖）	3.4	3.00	0.6	CO_2、H_2O、乙醛
果胶	13.0	11.0	2.9	CO_2、甲醇、呋喃甲醛、去甲氧基果胶、果胶酸、半乳糖醛酸
纤维素	9.5	10.3		氧化纤维素
木质素	3.5	3.8		脱甲基化木质素
多酚类	2.0		2.0	醌类、含氮聚合物（类黑素）
油脂、树脂、蜡质	8.0	5.0	3.4	饱和脂肪酸、树脂酸
挥发性有机酸	15.0	11.4	4.7	CO_2、H_2O、甲酸、乙酸、戊酸、柠檬酸、苹果酸、草酸等
含氮化合物	21.2	17.8	4.7	氨气、酰胺、氨基酸、肽、烟碱、游离烟碱、可溶或不溶性化合物
灰分	16.0	17.8	0.3	SiO_2、Fe_2O_3、P_2O_5

注：数据引自 Frankenburg, 1950

烟叶含有大量的有机酸，脂肪族有机酸中的柠檬酸、苹果酸和草酸在发酵过程中发生脱羧与脱氢反应，分解或氧化为有机酸盐，引起有机酸含量显著降低。Frankenburg（1950）研究宾夕法尼亚的雪茄烟叶发酵过程发现，可溶性有机酸含量从 15.0% 降低到 11.4%，其中柠檬酸从 9.0% 降低至 6.0%，苹果酸从 3.6% 降低至 1.8%。此外，雪茄烟叶在发酵过程中会产生甲酸、戊酸、3-甲基戊酸、草酸、乙酸等挥发性有机酸，发酵程度愈烈，积累愈多，部分变为气体释放出来。雪茄烟叶发酵后，挥发性有机酸含量从 0.13% 增加到 0.28%，其中甲酸从 0.39% 增加到 0.65%，草酸由 3.0% 增加至 3.4%。杜佳等（2017）研究表明，海南的茄衣烟叶在发酵过程中共产生 11 种非挥发性有机酸，其含量总体呈先增加后降低的变化趋势，且在发酵第 18 天达到最大值，并认为海南的茄衣烟叶发酵 18 天左右更有利于产生烟气柔和、吃味更好的烟叶。

Frankenburg（1950）研究表明，晾制后雪茄烟叶的果胶质含量为 8%～18%，其中甲醇含量占 4.5%～5.5%。发酵过程中，果胶质在果胶酶的催化下分解，结构发生改变，转化成甲醇后挥发出来。在雪茄烟叶的发酵过程中，甲醇的损失约为其含量的 85%，果胶质的降解损失约占其含量的 79.0%。一般情况下，发酵时温度越高，甲醇的分解及损失越大。雪茄烟叶经过发酵后，弹性、韧性和吸湿力得到改善。烟叶的油脂、树脂和蜡质一般在发酵过程中大幅减少，含量从 7.8% 下降到 5.0%。经过发酵的雪茄烟叶，单宁和多酚含量从 0.48% 下降到 0.36%。在发酵过程中，多酚类经氧化形成醌类物质，醌可以与氨基酸相互作用形成黑色素。

2. 含氮化合物

烟叶的蛋白质属于复杂高分子化合物，性质比较稳定，在通常的发酵条件下一般变化不大。因此，发酵处理烟叶蛋白质几乎不减少，甚至有的烟叶在发酵后蛋白质含量反而略有增加，主要原因是发酵后烟叶干物质总量减少，蛋白质则几乎保持不变，结果在干物质总量中所占的比例相对增长。烟叶的水溶性含氮化合物主要是指氨基酸、水溶性短肽、烟碱和氨气，与蛋白质的变化相反，上述水溶性含氮化合物在发酵过程中发生明显的变化。雪茄烟叶中主要含氮化合物在发酵过程中一般减少量为烟叶干重的 0.4%～0.6%，或叶片总氮量的 10%～15%，主要是发酵及操作过程造成含氮化合物的挥发与浸析，由水溶性氮经过化学反应转变为不溶性氮而引起含氮化合物减少，具体来说，可溶性含氮化合物的整体变化是由氨基酸、氨气、酰胺类、胺类、烟碱、次级生物碱、硝酸盐等物质反应引起的复合效应（表 5-6）。

雪茄烟叶发酵过程中，大约一半的蛋白质可以分解为氨基酸、酰胺，但总体变化不大，但可溶性含氮化合物变化显著，其中胺类和酰胺类物质剧烈减少，氧化脱氨后产生大量氨气，并逐渐从烟叶组织中挥发出来，其余的氨基酸与醌类物质反应产生大分子聚合物（Frankenburg and Gottscho, 1952）。雪茄烟叶在发酵过程中的烟碱减少量比其他烟叶大得多，一般减少 15%～20%，高的可达 40%，品质得到改善。

表 5-6　雪茄烟叶发酵过程中含氮化合物的变化

种类	发酵前质量分数（%）	发酵后质量分数（%）	N 质量分数变化	次级代谢物
不溶性 N	1.88	2.16	+1.75	醌类-氨基酸聚合物
水溶性 N	2.78	1.88	−2.99	氨气、α-酮酸、吡啶衍生物、吡咯衍生物
总 N	4.66	4.04	−1.24	氨气、胺类、酰胺、游离烟碱

注：数据引自 Frankenburg, 1950

　　烟叶发酵过程中总氮损失一般占干物质总量的 0.01%～0.6%，或者是初始氮含量的 0.25%～12%。烟叶中氮损失的主要原因是一部分挥发性含氮化合物的分解产物如氨气散失到空气。当然这种氨气挥发量的多少，要依据烟叶组织的 pH、温度、水分及周围环境温度、空气流动情况而定。如果发酵烟叶含水量较大，发酵过程中空气温度和湿度较高，而且烟叶呈碱性反应，那么烟叶的氮损失量就较大，即氨气容易从烟叶组织中逸出。此外，氮损失的另一原因可能是发酵过程中含氮化合物从叶片转移到主脉，因为一般烟叶的主脉在分析前均须去掉。这种转移虽然使叶片中氮减少，却不能在发酵烟堆中发现含氮化合物的挥发。

　　烟碱部分主要是游离烟碱发生变化，因为挥发性生物碱类易于氧化。经过发酵后，烟叶的游离烟碱明显减少。游离烟碱是挥发性的，即使在呈酸性反应的介质中仍具有较强的挥发性。前已述及，发酵过程中烟碱含量下降 15%～20%，主要是挥发损失（Frankenburg and Gottscho, 1952）。游离烟碱在烟叶中的绝对含量不大，通常为 0.2%以下，但对烟叶的吃味影响特别大。因此，烟叶中游离烟碱降低，意味着其内在品质在一定程度上得到改善。

　　我们跟踪检测了普洱、临沧和德宏产区发酵前（F0）和不同翻垛时期（F1、F2、F3、F4、F5）的雪茄烟叶常规化学成分，方差分析结果表明（表 5-7），在雪茄烟叶发酵过程中，总糖、还原糖、淀粉、纤维素、木质素、果胶、总多酚、蛋白质含量在不同发酵阶段发生了显著变化；pH、烟碱、氯、钾、总氮、镁、石油醚提取物、氨基酸含量在不同发酵阶段无显著变化。含量变化热图（图 5-1）表明，发酵过程总糖、还原糖、淀粉、木质素、果胶和总多酚含量呈逐步降低的趋势，其他指标变化趋势不明显。

表 5-7　雪茄烟叶发酵过程中化学成分方差分析表

化学指标	平方和	自由度	均方	F 值	显著性
pH	0.58	5	0.12	1.26	0.29
总糖	0.09	5	0.02	3.98	0.00
还原糖	0.17	5	0.03	11.17	0.00

续表

化学指标	平方和	自由度	均方	F 值	显著性
烟碱	0.23	5	0.05	0.05	1.00
氯	2.60	5	0.52	0.79	0.56
钾	1.35	5	0.27	0.37	0.87
总氮	3.62	5	0.72	1.62	0.16
蛋白质	11.46	5	2.29	8.69	0.00
淀粉	3.11	5	0.62	9.00	0.00
镁	0.19	5	0.04	0.76	0.58
果胶	14.60	5	2.92	4.74	0.00
石油醚提取物	12.18	5	2.44	1.90	0.10
总多酚	4.61	5	0.92	3.07	0.01
木质素	6.66	5	1.33	4.69	0.00
纤维素	72.93	5	14.59	6.17	0.00
氨基酸	35.45	5	7.09	0.56	0.73
厚度	480.87	5	96.17	1.03	0.41
拉力	1.49	5	0.30	2.46	0.04
含梗率	14.99	5	3.00	0.79	0.56
叶面密度	155.25	5	31.05	0.81	0.55
平衡含水率	0.21	5	0.04	0.03	1.00
填充值	2.08	5	0.42	1.25	0.29

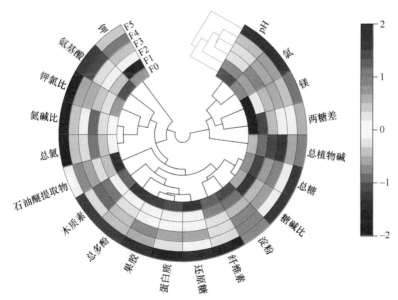

图 5-1　雪茄烟叶发酵过程中化学指标含量变化热图

F1、F2、F3、F4、F5 分别表示堆积发酵后第一、二、三、四和五次翻垛，下同；图中的颜色，红色越深表示数值越大，蓝色越深表示数值越小

3. 芳香物质

雪茄烟叶最初有一种刺鼻的生烟气味，但经过发酵后会产生一种芳香且微带氨味的独特风味。烟叶在各个加工阶段产生的气味与燃吸时产生的气味是完全不一样的，但二者间的改变是明显相似且彼此相关的。由于气味的定性变化尚未能与定量的化学数据直接对应，即使气味的变化对工业实践很重要，但对理解潜在化学转化的帮助有限。人们甚至怀疑，燃吸时产生令人满意的香气的化合物是否真的是发酵的产物？或许其从一开始就存在于叶中，只是在后期发酵过程中恶臭或刺激性物质被消除后，其特征香气显现出来。

烟草富含芳香族氨基酸和萜烯类化合物，二者均是重要的香气前体物质，其降解产物是烟草重要的香气来源之一，烟叶经过发酵后，挥发油含量减少，但香气物质总量增加。研究表明，茄衣烟叶在发酵过程中会产生 31 种香气物质，其中苯丙氨酸类产物 4 种、非酶棕色化反应产物 3 种、西柏烷类降解产物 2 种、类胡萝卜素降解产物 11 种及其他类别 10 种和新植二烯（时向东等，2006）。在恒温恒湿箱中对海南的茄衣烟叶进行堆积发酵处理，结果表明发酵 14～25 天时主要中性香气物质的含量最高。Maduro 烟叶在发酵过程中的中性挥发性香气物质含量呈现先降低后增加的波动性变化，并在发酵 40～50 天时达到最大值（莫娇，2017）。雪茄烟叶的芳香风味特性只有经过发酵才能充分显现出来，因为发酵促进了果胶质、高分子含氮化合物及其他能产生劣杂气味的物质降解转化，从而改善香气质、减少甚至消除杂气，使烟气变得柔和细腻、吃味变得醇和协调。

（三）物理外观

1. 外观质量

发酵成功的雪茄烟叶，外观质量、内在质量和物理特性均得到不同程度的改善。外观质量的改变主要包括烟叶的颜色、光泽、油分、组织结构和成熟度。在采收过程中受到机械损伤或晾制过程中温湿度调控不当均会不可避免地导致烟叶表面产生一些深绿色、黄色斑点。发酵过程中，烟叶残留的叶绿素、类胡萝卜素会降解转化，伴有非酶棕色化反应的发生，烟叶颜色由浅变深，更加均匀一致；烟叶表面的油脂、树脂会逐渐分解而失去黏性，导致烟叶亮度增加，光泽更鲜明。烟叶的组织结构和厚度一般由品种、环境、栽培措施等因素决定，但在发酵过程中随着内在化学物质的改变，特别是含碳化合物和含氮化合物的减少，组织结构变得更加细致。雪茄烟叶经过充分发酵，表面的生青色不同程度消减，表现出更加成熟的特征。

烟叶陈化或发酵成功的一个标志是颜色加深且更加均匀。通常，叶片经过加工呈现出更均匀、更暗的颜色，从未发酵时的黄褐色逐渐变成深褐色，发酵后的烟叶更加光亮。正如气味变化一样，颜色变化也是重要的，但纯粹是定性变化，为分析这些变化，需要更好地了解引起观察到的外观变化的化学机制。

2. 物理特性

随着发酵的进行，烟叶身份结构随之变化。发酵成功的另一个显著标志是烟叶表面的胶质层消失，这种胶质层给人一种黏稠的感觉，干燥后的叶子看起来像蜡一样。除去胶质层后，烟叶表面有一种柔软如吸墨纸般的触感，有时有明显的颗粒状结构。但结构变化并不局限于叶表，随着发酵过程的持续，烟叶质地逐渐变薄，变得柔软，组织结构更加疏松，最后会变脆。然而，这种效果的占比只有在深度发酵时才会达到更大。陈化操作和温和型轻度发酵适用于茄衣烟叶，可使烟叶形成更高的抗拉强度和弹性。

我们跟踪检测了普洱、临沧和德宏产区发酵前和不同翻垛时期的雪茄烟叶物理特性指标，方差分析结果表明（表 5-7），在雪茄烟叶发酵过程中，拉力在不同发酵阶段发生了显著变化；厚度、含梗率、填充值、叶面密度、平衡含水率在不同发酵阶段无显著变化，但随着发酵周期延长，平衡含水率呈逐渐增加的趋势，翻垛 3 次后拉力呈逐渐减少的趋势（图 5-2）。

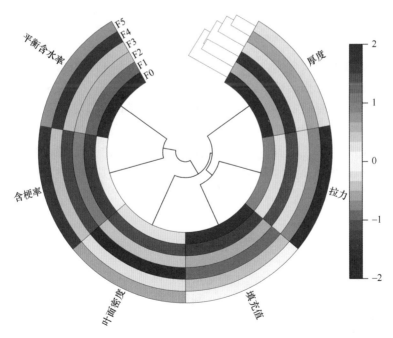

图 5-2　雪茄烟叶发酵过程中物理特性指标变化热图

3. 燃烧特性

雪茄烟叶经过发酵后，阻燃物质如氨气、生物碱、氨基酸及其他还原型含氮化合物等含氮物质被分解，燃烧性得到改善，即增加了从点燃点扩散到邻近部分的火光持续时间。在其他条件相同的情况下，良好燃烧对烟叶的香气有积极作用。用于抽吸的雪茄烟叶阴燃持火力低于 3s 被认为是达不到要求的，而从工业观点来看，阴燃持火力在 10s 以上的烟叶是最好的。上述的燃烧时间针对的是未经发酵的烟叶。发酵后的烟叶燃烧时间从不理想的 6s 到极好的 20s 甚至更长。

烟叶的阴燃持火力取决于许多因素，包括烟叶燃烧测定位置、烟叶成熟度、调制方法和时间、植物生长季节、土壤理化性质、施肥量等。上述因素主要通过控制叶片的结构特性和化学成分来影响其燃烧性。关于化学成分与燃烧之间的关系，钾尤其是有机钾盐可以促进烟叶燃烧，而氯是阻碍烟叶燃烧的物质。在含氮化合物中，氨气、生物碱、氨基酸和其他含氮物质会抑制烟叶燃烧，而硝酸盐似乎是中性的，属于改善燃烧性的促进剂。其他叶片成分，无论是无机还是有机物质，只要不是过量存在，对燃烧性的影响似乎很小。发酵处理可以使雪茄烟叶的燃烧时间平均增加 1~2 倍。然而，对于一些特殊烟叶，特别是那些含有少量钾或大量氯的烟叶，发酵基本无法改善其燃烧性。

四、烟叶发酵方法

雪茄烟叶发酵主要分为自然发酵和人工发酵两类。自然发酵时间较长，占用仓库面积较大，烟叶周转较慢，不够经济。而人工发酵与自然发酵的烟叶质量相当，并且具有发酵周期短、成本低等优点。人工发酵有堆积发酵法、装箱发酵法、压力发酵法、蒸汽发酵法等（万德建等，2017）。发酵过程中添加一些加速发酵进程以及改进燃烧性和色、香、味质量的添加剂，包括酶制剂、微生物制剂、糊米水、红米浆、葡萄酒及其他多种介质，以提高发酵后雪茄烟叶质量的方法，一般统称介质发酵法。因此，正确选择合适的发酵方法也是获得成功发酵雪茄烟叶的关键。

（一）自然发酵

自然发酵也称醇化或陈化，主要是借助自然气候的变化进行发酵，所以也称季节性发酵。主要特点是在贮藏期间，利用一年一度的春季升温提高烟叶内酶活性，使烟叶经过缓慢的发酵过程实现品质改善的目的。优点是工艺简单、操作方便，发酵后烟叶色泽鲜明、比较均匀，而缺点主要有时间长（1~2 年）、占用仓库面积大、烟叶周转慢、不够经济，且烟叶品质改善效果不明显。

（二）人工发酵

烟叶的人工发酵又称加温发酵，是利用人为控制的适合烟叶内在品质变化的条件（即适宜的温度和湿度）促使烟叶加快变化的方法。优点是发酵周期短，比较经济。人工发酵方法有多种，首先根据烟叶的类型和用途选择发酵方法；其次应充分结合原料特征，如烟叶的等级、成熟度、物理特性、调制方法、化学成分、含水率等选择发酵方法；再者应结合周围空气的温湿度和发酵前烟叶的贮存时间选择发酵方法；最后应在充分考虑烟叶在产品配方中的作用后选择发酵方法。

茄衣烟叶对外观质量要求很高，应采用较低的温度和湿度进行较长时间的缓慢发酵，可在一定程度上保证烟叶的弹性和拉力，同时控制颜色不转深和不产生水渍斑，因此第一次发酵一般采用堆积发酵，第二次发酵则采用装箱发酵。

茄套烟叶更注重弹性和拉力，同时要求内在质量，可以采用相对较高的温度进行发酵，一般根据烟叶特性和种类选择装箱发酵或堆积发酵。

茄芯烟叶则要求提高内在质量，应在较高的水分和温度条件下进行快速充分的发酵，多采用堆积发酵，且发酵过程中进行几次翻垛，内在质量及感官评吸质量符合要求时终止发酵。压力发酵法和蒸汽发酵法主要用于特殊烟叶的处理，如Maduro这类烟叶，其呈深褐色，具有油分大、光泽好、含糖量高等特点。

1. 堆积发酵

堆积发酵属于传统的深度发酵方法，通常操作是将大量的烟叶堆积起来，一旦环境、自然温度和湿度条件适宜，便开始发酵。对于传统的深度发酵，采用喷雾加湿回潮增加叶片含水量后进行堆垛。随着发酵的推进，堆垛内部的温度逐步上升，并在紧密堆积的烟叶中心形成一个热中心，并迅速发展。一旦平均温度达到预设的发酵温度，上部茄芯烟叶达到56~58℃，就要拆垛后重新堆垛，通常会改变形状和大小，以控制发酵速度和确保发酵均匀。

2. 装箱发酵

装箱发酵使用橡木、松木或雪松木制作的木箱，每箱大约装300磅烟叶。经过初分拣和分级的烟叶，大约20片为一把，在压力下有序地一层一层地装进箱子。箱的结构允许有适量、均匀的空气循环通过烟叶层。箱子里的烟叶要经历至少一年的第一阶段发酵即自然发酵。组合在一起的木箱，放置在仓库中至少经历一个夏天的高温和高湿发酵，以及至少经历一个冬天的低温干燥发酵。或是将烟叶装入木箱，木箱规格为（90~130）cm×76cm×76cm（长×宽×高），按木箱长向排列烟把，把头要离开横头4~5cm，利于空气流通。然后将箱装烟叶堆在发酵室，控制室内温度为35~38℃、湿度为70%~75%进行长周期发酵。装箱发酵的温度、通风和气体扩散比堆积发酵更加均匀。茄衣烟叶对韧性、拉力和颜色要求特别高，可以采用装箱发酵进行长时间、低水分和低温的缓慢发酵，目的是减轻烟叶刺激性和生青气，控制颜色不转深，保护张力不受损。

3. 蒸汽发酵

蒸汽发酵法是一种比较特别的发酵方法，将烟叶放置于充满82℃以上蒸汽的房间快速发酵 1~2h。发酵温度和发酵时长根据烟叶品质而定。蒸汽发酵法发酵出来的烟叶颜色深且均匀、油分大，可用于 Maduro 茄衣烟叶发酵。蒸汽房内温度高，湿度较大，因此蒸汽发酵法也可用于发酵刺激性大、杂气重的烟叶。使用蒸汽发酵法发酵烟叶时，要严格控制发酵房内的温度以及发酵时间。如果温度低、发酵时间短，则不能除尽烟叶的杂气，也不能明显降低烟叶的刺激性；如果温度过高、发酵时间过长，则会发酵过度，使得烟叶的香气质和香气量大幅下降，降低烟叶的品质和工业可用性。

4. 压力发酵

在雪茄烟叶堆积发酵过程中，在烟垛上增加重物（石块、钢板等）压紧压实烟叶，被认为可提高烟垛内部温度的发酵方式称为压力发酵法。压力发酵法是在堆积发酵法的基础上设计的，比堆积发酵法烦琐，需要通过实时监测烟垛的温度和湿度而适时翻垛，防止烟堆温度过高发生"烧堆"或"自燃"现象。发酵出来的烟叶颜色深、油分足，目前多用于 Maduro 烟叶发酵，其是一种特殊的深色茄衣烟叶，深受消费者和雪茄制造商的追捧与喜爱。世界上有很多雪茄品牌，尤其是一些限量版的雪茄，特别喜欢使用 Maduro 茄衣烟叶，因为其具有油分大、含糖量高的特点，能给吸食者带来独一无二的感受。同时，用 Maduro 茄衣烟叶卷制的雪茄颜色深、有光泽，能够提升雪茄的档次。另外，Maduro 茄衣烟叶一般情况下偏厚，导致其内含物较一般茄衣烟叶丰富，香气物质充足的特点；在浓度和劲头上，根据发酵程度的不同，从温和到浓郁，香气丰富，并带有淡淡的甜味。Maduro 茄衣烟叶只有经过深度发酵才能得到，其组织较为疏松，燃烧性好。

5. 介质发酵

介质发酵是在烟叶中添加水以外的其他发酵介质（如冬青胶、红米浆、葡萄糖、槭树糖浆和纯牛奶等）后，采用堆积、装箱等方式进行发酵的方法。添加的物质本身往往具有特殊香味，在雪茄烟叶发酵过程中可以丰富其味道。雪茄烟叶添加不同介质如米酒、菊花、绿茶等提取物后进行发酵处理，能够提高抽吸洁净度，减少口腔刺激，增加甜感和细腻度，提高燃烧性。

（1）糊米发酵

糊米发酵法是四川什邡特有的晾晒烟发酵方法，能凸显烟叶香气特征，提高烟叶品质，是人工加料发酵法的一种。糊米发酵法与堆积发酵法的操作方法与原理基本相同。堆积发酵法在增加烟叶水分时喷施的是蒸馏水，而糊米发酵法喷施的是糊米水。糊米水是指将大米炒焦至米芯尚有一点未全黑，然后按料水比 1∶2.7（g/L）加入热水，熬煮 10min 过滤得到的汁液。糊米发酵法主要用于茄芯烟叶的发酵。

（2）红米发酵

红米发酵是四川新都柳烟的一种传统发酵方法，主要适用于茄芯烟叶发酵。"红米"是利用一种酿酒用的红曲，把煮熟的大米制作成红酒酿再干制而成的。红米发酵是将红米（每 100kg 烟叶用 0.3～0.6kg）用开水发软磨细成糯糊状，掺 4～5 倍红白茶水混匀，吹喷在已初步发酵（烧堆）、含水量为 15%左右的烟把上，揉搓和理顺烟把后堆码在堆架上，让其自热升温进行堆积发酵。发酵周期一般为 8～10 天，寒冷季节则要 15 天左右。发酵后的烟把揉搓和理顺后喷 0.5%左右白酒，打包成捆再进行醇化。红米发酵法能减轻烟叶的青杂气，改善烟叶的香气质量，使烟叶色泽红亮、软绵、燃烧性好。

（3）复配增香发酵

复配增香发酵是通过制备绿色天然的复配发酵介质来促进雪茄烟叶发酵、改变雪茄烟叶品质的方法。使用的原料包括食用高度白酒、糖浆、食用醋、食用小苏打、食用香料植物提取液；制备过程如下：将 500g 食用香料加入 2L 水中，煮沸后小火慢慢熬煮 1h，过滤后得到原液，再分别加 2L 水重复熬煮 2 次，将食用香料植物主要成分提取干净，3 次熬煮液混合后获得食用香料植物提取液；将 10%（体积比）食用香料植物提取液、1.5%黑色糖浆、2.0%食用高度白酒和 1%食用小苏打充分搅拌混匀，使用前加入 2%食用醋，即完成发酵介质的制备。添加绿色天然的复配发酵介质可消除烟叶生青气、腥气和杂气，使得雪茄烟叶特征香气充分彰显，烟气刺激性和粗糙感、辛辣味、苦涩味与劲头相应减轻，吃味变得醇和柔顺，余味更加舒适。

（4）微生物发酵

选用能显著降低雪茄烟叶特有亚硝胺含量的微生物菌种，将单一或混合菌种发酵制备的菌液分 2 次应用于雪茄烟叶晾制和发酵过程，合理控制温湿度，可以实现雪茄烟叶特有亚硝胺的高效定向降解，获得低亚硝胺（TSNAs）雪茄烟叶。

（5）酶制剂发酵

酶制剂发酵是在发酵过程中添加一或多种复配酶液的方法。将经过回潮处理的烟叶叶柄端置于氧化酶水溶液或 α-淀粉酶和糖化酶水溶液中浸泡 10～30min，然后按重量比（酶溶液∶烟叶）1∶（5～15）和 1∶（8～12）在烟叶上均匀喷雾氧化酶水溶液或 α-淀粉酶和糖化酶水溶液后进行发酵，可明显改善雪茄烟叶的苦味，香气特征、烟气特征、口感特征得分均有所提高。

第二节　发酵设施

雪茄烟叶发酵环节包括杀虫、存储、加湿还原（水分平衡）、堆垛、发酵、翻垛、分拣分级等。雪茄烟叶人工发酵需要具备环境可控的用于全流程发酵处理的多间功能房（区），并配备相应的设施。根据种植面积、产量、发酵周期、处理能力合理测算后，系统规划每个功能房的面积及相应的配套设施。

一、杀虫房

杀虫房是用于对雪茄烟叶进行杀虫处理的功能区，杀虫方式有熏蒸杀虫和冷冻杀虫。建筑要求：常规框架建造，墙面、地面平整光滑防潮，门窗、墙体密封性能好，有通风窗；配备常规用电、普通照明，灯具、开关和插座等应为防腐装置；房内配备栅格状垫仓板、移动式风机；冷冻杀虫房需配置高效制冷压缩机组等设施。

二、储存库

储存库是用于对杀虫后的雪茄烟叶进行储存的功能区，属于周转仓库。建筑要求：常规框架建造，墙面、地面平整光滑防潮，避光且空气流通，有通风窗；配置常规用电、普通照明系统和净化水管道；房内配备栅格状垫仓板、叉车、除湿机、超声波雾化加湿器。

三、回潮房

回潮房是用于加湿回潮雪茄烟叶的功能区（图 5-3 和图 5-4）。建筑要求：常规框架建造，通风性能良好，墙体内壁防潮，地面防滑，排布多个地漏，要求地漏排水性能良好；配置常规用电、防爆照明和净化水系统；房内配备去离子水处理系统、不锈钢水槽、喷雾设施、超声波雾化加湿系统、不锈钢网状烟叶控湿平衡筐、强力电风扇等设施。

图 5-3 喷雾回潮房

图 5-4 超声波雾化回潮房

四、水分平衡房

水分平衡房是用于对回潮后的雪茄烟叶进行水分平衡处理的功能区（图 5-5）。建筑要求：常规框架建造，墙体内壁和门窗保温保湿，房屋防潮，地面防滑，地面排水性能良好；配置常规用电、防爆照明和净化水系统；房内配置室内湿度控制设备、超声波雾化加湿系统、除湿机、不锈钢网状烟叶水分平衡筐（或水分平衡架），设施应维持房间湿度为 75%～90%。

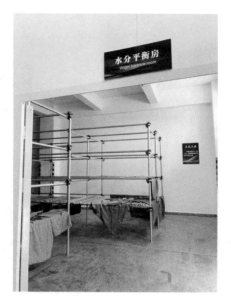

图 5-5　水分平衡房

五、发酵房

烟叶发酵房是用于对水分平衡后的雪茄烟叶进行发酵的功能区（图 5-6）。建筑要求：常规框架建造，墙体内壁和门窗保温保湿，房屋防潮、通风性能良好；

图 5-6　发酵房

配置用电的要求为 7.5kW、220V，并配置普通照明和加湿系统；房内配备室内温湿度控制设备、加热设备、强力换风系统、栅格式垫仓板、帆布、温湿度记录仪、移动式蒸汽发生器，设施设备应满足所需温湿度条件，室内温度不低于 25℃，湿度 75%±5%。

六、分拣分级房

分拣分级房是用于对发酵后的雪茄烟叶进行分拣分级的功能区（图 5-7）。建筑要求：常规框架建造，门口设置缓冲间，墙体内壁和门窗保温保湿，房屋防潮，地面防滑，地面排水性能良好；配置用电的要求为 10kW、380V，电线要求为主线 16m²，分线 10m²；配置专业的分拣环境照明系统，色温为 5300～5800K，一般显色指数（Ra）≥90（见 GB/T 13379—2023），工作台表面的光照度应在 1800～2200lx，均匀度应≥0.8lx，工作台的光照度要求见 GB/T 13379—2023，不应低于工作台以外光照度的 1/5；工作台面距地面应在 800～1050mm，此为一般情况下工作人员站立、手臂自然下垂时手腕距离地面的高度，座椅距分拣分级台面的相

图 5-7　分拣分级房

对高度应在250～350mm；工作台面颜色应为N7.3，并具有漫反射特性，若工作台面倾斜，倾角不应大于30°；房内配备温湿度控制设备、长条桌椅、大方台面、长条压板、压石板、移动式或固定式雾化加湿系统，温湿度对雪茄烟叶质量有非常重要的影响，设施设备应满足所需温湿度条件，室内温度20～25℃，湿度75%～90%。

我们研究环境湿度对雪茄烟叶水分含量变化的影响发现，环境湿度越大，烟叶含水量随着时间逐渐增高。对于茄芯烟叶，处在70%～75%的环境湿度下，水分可以维持初始含量，不会散失，是分拣分级房最适宜的湿度条件；但如果环境湿度低于70%，烟叶的水分将逐步散失，引起烟叶造碎。对于茄衣烟叶，在75%以上的环境湿度下，水分可以维持初始含量，不会散失；但如果环境湿度低于75%，烟叶的水分将逐步散失，引起烟叶造碎（图5-8）。

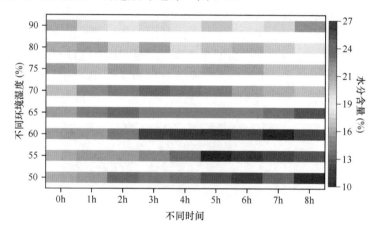

图5-8　不同环境湿度下茄芯烟叶含水量的变化规律

七、控湿房

控湿房是用于对分拣分级后的雪茄烟叶进行控湿的功能区。建筑要求：常规框架建造，墙体内壁和门保温性能好，房屋防潮；配置用电的要求为7.5kW、220V，并配置普通照明；房内配备温湿度控制设备、除湿机、加热设备、强力电风扇、栅格式垫仓板、温湿度记录仪，设施设备应满足所需温度条件，室内温度30～50℃。

八、打包装箱房

打包装箱房是用于对控湿后的雪茄烟叶进行打包的功能区（图5-9）。建筑要求：常规框架建造，墙体内壁和门窗保温保湿，房屋防潮、通风性能良好；配置用电的要求为7.5kW、220V，并配置普通照明；房内配备温湿度控制设备、栅格式垫仓板、温湿度记录仪、称重设备、纸箱、组箱装置、托盘供应装置、伺服电机驱动预压装置、标签打印设备，设施设备应满足所需温湿度条件，室内温度20～25℃，湿度60%～90%。

图5-9　智能装箱打包系统

九、醇化房

醇化房是用于对成品烟叶进行养护的功能区。对环境要求不严格，一般选择低温、低湿的烟叶成品仓库，温度要求16～30℃，湿度要求60%～70%。建筑要求：墙体内壁和门窗保温保湿，房屋防潮、通风性能良好；外界环境条件不符合要求时，需配备相应的辅助加热设备或加湿设施，包括加热设备、强力电风扇或除湿机、超声波雾化加湿器、栅格式垫仓板、帆布、温湿度计、铲车或叉车。

十、发酵设施建设实例

雪茄烟叶发酵设施建设要针对发酵全链条处理环节，设计不同的功能区并配置相应的设施设备，最终形成一套全链条集约式雪茄烟叶发酵系统，可以实现环境条件的精准调控，并提高烟叶发酵处理的工作效率（图5-10）。同时，需要根据雪茄烟叶的种植面积、产量及处理能力，合理测算各功能区所需的实际空间面积，在发酵房、分拣分级房、控湿房配置发酵环境控制及信息监测系统，实现对温湿度和各功能区图像资料的实时监测采集，实现智能化、精准化发酵雪茄烟叶，有效提高雪茄烟叶发酵质量。图5-11为云南雪茄烟叶发酵设施建设实例。

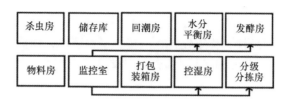

图 5-10　雪茄烟叶发酵设施

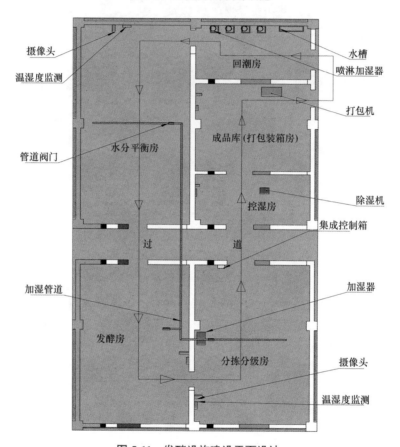

图 5-11　发酵设施建设平面设计

（一）设施建设测算依据

1）面积：500 亩。

2）产量：55 000kg（茄衣、茄芯烟叶平均亩产量 110kg）。

3）包装规格：原烟，茄芯（茄套）烟叶每包重 50kg，打包规格 1.1m×0.55m×0.45m；茄衣烟叶每箱重 40kg，箱体规格 0.75m×0.6m×0.45m；茄芯（蛙腿）烟叶每包重 60kg，压缩打包规格 0.8m×0.65m×0.4m。

4）发酵处理：分上、中、下三个部位（或 3 个批次）各进行 1 次农业发酵，分拣分级工人每人每天分拣 30kg 烟叶，静置 1～2 个月销售。

（二）配套设施建设要求

1. 杀虫房

1）建筑面积：120m²，1 间，层高新建 4.5m（改建不少于 3.0m）。

2）建造要求：常规框架建造房屋，墙、地面平整光滑防潮，门窗墙体密封性能好，有通风窗。

3）水电需求：常规用电、普通照明。

4）配备设施：栅格状垫仓板。

5）杀虫方案：由专业公司分 3 次进行杀虫处理，每次处理烟叶约 370 包，片剂杀虫建议小堆、多堆、封堆进行，液剂杀虫可以大堆、整屋、开放进行。

2. 储存库

1）建筑面积：120m²，2 间，共 240m²，层高新建 4.5m（改建不少于 3.0m）。

2）建造要求：常规带门窗框架房屋，防潮，空气流通。

3）水电需求：常规用电、普通照明。

4）配备设施：栅格状垫仓板、铲车。

5）储存方案：2 个库轮流存储杀虫后原烟和发酵后烟叶，存储烟叶约 740 包。

3. 回潮房

1）建筑面积：120m²，1 间，层高新建 4.5m（改建不少于 3.0m）。

2）建造要求：常规带门窗框架房屋，通风性能良好，墙体内壁防潮，地面防滑，地漏排水性能良好。

3）水电需求：常规用电、普通照明、净化水。

4）配备设施：去离子水处理系统、不锈钢水槽、喷雾设施、不锈钢网状烟叶控湿平衡筐、强力电风扇。

5）回潮方案：每天回潮处理 5t 烟叶。设置长条水槽 1 个（5 个工位蘸水回潮烟叶），长 8.4m×宽 0.6m×深 0.8m，每个工位 1.4m×3.8m；喷雾点位 6 个（6 个工位喷雾回潮烟叶），间隔 1.4m，每个工位 1.4m×3.8m；蘸水回潮和喷雾回潮对置，中间留作业通道。

4. 水分平衡室

1）建筑面积：120m²，2 间，共 240m²，层高新建 4.5m（改建不少于 3.0m）。

2）建造要求：墙体内壁和门窗保温保湿，房屋防潮，地面防滑，地漏排水性能良好，室内湿度 75%～90%。

3）水电需求：10kW，380V；主线 16m²，分线 10m²。

4）配备设施：木质烟叶水分平衡架（4 台底台高 0.8m，其余 3 台 0.7m）、室内湿度控制设备。

5）水分平衡方案：2 个水分平衡室，每次处理 5t 烟叶。

5. 发酵房

1）建筑面积：120m²，2 间，共 240m²，层高新建 4.5m（改建不少于 3.0m）。

2）建造要求：墙体内壁和门窗保温保湿，房屋防潮、通风性能良好，室内温度不低于 25℃。

3）水电需求：7.5kW，220V。

4）配备设施：加热设备、强力电风扇、栅格式垫仓板、帆布、温湿度计、移动式蒸汽发生器。

5）发酵方案：分上、中、下三个部位（3 个批次）进行烟叶发酵处理，每批次大约发酵 18.5t 烟叶；每个发酵房设 7 个发酵堆垛（用 5 备 2），每垛发酵 2～2.5t 烟叶，堆垛规格 4.0m×1.5m×1.5m。

6. 分拣分级房

1）建筑面积：120m²，2 间，共 240m²，层高新建 4.5m（改建不少于 3.0m）。

2）建造要求：常规带门框架房屋，带缓冲间门禁系统，墙体内壁和门保温保湿，房屋防潮，室内湿度 75%～90%、温度 20～25℃。

3）水电需求：10kW，380V；主线 16m²，分线 10m²；照明达到分级要求。

4）配备设施：温湿度控制设备、长条桌椅、大方台面、长条压板、石块、移动式蒸汽发生器。

5）实施方案：每个房间 12 个单工位（每个工位长 2.4m×宽 2.0m），1 张 8 人站立工作大方台（3.0m×3.0m），每人每天分拣 30kg 烟叶，4 天分拣完 1 垛发酵烟叶（2～2.5t）。

7. 控湿房

1）建筑面积：60m²，1 间，层高新建 4.5m（改建不少于 3.0m）。

2）建造要求：常规带门框架房屋，墙体内壁和门保温性能好，房屋防潮，室内温度 30～50℃。

3）水电需求：7.5kW，220V。

4）配备设施：加温和除湿设备、垫仓板。

5）实施方案：中间留 1.5m 通道，两边独立放置 16 个木质栅格烟叶控湿箱（长 1.2m×宽 0.7m×高 0.8m，装烟 30～40kg），间隔 0.5m、距墙体 0.5m。

8. 打包装箱房

1）建筑面积：120m²，1 间，层高新建 4.5m（改建不少于 3.0m）。
2）建造要求：常规带门框架房屋。
3）水电需求：10kW，380V/50Hz。
4）配备设施：压力打包机（1 台）、麻片、白纸卷、缝包麻线、封箱带。
5）实施方案：中间留 2.0m 通道，一边放置打包机，一边用于装箱（封箱）。

9. 辅助用房（物料房、值班室）

1）建筑面积：60m²，隔成 2 间，每间 30m²，层高新建 4.5m（改建不少于 3.0m）。
2）建造要求：常规带门框架房屋。
3）水电需求：常规用电、普通照明。
4）配备设施：储物架、办公桌椅。

第三节　发酵技术

雪茄烟叶发酵可以说是技术与艺术的结晶，对雪茄烟叶典型风味形成起着决定性作用。影响雪茄烟叶发酵的核心要素是温度和湿度、氧气浓度、微生物群落、代谢酶种类、烟叶素质和操作工艺。雪茄烟叶发酵流程包括杀虫处理、初级分拣、加湿回潮、水分平衡、堆垛、翻垛、拆垛、分拣分级、控湿静置、打包/装箱等。国内雪茄烟叶发酵环节尚存在技术体系不成熟、发酵设施不健全、机理研究不深入、与工业使用结合点不清晰等短板。

一、一次发酵

晾制后的雪茄原烟平衡含水率低，易造碎，整体表现为外观颜色均匀度差、油分不足、光泽度弱，叶片组织结构僵硬。而一次发酵可提高烟叶的平衡含水率，降低霉变率，减少分级、装箱、运输等操作环节的造碎率，并改善颜色均匀度、油分和等级结构。同时，堆垛存储是最佳的雪茄烟叶短期或长期存储方式，水分不易散失，可均衡烟叶含水量并使其处于合适的范围。

（一）产地选择

一次发酵禁选地势低洼、潮湿、通风不畅的地方，可优先选择干燥、通风良好的晾房进行预发酵。环境空气湿度大的产区须监测晾房湿度，防止其过大造成烟叶霉变，当湿度超过 85% 时应及时开窗通风排湿。

（二）堆垛发酵

分拣扎把后的烟叶按堆积发酵方式（长 3～4m，宽 1.3～1.5m，高不超过 1.5m）同品种同批次堆在一垛。用干净薄膜和麻片（3 层）铺底，先堆码烟垛第一层长边，理顺烟把后垂直于垫仓板长边边缘逐把整齐堆码烟垛第一层成行，再堆码烟垛宽边，把烟把与垫仓板宽边成 45° 逐把整齐堆码成弧形（图 5-12）。

图 5-12　堆垛发酵

（三）烟垛覆盖标识

烟叶堆好后，再覆盖 3 层麻片，然后用无异味的帆布或聚乙烯材质的密封罩封盖。每垛烟叶配一个独立身份卡，标明编号、产地、品种、类型、采次、部位、年份、种植方式、堆垛时间等信息。

（四）温度监测与翻垛

每天定时观察记录烟垛发酵温度，茄衣和茄芯烟叶的发酵温度（烟垛中心温度）根据采收批次进行设定，一般控制为第 1、2 采烟垛不超过 38℃、第 3～5 采烟垛不超过 40℃、第 6～8 采烟垛不超过 42℃，茄衣烟叶如 7 天内达不到发酵温度设定值，需要每隔 7 天翻垛，若达到温度设定值就要及时翻垛，翻垛时抖散把内烟叶，确保温度降低，按"上下翻中间、中间翻上下，外翻内、内翻外"的方式重新堆垛发酵（图 5-13）。发酵期间每天观察烟垛表层及内层是否有霉情，如发生霉变立即翻垛控湿，并剔除霉变烟叶重新堆垛发酵。

图 5-13　烟叶翻垛

发酵时间同样依据烟叶采收批次设定，第 1、2 采烟垛一般发酵 15 天，第 3～5 采烟垛发酵 25 天，第 6～8 采烟垛发酵 30 天。完成发酵的烟叶含水量保持在 18%～20%，整个过程一定要做好烟叶水分控制，确保烟叶不破碎、不潮湿、不霉变；茄衣烟叶始终保持柔软状态，杜绝因水分过低而过度干燥，使其质量发生不可逆劣变。当烟堆出现虫害时，及时熏蒸杀虫，一般采取帐幕熏蒸杀虫。

（五）烟叶分级

一次发酵达到要求后，可根据实际烟叶交售计划开展分级工作。各雪茄烟叶产区应根据交售时间，合理安排分级计划。分级后进行扎把，扎把时应在距叶片主脉柄端 3cm±1cm 处捆扎；同把烟叶的长度基本一致，误差控制在 20% 以内，每把 25 片左右。扎把完成后的烟叶进行堆垛，平衡水分 15～20 天。如不涉及售卖，则无须对烟叶进行分级，可直接装箱或打包。

（六）装箱/打包

完成一次发酵的烟叶首先平衡其含水量至 20%±1%，然后进行长期的静置养护。采用纸箱或麻片包装，一般茄衣烟叶采取装箱打包，茄芯烟叶采用麻片打包。每箱（件）产品须标记烟叶品种、类型、产地、级别、重量和种植年份、晾制结束日期和打包日期。对包装及其组成部分所规定的尺寸和质量值均为公称值，纸箱规格为 800mm×600mm×460mm，每箱净重 20kg；麻片每件 25kg。包装材料须牢固、干燥、清洁、无异味、无残毒。每箱（件）雪茄烟叶应是同一等级，烟叶应排列整齐，顺序相压。烟包内烟叶整齐有序，叶尖朝内，把头朝外，烟叶不外露。烟包内不得混有任何杂物、水分超限、含有霉烂变质烟叶。每箱（件）雪茄烟叶自然碎片率不得超过 1%。

（七）静置养护

一次发酵结束后的雪茄烟叶静置养护工艺对其品质形成至关重要。一般茄衣烟叶装箱后堆码在环境温度为25℃、湿度为70%左右的仓库内存储半年，茄芯烟叶则用麻片打包存储半年至一年或更长时间。如没有温湿度可控的仓储环境，分拣后的烟叶控制含水量为20%±2%再次堆垛进行长期静置养护。

（八）运输

一次发酵加工完毕经过静置养护的烟叶，一般运输至集中发酵工厂进行统一的二次发酵加工处理。烟叶可以用任何适用方式运输，但应始终保持干燥、清洁，并且有保护措施避免其受恶劣天气影响。运输工具表面应该光滑，无农药残留、有毒物质或对产品有害的气味或其他奇怪的气味。如果下雨，装载和卸载必须在有屋顶的区域进行，货品包装的处理及翻动必须尤其小心，不使用任何会伤害外包装的工具。

二、二次发酵

雪茄烟叶发酵不是一个独立的环节，包括了杀虫处理初级分拣、加湿还原、水分平衡、发酵（堆垛、翻垛、拆垛）、分拣分级、控湿静置、打包/装箱等过程，是一条流水线工艺。其中，烟叶加湿回潮目前采用的方法主要有人工喷雾加湿、热蒸汽加湿、回潮机加湿。有研究表明，热蒸汽加湿方式有利于提升烟叶外观质量和茄衣烟叶工业可用率。综合成本、操作性等因素，茄衣烟叶建议采用喷雾方式加湿，控制含水量在20%～30%；茄芯烟叶采取蘸水方式加湿，控制含水量在25%～40%，需特殊处理的烟叶可加湿到含水量为50%～55%。烟叶水分平衡，即将烟叶在水分平衡室放置12～24h，使待发酵烟叶的含水量均匀一致。水分平衡结束后即可进行烟叶堆积发酵，一般一个烟堆发酵茄衣烟叶1000～2000kg、茄芯烟叶1500～2500kg，堆垛的大小不但取决于烟叶类型，更重要的是取决于后续翻垛的处理能力，每一个堆垛都须配有身份卡，标明烟叶类型、场地、级别、数量及日期等信息。发酵过程中，茄衣烟叶堆内温度建议一般控制在32～40℃，茄芯烟叶一般控制在36～45℃。当发酵烟堆达到或未达到预设定温度就出现降温趋势时立即翻垛，未终止发酵前每次翻垛按照"上翻下、外翻内"的原则重新堆码烟叶并继续发酵。经过几次翻垛后，预估发酵基本完成，拆除覆盖物，烟叶降至室温时，通过抽样卷制评吸来决定是继续翻垛发酵还是终止发酵，当烟叶的评吸质量、外观质量和阴燃持火时间均达到预定目标后，即可拆垛终止发酵。

雪茄烟叶的发酵与晾制不同。晾制完成的烟叶可以临时打包储存，一般1年内完成发酵即可。而发酵完成的烟叶，含水量高（一般 20% 左右），必须紧随其后完成杀虫处理、分拣分级、控湿静置、打包/装箱才能进入醇化库进行醇化养护，若处理不及时就会发生霉变，甚至腐烂。因此，在规划雪茄烟叶发酵处理时，要统筹考虑 1 年内发酵处理总量、各环节处理能力和发酵配套设施建设规模三者间相互匹配，避免出现"短板效应"影响发酵实施过程的流水作业。下文主要介绍了雪茄烟叶堆积发酵的操作工艺流程和共性技术参数。

（一）杀虫

雪茄烟叶害虫主要有烟草甲（蛀虫或烟草甲虫）、谷象和烟草粉螟，其均会造成经济损失。烟草甲（*Lasioderma serricorne*）属鞘翅目窃蠹科，是世界性的储烟害虫，分布广泛，主要危害储藏期间的烟叶及烟草制品，特别是幼虫取食雪茄烟叶后会产生很深的虫眼，影响烟叶的可用性。谷象（*Sitophilus granarius*）属鞘翅目象甲科，有象鼻状的喙，以成虫越冬，耐低温，适宜条件下一代需 50 多天，食性杂，通常在烟叶处理室、分拣室或原料仓库中发现，是一种会造成严重危害的害虫。烟草粉螟（*Ephestia elutella*）属鳞翅目螟蛾科，分布于世界各地，我国各地均有，以幼虫为害烟叶，初龄幼虫食叶肉留表皮，使烟叶出现许多半透明斑，2 龄以后吃成孔洞，为害严重时能将叶片食光，仅留叶脉。幼虫孵化后先在叶片主脉两侧取食，后逐渐向外扩展，并在烟叶上留下许多烟叶碎屑及褐色虫粪，并吐丝连缀烟叶碎屑及褐色虫粪成巢并潜伏其中，皱褶部分潜伏最多，被危害的烟叶极易发霉变质。

堆垛后雪茄烟叶比较紧实，杀虫药剂烟雾无法渗透烟堆内部，只能控制外部害虫，常规喷洒不能 100% 杀灭烟害虫，只对库房空间内的害虫有杀灭作用。因此当虫害发生后，一般采用磷化铝帐幕熏蒸（图 5-14）和仓库空间药剂喷洒两种方

图 5-14　帐幕熏蒸杀虫

式防治。帐幕熏蒸的药剂磷化铝释放的磷化氢气体穿透性比较强，对烟堆及烟用物资内部害虫效果较好；仓库空间害虫采用药剂喷洒进行防治。两种防治方式结合可以达到杀灭仓库内所有害虫的效果。

（二）分类

分类即将雪茄烟叶分拣为茄衣原烟和茄芯原烟两种类型，不同类型的烟叶分为上部、中部和下部三个组（图5-15）。剔除霉变、青杂色、破损严重的烟叶，将分拣后的烟叶按25片左右扎把，用棉线或麻线在烟把基部2～3cm处捆扎。

图 5-15　烟叶分类

（三）加湿回潮

烟叶初始含水量的掌握是控制堆垛发酵全过程和质量的关键因素与措施。发酵时烟叶初始含水量应在20%以上，一般保持30%～40%，并根据烟叶类型和品质、发酵条件、气温等调整。茄芯烟叶初始含水量宜高，茄衣烟叶宜低；品质好的烟叶初始含水量宜低，品质差的宜高；油分好的烟叶初始含水量宜高，油分差的宜低；夏季发酵烟叶初始含水量宜低，冬季干季宜高。烟叶过干，发酵作用缓慢，效果差；烟叶过湿，发酵作用虽然强烈，但叶色太深而发黑，光泽暗淡，还会产生苦味，香气损失也大，严重时还会发生霉烂变质。烟叶的初始含水量直接影响烟堆内温度上升的快慢。回潮烟叶的方式有喷雾加湿、热蒸汽加湿、蘸水加湿等方式。除了特殊烟叶的发酵处理，一般不采用蘸水回潮方式。

发酵时需要增加雪茄烟叶含水量，使其满足发酵所需的条件，回潮的具体要求如下：①避免伤损烟叶；②选择喷雾回潮或超声波雾化加湿回潮（图5-16）；③不同类型和不同部位烟叶进行加湿回潮的含水量控制要求见表 5-8；④相同部位的烟叶，在加湿回潮中根据烟叶素质在规定的含水量要求内进行适当调整。

图 5-16 超声波雾化加湿回潮烟叶

表 5-8 烟叶加湿回潮含水量要求

类型	部位	含水量（%）
茄芯原烟	下部叶（第 1～4 叶位）	22～24
	中部叶（第 5～12 叶位）	24～28
	上部叶（第 13～16 叶位）	28～32
茄衣原烟	下部叶（第 1～4 叶位）	20～22
	中部叶（第 5～12 叶位）	24～26
	上部叶（第 13～18 叶位）	26～28

（四）平衡水分

加湿回潮后的烟叶表面会残留水渍，需进行进一步的排湿和水分平衡操作。排湿的主要目的是脱去烟叶多余的水分，即加湿回潮完成后，将烟叶垂直置于木格栅上，基部朝下，直到布满木栅，让烟叶保持这一状态直至水分被吸收。注意：烟叶表面还有水滴时不能开始下一步操作。根据烟草的类型和环境的温湿度，排湿时间通常为 1～2h。排湿结束后，须将烟束收集起来放置到周转筐，通过对烟草称重来确定其湿重和含水量增加值（通常增加 4～8 个百分点），然后将烟叶转移到专用隔间进行水分平衡。在这一过程中，掉落的烟叶需要收集起来，一并放到同一隔间内平衡水分（图 5-17）。

1. 静置平衡

静置的主要目的是进一步平衡烟叶水分以利于下一步工作。一旦烟叶排湿完成，将烟束尾部对尾部，一一排成列，从后到前层层码放于隔间，层与层间不需要垫片。隔间内尽可能多地码放烟叶，但高度不应超过 1.5m。码放完成后，应用粗麻布、聚乙烯布或类似材料覆盖隔间内的烟叶。静置平衡规定的时间（最少 12h，最长 48h）后取出烟叶，这一步必须从烟堆顶部开始，握住烟束的两侧以免损坏烟叶（图 5-18）。

图 5-17　回潮后烟叶排湿和水分平衡

图 5-18　烟叶堆积平衡

2. 水分检测

完成水分平衡后，按 GB/T 19616—2004 抽取烟叶样品，按 YC/T 31—1996 或采用卤素自动快速水分测定仪测定烟叶含水量，确认其是否符合堆垛发酵要求。

（五）堆垛

1. 堆垛规格

采用木质栅格垫仓板（栅格间距 5cm）堆垛，垫仓板离地高度 15～20cm，表面铺垫湿润的麻片或棉帆布，堆垛的具体要求：①烟叶含水量符合要求；②堆垛时逐层堆码，每把烟叶的把头相靠，烟叶交叠成层、相互压实；③分类堆垛，同一烟垛做到同产地、同品种、同类型、同部位；④常规的烟垛规格见表5-9；⑤烟垛长度因发酵场地和垫仓板规格而定，一般要求≥3.0m。

表5-9 常规的烟垛规格

堆垛参数	茄衣原烟	茄芯原烟
长度（m）	4.5	4.5
宽度（m）	1.5	1.5
高度（m）	1.2～1.5	1.5～1.8
间距（m）	0.8～1.0	0.8～1.0
离地高度（m）	0.15～0.2	0.15～0.2
重量（kg）	1000～1200	1200～1500

2. 堆垛方法

烟叶堆垛的原则是先堆四周，后堆中心，逐层堆垛，具体步骤如下。

1）烟垛四周位置：首先堆码烟垛每层的四周位置，理顺烟把后先垂直于垫仓板长边边缘逐把整齐堆码烟垛第一层成行，烟把中部有1/2～1/3重叠（图5-19）；再垂直于垫仓板短边边缘由外向内逐把整齐堆码烟垛第一层成列（图5-20）。

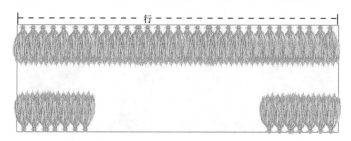

图5-19 烟垛四周堆垛示意图

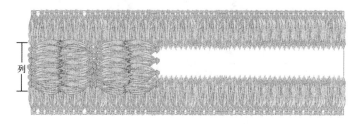

图5-20 烟垛中心位置堆垛示意图

2）烟垛中心位置：烟把与烟垛的长边方向平行，由两边向中间逐把整齐堆码成列，每列的最左（右）边第1把烟压住长边烟叶的叶尖部分；两列烟叶把头相对，叶尖部有1/5～1/4重叠；依次逐列堆码，直至将中心填满完成第一层堆码，

依次逐列堆码，直至将中心填满完成第一层堆码（图 5-20）。

3）逐层堆垛，按第一层的堆码方法往上逐层堆垛，每层烟叶堆码平整、严实、不留缝隙。在垛高的 1/4、1/2、3/4 处中心位置分别放置温湿度监测仪（图 5-21）。

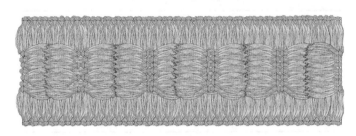

图 5-21　烟垛逐层堆垛示意图

堆垛完成的烟垛四周和顶部用棉布或麻片覆盖，再用密封性能较好的无异味的帆布或聚乙烯材质的密封罩将整个烟垛覆盖。每个堆垛都应有独立的身份卡，标明编号、产地、品种、类型、部位、等级、重量和堆垛日期等信息。每天定时观察记录烟垛的温湿度（图 5-22）。

图 5-22　堆垛发酵

（六）翻垛

一般经过 4～8 天堆内温度可上升到预设温度，之后进行翻垛，要求如下：①不同类型和不同部位烟叶的发酵预设温度不同（表 5-10）；②相同部位烟叶根据其素质在发酵预设温度范围内进行适当调整；③发酵烟垛达到预设温度时立即翻垛；④发酵烟垛未达到预设温度并呈现降温趋势时立即翻垛；⑤烟垛的升温速度超过 8℃/d 立即翻垛；⑥翻垛时须开启强制通风换气设备或打开门窗保持良好通风。

表5-10 不同类型烟叶发酵的预设温度

类型	部位	预设温度（℃）
茄芯原烟	下部叶（第1~4叶位）	35~38
	中部叶（第5~12叶位）	40~45
	上部叶（第13~16叶位）	45~50
茄衣原烟	下部叶（第1~4叶位）	32~35
	中部叶（第5~12叶位）	40~42
	上部叶（第13~18叶位）	42~45

注：叶位指烟株有效叶片的着生位置，有效叶片指烟株封顶和去除无效底脚叶后的可用烟叶，茄衣烟叶一般16~18片，茄芯烟叶一般14~16片

发酵时烟叶内发生酶促氧化还原反应，必须通过翻垛为烟堆提供发酵作用所需要的氧气，同时把发酵产生的不愉快挥发性物质和气体排出。翻垛时不但要把因堆积而黏结在一起的烟把轻柔抖散，更要充分摊晾或人工通风，使烟叶降到室温后才能重新堆码。在烟堆内温度达到最高点前或最高点时立即翻垛，把烟垛拆开，让由发酵所产生的不愉快挥发性物质和气体随热量散发出来（图5-23）。一般翻垛5~10次后，所有烟叶可得到充分发酵，发酵便基本结束。

图5-23 发酵过程中监测温湿度

翻垛步骤如下。

1）拆解烟垛：自上而下逐层拆解烟垛，抖散因堆积而黏结的烟叶，使其散气降温，拆解下的烟把按烟垛位置分类装筐。

2）补水加湿：不同类型和不同叶位的雪茄原烟翻垛时，含水量低于加湿回潮要求时，需要适当补水加湿。

3）水分平衡：补水后的烟叶堆积平衡3~4h，确保烟叶表面无水渍。

4）重新堆垛：按照"上下翻中间、中间翻上下，外翻内、内翻外"的方式重新堆垛并继续发酵（图5-24）。

图 5-24　雪茄烟叶翻垛

随着发酵的进行，烟叶水分不断蒸发散失。每翻垛 1 次，烟叶含水量会降低 3 个百分点左右。因此，翻垛时要根据当时烟叶的水分状况及时加湿以补充水分，从而满足烟叶充分发酵所需的条件。水分状况的经验性判断主要是翻垛时用手触摸烟叶，若烟叶不柔软，叶尖或叶缘干脆，轻折叶片主脉中部易断裂，则表明烟叶水分不足。抽检烟叶含水量低于 22% 时，也需要补水加湿。一般采用喷雾器逐层喷雾补湿，即将烟叶堆码一层后，均匀喷雾，喷雾加湿量根据烟叶整体的水分状况确定。

（七）拆垛

随着翻垛次数的增加，烟叶含水量降低幅度逐渐减小，自热作用逐渐减弱，垛温能达到的最高值逐渐降低。烟垛温度稳定在 32℃ 以下且不升温，或者堆垛中心温度超过室内环境温度 5℃ 左右时，烟叶含水量在 20% 以下，不再翻垛。对完成发酵的雪茄烟叶进行试卷评吸，外观和味道达到预期目标后终止发酵，完全拆垛。外观判断和试卷评吸后，若烟叶仍未达到预期要求，则再次发酵，重复上述发酵流程（加湿、堆垛、发酵、翻垛）直至达到预期要求。以工业需求的发酵程度为导向来确定发酵作业次数。

当烟垛满足拆垛条件后，自上而下逐层拆解烟垛，抖散因堆积而黏结的烟叶，拆解下的烟把分类装筐。

（八）烟叶分级

发酵后的烟叶根据产地、品种、用途，按行业标准《雪茄烟叶工商交接等级标准》（YC/T 588—2021）分为茄衣、茄套和茄芯 3 个类型。

在保持湿度为 75%±2%、温度为 20～25℃，照明达到 YC/T 291—2009 要求的分拣室中，按每个类型对烟叶分组分级（图 5-25）。

图 5-25　发酵后雪茄烟叶分级

第四节　醇　　化

雪茄烟叶醇化是指将经过发酵的烟叶打包或装箱后置于贮存条件良好的仓库内存储，借助内部缓慢的化学和生化反应提高烟叶品质的一种温和的发酵方法。雪茄烟叶的农业发酵虽然可以实现快速改善烟叶品质的目的，但醇化过程是高品质烟叶形成的必经过程。

一、装箱标识

完成分拣分级的烟叶含水量很高，分级后的雪茄烟叶进行静置控湿或除湿机辅助控湿，将含水量控制在（18±1）%。根据烟叶水分状况和环境湿度选择合理的烟叶控湿方式。

对于雪茄烟叶存储运输，最佳的打包方式是纸箱打包，可以最大程度地保护烟叶免受机械损伤。茄衣烟叶必须选择纸箱打包，成把交叉逐层叠放，把头交叉处内衬白纸相隔，防止烟梗穿破烟叶。纸箱打包的材料成本偏高，从节约成本的角度考虑，茄套和茄芯烟叶可以选择棉布或麻片打包，把头向外，叶尖向内，成把压缩成方形，用内衬白纸包裹后用棉布或麻片打包（图 5-26）。每件（包/箱）雪茄烟叶应是同一等级，烟叶应排列整齐、顺序相压。烟包、烟箱内不得混有任何杂物、水分超限、含有霉烂变质烟叶。

每箱/包烟叶须标识类型、品种、产地、种植年月、种植方式、级别、重量、发酵起止时间、发酵次数、翻垛温度和日期。

图 5-26　雪茄烟叶装箱

二、醇化养护

完成打包的烟叶置于低湿的醇化仓库中醇化，剧烈的发酵过程停止后，烟叶内部几乎不产生热量，烟叶内部与醇化房的温度和湿度没有明显偏差，即温度与常温一致，湿度 65%。

三、仓储监测

经过农业发酵和分拣分级的雪茄烟叶如果在醇化仓储过程中出现虫情，宜采用冷冻杀虫方式进行处理。具体操作：完成打包的烟叶放置于杀虫房，启动制冷设备，使房内的温度在 24h 内缓慢下降至-40℃，并保持 2 天，然后在 24h 内缓慢升至室温。

监测醇化烟叶的水分、温度、霉变、虫情（图 5-27）。分别利用烟草甲、烟草粉螟的性诱捕器对两种害虫进行监测，以确定防治时期及防治措施。当仓库的环

图 5-27　雪茄烟叶醇化仓储过程监测

境温度超过 15℃时使用诱捕器，诱捕器的设置位点、数量应固定，并在每周的同一天进行虫口数量调查。每隔 15 天要开箱抽检烟叶的含水量和霉变情况，含量保持在 18%～20%，中心温度不宜高于环境温度 8℃。

　　雪茄烟叶经历一段漫长的醇化之旅后方可用于卷制雪茄。上部茄芯烟叶醇化 3 年，中部茄芯烟叶醇化 3 年，下部茄芯烟叶醇化 1 年，茄套烟叶醇化 1 年，普通茄衣烟叶醇化 1 年，高档茄衣烟叶醇化 2 年，马杜罗茄衣烟叶醇化 5 年。醇化的具体时间根据工业需求、烟叶品种、气候条件等因素确定。

第六章　雪茄烟叶分级

为什么要对烟叶分级?首先,不同的烟草制品类型、规格对烟叶有不同的要求。雪茄烟叶是农业产品,质量存在差异,而烟支是商品,这就决定了其对烟叶原料有不同的质量要求。不同质量的烟叶只有进行科学合理的分级,才能供不同的雪茄烟配方选用。其次,生态气候条件、栽培方式、调制方法、制作方式、消费喜好等的多样性,决定了烟叶特点及其使用价值具有多样性。即使同一块田地、同一植株生产的烟叶,调制后外观不同,内在质量也会有很大的差异。

第一节　分级概述

评定烟叶的质量首先要对其进行分级,就是按烟叶类型、质量优劣划分成若干个等级,以便于按质论价和雪茄工业配方使用。所以分级的主要目的是对烟叶整体质量进行优劣等级划分,便于充分发挥农业资源的作用,更好地以质论价。而烟叶内在质量往往是看不见、摸不着的东西,因而只能通过其所表现出来的外观特征和物理特性确定等级。要做好烟叶商品的有效管理,就必须进行分级,烟叶分级过程实质上是标准的贯彻执行过程。标准由文字标准、实物样品组成,文字标准一般包括术语和定义、质量等级要素(分组、分类、分级因素及档次)、等级编码规则、验收规格、检验方法及烟叶的包装、运输、保管等主要内容。任何一个烟叶分级标准都是一定历史阶段的产物,反映了当时的工农业生产水平现状,是建立在烟叶质量观念、农业生产、工业生产及消费者需求基础上的。要了解烟叶的分级标准,进而制定科学合理的分级标准,就要综合考虑上述因素对分级的影响。

烟叶分级在烟草生产中是一项专业性和实践性很强的工作,其所依据的技术标准是烟叶等级标准,而后者是烟草学科一个重要的研究和应用领域。目前,雪茄烟叶没有世界统一的分级标准,很多雪茄烟叶原料生产国没有统一的等级标准,或没有官方标准,大多根据原料采购商的雪茄风格确定烟叶的质量特征规定。因此,关于雪茄茄芯和茄衣烟叶的质量特征规定,各国的等级标准差异很大。生产雪茄烟叶的各国中只有少数,如美国和印度尼西亚等有雪茄烟叶的官方分级标准,我国于 2021 年发布烟草行业标准《雪茄烟叶工商交接等级标准》（YC/T 588—2021），其他国家虽然生产雪茄烟叶，但多采用烟草采购商或出口商内部制定的商业等级标准进行烟叶采购。印度尼西亚虽然有国家雪茄烟叶等级标准，但现在仅用于出口；一些国家，如巴西曾经有过一些国家雪茄烟叶等级标准，但官方现已不再使用。每一家出口商都有自己的等级标准，但为方便客户采购烟叶，不同出口商的等级标准或多或少是相似的。

近年来，随着国产雪茄烟叶市场销量井喷式增长，特别是以手工雪茄为代表的中高端雪茄烟销量快速增长，对优质雪茄烟叶原料的需求持续增大，雪茄烟叶分级技术的应用和研究受到空前重视，同时随着烟草行业的发展，雪茄烟进出口贸易逐年扩大，我国对国外雪茄烟叶的采购量不断增加。因此，了解国外的雪茄烟叶等级标准，研制国内的雪茄烟叶等级标准，培养优秀的国内雪茄烟叶分级技术员显得尤为重要。

一、分级目的

雪茄烟叶质量分为外观质量和内在质量。内在质量最终决定烟叶的吸食质量，而茄衣烟叶外观质量直接影响一支雪茄烟的第一视觉感观。烟叶内在质量特点与外观特征间有一定的关系，外观特征往往可反映烟叶内在质量的优劣。不经过分级的雪茄烟叶很难满足各种雪茄烟的配方要求，从而影响其使用和商品稳定性。此外，以质论价、优质优价的商品规律决定了不同质量的烟叶有着不同价格。烟叶不分优劣、不分等级，就无法定价收购和销售，从而无法体现优质优价的市场定律，也就很难体现出烟叶的市场价值，从而无法体现烟农的劳动成果（闫新甫，2011）。因此，不同质量的烟叶必须进行科学合理分级，体现以质论价、优质优价的商品规律。

分级的作用体现在以下几个方面。

1）实现烟叶资源的合理利用，以及充分发挥资源的最大效益。

2）均值化雪茄烟叶，方便雪茄烟叶原料选用，以及科学和合理加工雪茄烟叶，增加烟叶原料多样性。

3）有利于雪茄烟卷制工艺处理和配方，目前雪茄工业对烟叶的使用以等级为基础，未经分级的烟叶不具备配方使用条件，只有经过分级将不同质量的烟叶区分出来，雪茄工业才能针对各等级烟叶的质量特点进行科学加工和配方，从而生产不同类型和不同风格的雪茄烟，保持雪茄烟质量的稳定。

4）为烟叶生产者指明生产方向，指导其不断改善生产技术，促进优质雪茄烟叶生产。

5）有利于贯彻国家的价格政策，实现优质优价、以质论价，增加烟农收入，调动烟农生产优质雪茄烟叶的积极性。

6）有利于雪茄烟叶的经营、质量检验和对外贸易。

二、分级原则

雪茄烟叶分级前，首先要确定分成什么样的等级、分成多少等级、如何划分等级。等级的划分和设置是分级的前提，是烟叶标准制定和价格制定的基础。客观合理地设置烟叶在各个生产环节的等级对其收购、交接、工业使用具有重要意义。烟叶等级设置一般要遵循以下原则。

1）等级的设置要科学、客观、合理。每个等级要有明显的性状或外观特征，各等级间易于区别，尽量减少主观因素的影响，具有可操作性。

2）同一个等级所包含的烟叶质量应尽可能一致，以满足雪茄烟生产要求。但每个等级的质量要有一定的允许度，即允许有一定的质量差异，但不可太宽。

3）有使用价值的每片烟叶都能归入相应的等级标准范围，无使用价值的烟叶不列入等级标准范围。

4）分级因素的选择应符合外观特征与内在质量密切相关的原则，即"表里一致"原则，只有被人们认识和掌握的与内在质量密切相关并具规律性的外观因素才能被确定为分级因素。

5）等级数目的设置要结合实际，既要以科学为依据，有利于划分不同质量的烟叶，又要兼顾收购过程的可操作性和生产者的接受能力，便于推广使用。

6）等级特征、术语定义和技术参数的规定要准确、无歧义。

烟叶分级时，必须先制定分级标准和实物标样，使其有标准可依。一般利用烟叶外观特征与内在质量密切相关的一些指标，科学、客观、合理地制定烟叶等级标准。

三、分级因素

雪茄烟的等级划分通常基于外观、质地、口感和制作工艺等因素。一般来说，雪茄烟分为三个等级：手工制作、半机器制作和机器制作。其中，手工制作的雪茄烟品质最高，由熟练的烟叶工匠手工制作，外观、香味和口感经过了仔细把握与调整，是最考究的雪茄烟之一。上等的雪茄烟是不能用机器卷制的，因为好的雪茄烟在几百道生产工序作业中不能受到任何污染，而机械产生的味道及油污对雪茄烟的香气、吃味、余味影响极大。此外，任何机械无法取代人手的感觉，机器无法因为茄芯和茄衣烟叶质量变化而作出同步调整。对于雪茄烟质量，真正的考验是试吸。每当点燃一支雪茄，可通过下列几点来确认其质量好：烟灰呈长圆柱形，长度达 1 英寸以上，长的烟灰表明雪茄烟填充的是高质量的完整烟叶。半机器和机器制作的雪茄烟茄芯、茄套和茄衣的制作都由机器完成。

雪茄烟有多种分级和分类方式，但通常基于以下几个方面来划分。外观：通常根据长度、宽度、形状、光泽、颜色和装饰来分类。构造：包括骨架、填料和茄衣，其质量和结构将直接影响雪茄烟的口感和燃烧性。味道通常分为三种主要类型：淡味、中等口感和浓郁味。

雪茄烟叶是雪茄烟生产的基础，一支雪茄烟品质的好坏、外观的展现和感官的稳定性，取决于雪茄烟叶的品质质量及观感，而雪茄烟叶的品质主要由外观质量、物理特性、化学成分、感官质量等因素综合决定，其从不同的方面体现和反映烟叶的风格特色与品质特征。外观质量是烟叶分级的重要依据，化学成分和感官质量主要反映烟叶的内在质量，物理特性则可反映烟叶的质量、耐加工性和经济性状。为保证每一支雪茄烟品质优良及稳定，烟叶分级必定成为烟草生产的一个重要环节。

衡量烟叶等级质量和内在质量的外观特征称为分级因素，包括品质因素和控制因素两个方面。

品质因素指反映烟叶内在质量的外观因素，如部位、尺寸、颜色、成熟度、油分、韧性/强度、身份、光泽、均匀度、叶脉结构（脉相）、香气等。这些因素是烟叶本身所固有的特征，是衡量烟叶质量优劣的依据。分级标准按烟叶等级的高低规定不同的品质因素指标，要求相应级别烟叶必须达到相应规定。

控制因素指影响烟叶内在质量的外观因素，如完整度、残伤、杂色、破损等。这些因素不是烟叶本身固有的特征，是受某些外因影响而产生的。虽然控制因素不是烟叶等级的决定因素，但其会影响烟叶的外观和内在质量，从而导致烟叶品质下降。所以，一般会对标准中不同等级的烟叶予以不同比例的限制，这个限制称为允许度，即允许某等级存在某种比例的控制因素。控制因素使烟叶等级质量控制在一定的水平范围，可使烟叶保持相对稳定的质量水平。

分级往往由人们通过视觉和触觉来判定。因此，分级就是通过眼观、手摸、鼻闻等方法对烟叶质量进行综合判定，根据等级标准规定把不同质量的烟叶科学合理地分为不同的等级。

雪茄烟叶的分级是一个复杂的过程，需要考虑各种因素，以确保只有最高质量的烟叶才能用于优质雪茄烟的生产。通常是根据影响烟叶质量和适用于高档雪茄烟生产的几个因素进行分级的，主要有成熟度、油分、身份、均匀度、完整度、大小（或尺寸）、叶脉结构（脉相）、颜色、质地、香气和强度等。以下是雪茄烟叶的一些主要分级技术指标。

1）成熟度：烟叶的成熟程度。成熟：叶片颜色均匀一致，无杂色或青斑，触感柔而不腻、韧而不脆，有舒张感、粘手感。较熟：叶片颜色较均匀，无杂色或青斑，触感柔韧度较好，稍有舒张感、粘手感。尚熟：叶片颜色尚均匀，基本无杂色或青斑，触感有一定的柔韧度，略有舒张感、粘手感。

2）油分：烟叶组织细胞含有的一种柔软液体或半液体物质，在烟叶外观上表现出油润或枯燥的感觉。油分与弹性、韧性、吸湿性等雪茄烟叶质量密切相关，是一个概括性强的品质因素。茄衣、茄芯烟叶均对油分要求较高。

3）身份：烟叶厚度、细胞密度或单位叶面积质量的总体体现。茄衣烟叶对身份有严格的要求，应达到薄、稍薄、中等、稍厚。

4）均匀度（色泽）：发酵后烟叶颜色的协调一致性。形状、大小和质地均匀的烟叶通常被认为比不规则或不一致的烟叶质量更高。茄衣作为雪茄烟完美形象的最直观体现，对烟叶的色泽要求苛刻，要求色泽均匀、光泽好。相较于茄衣烟叶，茄芯烟叶的色泽普遍偏暗，因此茄芯烟叶对色度要求不高。

5）完整度：叶片完整的程度。完整指整片烟叶无破损；较完整指叶片边缘有少量破损，不影响工业使用；单边可用指以主脉为界限，其中一边无破损或有少量破损，不影响工业使用。茄衣、茄套烟叶对完整度要求较高。

6）大小：用长度表示，为从叶片主脉柄端至尖端的距离。传统意义上的雪茄烟全部由天然烟叶组成，茄衣、茄套、茄芯三部分经手工卷制而成，这种制作方法对烟叶的大小有严格要求，不同规格的烟支对茄衣、茄套、茄芯烟叶的大小要求不同。较大的烟叶通常被认为比较小的质量更高，因为其提供了更大的使用面积，适用于更多规格的雪茄烟卷制。

7）脉相：雪茄烟叶支脉的粗细、曲直、起伏状态。叶脉会影响烟叶的燃烧速度、风味和外观（茄衣），优选具有明确并均匀分布叶脉结构的叶片。茄衣烟叶要求支脉不突出，细、较细或稍粗，脉相平直。茄芯烟叶对脉相不做要求。

8）颜色：发酵后雪茄烟叶的颜色。通常来说，发酵后雪茄烟叶主要呈褐色。国际上的雪茄烟叶由浅到深一般分为 Double Claro、Claro、Colorado Claro、Colorado、Colorado Maduro、Maduro、Oscuro 七种，见图6-1。颜色不同，烟叶质量也不同。烟叶颜色与口味和强度有关，某些色调（如浓郁的油褐色）尤其受欢迎。由于栽培措施和发酵程度不同，阳植并经过剧烈发酵的茄芯烟叶颜色普遍较深，阴植的茄衣烟叶颜色选择更多，且茄衣烟叶对颜色要求更高。

9）质地：烟叶的质地也很重要，光滑柔软、无瑕疵的烟叶比粗糙、受损的烟叶更受欢迎。

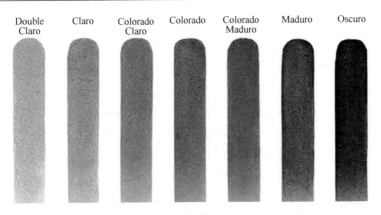

图 6-1　国际上雪茄茄衣烟叶的颜色

10）香气：烟叶的香气可以表明其质量，具有丰富复杂和浓郁的香气表明烟叶是优质的。

11）强度：烟草的强度也是一个分级因素，某些类型的雪茄烟更喜欢强壮的烟叶。

四、分级原理

各产烟国都有自己的分级要求或标准，目前烟叶分级普遍按类、型、组、级的顺序形成体系，称为烟叶分级原理。首先按照烟叶的调制方法、性质和用途分类；同一类的烟叶再按生态类型区分型；同一型的烟叶再按部位、颜色等分组；同一组的烟叶依据一定的分级因素分级（闫克玉和赵献章，2003），即在各个组内划分若干个连续的级别，最终分清烟叶质量。

分类是烟叶分型的基础，只有经过合理分类才能正确地区分烟叶质量，避免同一型含有不同种类的烟叶，为合理分型和分组奠定基础。烟叶的分类方式多种多样，可以采用不同的标准和角度。按植物学性状分类，可分为普通烟草（红花烟草）和黄花烟草；按制品分类，可分为卷烟、雪茄烟、斗烟、水烟、鼻烟和嚼烟；按品种和调制方式分类，大概分为三种：烤烟、晒烟、晾烟。我国通常按品质特点、生物学性状和栽培调制方法，将烟草划分为烤烟、晒烟、晾烟、白肋烟、香料烟和黄花烟 6 类，而雪茄烟归为晾烟；目前根据烟叶在雪茄配方工艺中的作用，将其分为茄衣、茄套、茄芯三种类型。美国按调制方法、性质及用途进行烟叶分类，共分为 9 类，本土生产的烟叶分 6 类，分别为烤烟（flue-cured tobacco）、明火烤烟或明火烤制烟（fire-cured tobacco）、晾烟或晾制烟（air-cured tobacco）、茄芯（filler）、茄套（binder）和茄衣（wrapper）；零星种植的烟叶分为 1 类；进口的烟叶分为 2 类。

烟叶分型指同一类烟叶的再区分,即根据由生产地区、土壤、气候、品种、栽培方法等因素不同导致的烟叶质量和使用价值差异将烟叶划分为若干型。同一型的烟叶有某些共同特征、特性和多个等级。传统上将烤烟分为浓香型、清香型、中间香型,而国际上将烤烟分为主料型、填充型。雪茄茄芯烟叶分为浓度型、香味型和填充型;香料烟分为 B(basma)型、S(samsun)型。美国在分类的基础上,按自然条件分型,一般用两位阿拉伯数字代表烟叶的"类"和"型",如第一类烤烟分 4 型,代号为 11 型、12 型、13 型、14 型。第二类明火烤烟或明火烤制烟分 3 型,代号为 21 型、22 型、23 型。第三类晾烟或晾制烟分 6 型,代号为 31型、31-V 型、32 型、35 型、36 型、37 型。第四类雪茄茄芯烟分 5 型,41 型:宾夕法尼亚宽叶烟,产于宾夕法尼亚的兰卡斯特县及邻近县;42~44 型:俄亥俄芯烟,产于俄亥俄的迈阿密河谷地区并延伸进入印第安纳地区;46 型:波多黎各晒烟,可摘叶采收和砍株采收,产于波多黎各岛。第五类雪茄茄套烟分 5 型,51 型:康涅狄格阔叶烟,产于马萨诸塞和康涅狄格的康涅狄格河谷地区;52 型:康涅狄格哈瓦那雪茄烟,产于康涅狄格和马萨诸塞;53 型:约克州雪茄烟或纽约哈瓦那雪茄烟;54 型:南威斯康星雪茄烟,产于威斯康星和威斯康星河的南部与东部;55 型:北威斯康星雪茄烟,产于威斯康星和威斯康星河的北部与西部及明尼苏达东部。第六类雪茄茄衣烟分 1 型,代号为 61 型,为康涅狄格遮阴雪茄烟叶,产于康涅狄格的康涅狄格河谷地区和马萨诸塞。

分组是依据一定的因素对同一型烟叶的再区分,是进一步分清烟叶质量、划清等级的基础。分组的主要依据是对烟叶质量影响较大的外观因素,如部位、颜色等,依据一定的分组因素把几个质量接近等级的烟叶划在一起的过程就称分组。雪茄鲜烟叶和原烟主要是按部位进行分组,而工商交接等级标准不分组。

分级是依据一定的分级因素,用感官方法把同一组烟叶划分成若干个等级的过程。烟叶等级是衡量烟叶外观质量的基本指标,只有正确按照烟叶分级标准进行等级划分,才能达到分清烟叶质量之目的。

第二节　国外雪茄烟叶分级

世界雪茄烟叶主产区都有一些自己的分级要求和方法,部分分级标准统计见表 6-1。不同的雪茄烟叶产地和制造商可能会采用不同的等级划分标准,一般取决于其品牌传统和制造工艺。总的来说,雪茄的组别划分主要基于烟叶的质量、产地和品种等因素,不同的制造商和产地可能有不同的侧重点与标准。

表 6-1　国外雪茄烟叶分级统计表

雪茄烟叶产地	分级因素	分类	组别等级 茄衣	茄套	茄芯
古巴	颜色、油分、厚度、叶长、叶宽、破损、气味、部位	茄衣、茄套、茄芯	4 种颜色/5 种尺寸	5 种尺寸（等级）	4 个部位（Volado、Seco、Ligero、Medio Tiempo）/4 种尺寸
多米尼加	颜色、叶长、叶宽、部位	茄衣、茄套、茄芯	3 种颜色/3 种尺寸	3 种尺寸	4 个部位（Volado、Seco、Viso、Ligero）/3 种尺寸
印度尼西亚	颜色、完整性、叶长、质地、结构、劲头、燃烧性和香味	茄衣、茄芯	4 个等级		2 个等级
美国 — 俄亥俄	身份、成熟度、结构、油分、抗张强度、叶长、叶宽、一致性、允许生青、破损、残伤		统货叶组 4 个等级，末级叶组 1 个等级		
美国 — 康涅狄格茄衣	身份、色调、成熟度、结构、叶脉、脉色、叶长、一致性、破损、允许沾污	茄衣	自然晾制茄衣叶组 16 个等级，沾污叶组 2 个等级，残伤叶组 2 个等级，末级叶组 2 个等级，微温调制茄衣叶组 6 个等级，残伤叶组 2 个等级，末级叶组 2 个等级		
美国 — 康涅狄格茄套	身份、成熟度、结构、弹性、抗张强度、叶宽、叶长、一致性、破损、允许度（生青、冻害）	茄套、茄芯、碎片	茄套叶组 5 个等级，非茄套叶组 1 个等级，末级叶组 2 个等级，碎叶组 1 个等级		
美国 — 威斯康星茄套	身份、成熟度、结构、弹性、抗张强度、叶宽、叶长、一致性、破损、允许度（生青、冻害）	茄套、茄芯、碎片	茄套叶组 3 个等级，窄长叶组 3 个等级，统货叶组 3 个等级，茄芯叶组 3 个等级，末级叶组 2 个等级，碎叶组 1 个等级		
美国 — 波多黎各茄芯	身份、成熟度、结构、叶长、破损、允许沾污	茄芯、碎片	长芯叶组 2 个等级，短芯叶组 7 个等级，末级叶组 1 个等级，碎叶组 1 个等级		
美国 — 宾夕法尼亚种叶（阔叶）	身份、成熟度、结构、油分、抗张强度、叶长、叶宽、一致性、允许生青、破损、残伤	茄衣、茄套、茄芯、碎片	窄长叶组 3 个等级，统货叶组 3 个等级，茄芯叶组 2 个等级，末级叶组 3 个等级		
CdF 国际集团世界各地的采购分级标准 — 巴西	分品种（巴伊亚和阿拉皮拉卡）：采摘次数、颜色、叶长、破损、洁净度	茄衣、茄套、茄芯	3 个等级（种颜色），13 个等级	1 个等级	3 个等级（种颜色），3 个等级（特征）
CdF 国际集团世界各地的采购分级标准 — 古巴	种植方式、采摘次数、颜色、完整度、厚度、叶长、部位	茄衣、茄套、茄芯	3 种颜色，6 个等级	3 个等级	3 个等级（Seco、Ligero、Medio Tiempo）
CdF 国际集团世界各地的采购分级标准 — 印度尼西亚	分品种（伯苏基）：质量档次、颜色、破损等	茄衣、茄套、茄芯	13 个等级	7 个等级	5 个等级
CdF 国际集团世界各地的采购分级标准 — 菲律宾	颜色、弹性、身份、叶长、光泽、均匀度、破损	茄套、茄芯		1 个等级	7 个等级
CdF 国际集团世界各地的采购分级标准 — 多米尼加	部位、叶长、身份、破损等	茄衣、茄套、茄芯			8 个等级
CdF 国际集团世界各地的采购分级标准 — 厄瓜多尔	质量档次、颜色、叶长、破损等	茄衣	5 种颜色/尺寸，10 个等级		
CdF 国际集团世界各地的采购分级标准 — 喀麦隆	质量、颜色、叶长、破损	茄衣、茄套	7 种颜色/4 种尺寸，7 个等级	3 种尺寸，5 个等级	
CdF 国际集团世界各地的采购分级标准 — 巴拉圭	颜色、部位、身份等	茄芯			4 种颜色/2 个部位，6 个等级
CdF 国际集团世界各地的采购分级标准 — 哥伦比亚	长度、洁净度、破损、部位等	茄衣、茄套、茄芯	8 个等级	1 个等级	3 个等级

一、古巴雪茄烟叶分级

世界公认没有其他地方能生产出比古巴更好的烟叶。古巴首屈一指的雪茄烟叶是 Vuelta Abajo 地区产出的，其独特的气候条件、土壤条件、种植技术造就了烟叶强劲、醇厚的口感，并带有辛辣味和多种芳香，烟叶的整体柔软度高。

古巴雪茄烟叶的分拣和分级依据是不同类型烟叶的生产要求，根据种植方法分为阳植和阴植烟叶，根据用途分为茄衣、茄套、茄芯三类烟叶。

（一）阴植烟叶分级

1. 茄衣烟叶分级

1）古巴茄衣烟叶主要分为出口使用烟叶和国内销使用烟叶两种，优质的茄衣烟叶用于出口，国内销使用烟叶质量稍差。

2）按烟叶完整度、油分、颜色等进行分级，出口烟叶分为 5 个等级，国内销使用烟叶分为 2 个等级，详见表 6-2。

表 6-2　古巴茄衣烟叶分级

类别	等级	等级名称	描述
出口使用（烟支）	1	Primera especial viso-seco y ligero	咖啡色和浅咖啡色，有油分，韧性好，颜色均匀，全叶片无斑点和破损
	2	Primera viso-seco y ligero	咖啡色和浅咖啡色，有油分，韧性好，颜色均匀，长叶脉至叶尖的 3/4，主脉两边不影响使用的部分允许斑点和破损
	3	Segunda viso-seco y ligero	咖啡色和浅咖啡色，油分较等级 2 多一点，韧性好，颜色均匀，长叶脉至叶尖的 3/4，主脉两边不影响使用的部分允许斑点和破损，烟叶有一半可用
	4	Tercera especial viso-seco y ligero	咖啡色和浅咖啡色，很薄，油分少，主脉两边不影响使用的部分允许斑点和破损，烟叶有一半可用
	5	Primera carmelita o seco	深咖啡色，油分较等级 2 多一点，韧性好，颜色均匀，长叶脉至叶尖的 3/4，主脉两边不影响使用的部分允许斑点和破损，烟叶有一半可用
国内销使用	1	Tercera viso seco y ligero	咖啡色和浅咖啡色，油分少，允许斑点和破损，半片可用
	2	Segunda carmelita	深咖啡色，油分少，允许斑点和破损，允许叶片稍厚，全片可用

3）分级后根据卷制需要再按烟叶尺寸进行细分。

2. 茄套烟叶分级

阴植烟叶茄套一般选用植株下部油分少的完整烟叶，颜色不限。

3. 茄芯烟叶分级

不能用作茄衣和茄套的烟叶，分级方法参考阳植烟叶。

（二）阳植烟叶分级

古巴阳植的雪茄烟叶根据综合品质主要分为四类：Volado、Seco、Ligero、Medio Tiempo。

Volado（茄套或下部茄芯烟叶，F1 级）：叶片支脉细，无油分或油分少，有光泽（浅咖啡色黄），灰色（浅咖啡灰）或浅咖啡色，叶片大小根据级别不同而异。

Seco（中部茄芯烟叶，F2 级）：叶片支脉细，油分少，浅咖啡，叶片大小根据级别不同而异。

Ligero（上部茄芯烟叶，F3、F4 级）：叶片支脉中等，有油分，浅咖啡，叶片大小根据级别不同而异。

Medio Tiempo（顶叶，F4 级）：叶片支脉较粗，油分多，深咖啡色，大小不一。

1. Volado 烟叶

下部烟叶，一般用作茄套或一级强度茄芯（F1 级），根据需要按尺寸进行细分：①14 Volado：长＞38cm，宽＞22cm，如果宽＜22cm，划为②；②15 Volado：长 35～38cm，宽 22cm，如果宽＜22cm，划为③；③16 Volado：长 30～35cm，宽 20cm；④17 Volado：长 25～30cm，宽 18cm，颜色好，无破损，作为原烟出口；⑤17 Reajuste especial：①～③类有破损无法用作茄套的烟叶归为此类作为茄芯使用；⑥17 Reajuste：④类有破损的烟叶，作为原烟出口。

大多用作茄套，分为出口和国内销使用两种。比那尔德里奥、圣胡安、圣路易斯、孔索拉西翁 4 个地方的①～③类作为茄套烟叶用于出口，其他地方的①～③类烟叶用于国内销使用。

2. Seco 烟叶

中部烟叶，一般用作二级强度茄芯（F2 级），根据需要按尺寸进行细分：①14 Seco：长＞38cm；②15 Seco：长 35～38cm；③16 和 17 Seco：长 25～35cm；④18 Centro B：烟叶组织有缺失，不用作茄芯，作为原烟出口；⑤Afectado：破碎的无法用于雪茄烟的烟叶，作卷烟用；⑥Octava：无油分，厚，作为茄芯烟叶国内销使用。

3. Ligero 烟叶

上部烟叶，一般用作三级和四级强度茄芯（F3、F4 级），根据需要按尺寸进行细分：①14 Ligero：长＞38cm；②15 Ligero：长 35～38cm；③16 和 17 Ligero：长 25～35cm；④18 Centro：烟叶组织有缺失，不用作茄芯，作为原烟出口；⑤Afectado：破碎的无法用于雪茄烟的烟叶，作卷烟用；⑥Septima：无油分，厚，作为茄芯烟叶国内销使用。

4. Medio Tiempo

顶叶，一般用作四级强度茄芯（F4 级），其他同 Ligero 烟叶。

二、美国雪茄烟叶分级

美国烟叶分级制度比较完善、科学，是一个完整的体系，是许多国家制定分级标准的思想基础。美国将烟叶划分为 9 类：第 1 类为烤烟（或火管烤制烟），第 2 类为明火烤烟（或明火烤制烟），第 3 类为晾烟（或晾制烟），第 4 类为雪茄茄芯烟，第 5 类为雪茄茄套烟，第 6 类为雪茄茄衣烟，第 7 类为国内产零星烟，第 8 类为国外产雪茄烟，第 9 类为国外产非雪茄烟，其中第 4、5、6、8 类均为雪茄烟。雪茄烟共分茄衣、茄套及茄芯烟 3 类 13 型，各个种植区根据当地的烟叶特性进一步分级。

美国雪茄烟分类与等级设置偏多且复杂，大都根据烟叶身份、成熟度、结构、油分、抗张强度、叶长宽、一致性及允许生青、破损和残伤等指标进行等级识别。俄亥俄雪茄烟、康涅狄格雪茄烟、威斯康星雪茄烟、波多黎各雪茄烟、宾夕法尼亚雪茄烟等都有各自的等级标准规定。

俄亥俄雪茄烟（42 型、43 型、44 型）根据身份、成熟度、结构、抗张强度、叶长宽、一致性、允许生青、破损和残伤等分为统货叶组和末级叶组 2 组共 5 级；康涅狄格河谷遮阴雪茄茄衣烟（61 型）根据身份、色调、成熟度、结构、叶脉、脉色、叶长、一致性、破损等分为茄衣叶组、沾污叶组、残伤叶组和末级叶组 4 组共 22 级；康涅狄格雪茄茄套烟（51 型和 52 型）根据身份、成熟度、结构、弹性、抗张强度、叶长宽、一致性和破损等分为茄套叶组、非雪茄茄套叶组、末级叶组和碎叶组 4 组共 9 级；威斯康星雪茄茄套烟（54 型、55 型，也适合于 53 型哈瓦那品种）根据身份、成熟度、结构、弹性、抗张强度、叶长宽、一致性和破损等分为茄套叶组、窄长叶组、统货叶组、茄芯叶组、末级叶组和碎叶组 6 组共 15 级；波多黎各雪茄茄芯烟（46 型）根据质量因素分为长芯叶组、短芯叶组、末级叶组和碎叶组 4 组共 11 级；宾夕法尼亚雪茄烟（41 型）根据身份、成熟度、结构、油分、抗张强度、叶长宽、一致性、允许生青、破损和残伤等分为窄长叶组、统货叶组、茄芯叶组和末级叶组 4 组共 11 级。

三、印度尼西亚雪茄烟叶分级

印度尼西亚非官方雪茄烟叶类型等级标准中，茄衣烟叶分为 4 个等级，即一级（1st grade）：叶片浅褐色，质地优，外观平展有光泽，叶长≥40cm；二级（2nd grade）：叶片浅褐色，质地好，外观有光泽，叶长 30～40cm；三级（3rd grade）：叶片浅褐色，质地中等，叶长 22～30cm；四级（4th grade）：叶片浅褐至深褐色，质地中等，叶长 22cm 以下；前三个等级有破损的烟叶都归入四级。茄芯烟叶根据大小、颜色、质地、结构、劲头、燃烧性和香味等特征分为 2 个等级，即 Raasi级：叶片褐色，色泽一致，身份薄至中等，大小中等，劲头醇和，燃烧性好，烟灰呈灰白色，香味适中；Cruz 级：叶片较小，褐色至深褐色，身份中等，燃烧性一般，烟灰呈灰白色，香味适中。

还有一些常见的雪茄烟叶等级，如下所示。

外观等级：根据烟叶的外观特征来划分，如颜色、质地和形状等。一般而言，分为 6 个等级，从最高到最低分别是 AA、A、B、C、D 和 F。

成熟度等级：根据烟叶的成熟度来划分。通常分为 9 个等级，从高到低分别是 1M、2M、3M、4M、5M、6M、7M、8M 和 9M。其中，M 代表月份，表示烟叶成熟的时间。

质量等级：根据烟叶的整体质量来划分。一般而言，分为 4 个等级，从高到低分别是 Super Grade、Grade 1、Grade 2 和 Grade 3。

四、CdF 国际集团雪茄烟叶分级

CdF 是菲律宾烟草总公司"Compania General de Tabacos de Filipinas S.A."的缩写，后简化为"Compania de Filipinas"，即菲律宾公司，现在变更为 CdF 国际集团（CdF International Group）。虽然几经变更，但公司名称仍然用"CdF"作为标志。CdF 国际集团的总部设在荷兰的乌特勒支省，主要业务是为全球长期提供晾制的深色雪茄茄衣、茄套和茄芯以及制造雪茄的其他类型烟叶，在 8 个国家建立了自己的烟叶采购业务。

CdF 国际集团于 1881 年在巴塞罗那成立，目的是接管西班牙政府在菲律宾拥有的烟草工厂，因为当时菲律宾烟草专卖刚刚取消。1950～1970 年业务扩大到印度尼西亚和拉丁美洲。1994 年并入 Intabex 公司，同时收购 Stancom 公司的深色晾烟业务，成为全球最大的深色晾烟经销商。1997 年成为德孟公司（DM）的子公司，2005 年成为联一国际（AOI）的子公司。2007 年西班牙的菲律宾烟草总公司和荷兰的利波尔烟叶公司（Lippoel Leaf B. V.）及其旗下的各业务子公司被一个投资集团购买后重新组合成一个新的、独立的、跨国的烟叶经销商，即 CdF 国际集团。

目前，CdF 国际集团在雪茄烟叶原产国巴西、古巴、多米尼加、哥伦比亚、印度尼西亚、菲律宾、厄瓜多尔、喀麦隆、巴拉圭等都建立了子公司或合作伙伴公司，从事烟叶采购业务，并为阿根廷、巴西、哥伦比亚、津巴布韦、马拉维、意大利、保加利亚、马其顿、土耳其、印度、中国、美国、菲律宾等国提供晒烟或深色晾烟。

CdF 国际集团是全球最大的雪茄烟叶种植和经销商，在雪茄烟叶原产国均采用自己的一套烟叶等级标准体系。在各国建立和使用的等级标准一般借鉴了当地伙伴公司所使用的等级标准规定，并参考或借用了当地的一些习惯用法和名称。一些分级体系是在很多年前形成的，没有人确切知道某些等级为什么是现在这个名称。

CdF 国际集团在各烟叶原产国所使用的等级标准因类型和品种不同而规定了不同的等级代号和质量要求，并且不同品种的烟叶等级标准不同。

雪茄烟叶先根据采摘部位（采摘次序和位次，即从下到上第几次采摘）和颜色，再按长度或质量特征划分等级。同一采摘部位的烟叶会有不同的颜色，也会有不同的质量和长度等级，因此同一采摘部位（如第 2 次或第 3 次采摘）的烟叶因其他特征不同可以归入不同等级。这样，部位、颜色和质量可以组合出很多等级。以下内容为 CdF 国际集团在各地的雪茄烟叶采购分级标准。

多米尼加：根据品种、类型、部位和质量分为 Rezagos、Capaduras、Frogstrips、Pickings、A、B、C、Nr. 4。

巴西：不同品种有不同的等级标准和代号，分为茄衣、茄套和茄芯三类，主要根据采摘次数、整叶颜色均匀度、完整度、叶长和破损等分级。

印度尼西亚：等级比较复杂，茄衣、茄套和茄芯均有标准，但多为各公司内部标准，并且等级标识符号为公司内部分级时使用，对外销售时会采用新的等级标识。除此，印度尼西亚还采用一套官方出口检验等级标准的等级标识，即烟草协会等级标准体系。不同品种有不同的等级标准和代号，分为茄衣、茄套和茄芯三类，主要根据颜色、部位、完整度、质量和破损等分级。

菲律宾：主要根据部位、弹性、色泽、身份、尺寸和破损状况等进行分级。

厄瓜多尔：使用的康涅狄格茄衣烟叶品种按质量和颜色分级，有 10 个等级。

喀麦隆：主要根据尺寸、质量、颜色和破损等分级。

巴拉圭：主要根据部位、身份和颜色等进行分级。

哥伦比亚：主要根据尺寸、质量和破损等分级。

第三节　国内雪茄烟叶分级

我国有丰富的雪茄烟叶原料资源，20 世纪 90 年代以来，随着经济实力的增强和雪茄文化的传播，国内雪茄产业获得蓬勃发展，海南、四川、湖北、云南等地正在积极开展雪茄烟叶生产种植的研究和探索，以便为"中式雪茄"提供优质特色的烟叶原料。有人认为我国的雪茄烟叶接近加勒比海风格，有较好的烤香、粉香、花香和木香，伴有胡椒味、豆香和青草香，甜感较好，具有巨大的潜力。我国雪茄烟叶的分级方法、标准也随着其生产蓬勃发展起来。

一、国内主产区雪茄烟叶分级概况

随着雪茄烟叶的规模化发展，近年来我国各省对其分级标准进行了积极的探索和研究，起草制定了一些地方标准或企业标准，见表 6-3。湖北于 2020 年起草发布了地方标准《雪茄烟叶等级质量规范》（DB42/T 1549—2020），将雪茄烟叶分为 8 组 16 个等级；海南制定了雪茄烟叶内部等级标准，但没有出台相应的地方标准；云南于 2021 年起草发布了云南省烟草专卖局企业标准《雪茄烟叶工商交接等级标准》[Q/YNYC（KJ）.J01—2021]，将雪茄烟叶分为 11 组 28 个等级。

表 6-3　国内雪茄烟叶分级统计表

产地	分级质量因素	分类	组别等级		
			茄衣	茄套	茄芯
四川（行标）YC/T 588—2021	颜色、叶长、成熟度、油分、身份、均匀度、完整度、部位	茄衣、茄套、茄芯、碎片	7 种颜色，2 种尺寸，3 个等级	2 种尺寸，4 个等级	3 种尺寸，3 个部位，4 个等级
湖北（地标）DB42/T 1549—2020	完整度、成熟度、均匀度、油分、色度、身份、脉相、长宽度、残伤	茄衣、茄套、茄芯	2 种颜色/2 个等级，即 2 组 4 个等级	2 种颜色/2 个等级，即 2 组 4 个等级	3 个部位/2 个等级 +1 个副组/2 个等级，即 4 组 8 个等级
云南（企标）Q/YNYC（KJ）.J01—2021	叶长、完整度、均匀度、油分、光泽、身份、脉相、韧性、成熟度、杂色、残伤、破损	茄衣、茄套、茄芯	4 组 12 个等级	3 组 6 个等级	4 组 10 个等级

2021 年 12 月由四川中烟牵头，联合行业多家单位起草发布了中国雪茄烟叶

的工商交售等级标准《雪茄烟叶工商交接等级标准》（YC/T 588—2021）（2022年 3 月 1 日起实施），目前各雪茄烟叶产区按此标准分级。

二、雪茄烟叶工商交接等级标准

自《雪茄烟叶工商交接等级标准》发布实施以来，各雪茄烟叶生产企业均按其分级和交售，因此列出该标准对雪茄烟叶的等级规定。

1. 术语

茄衣 wrapper　雪茄烟最外层的烟草。

茄套 binder　雪茄烟中用于固定茄芯位置的烟草。

茄芯 filler　雪茄烟中心填充的烟草。

等级 grade　依据外观质量特点和优劣程度把烟叶划分成的不同级别。

成熟度 maturity　烟叶的成熟程度。成熟度分为成熟、较熟、尚熟。成熟指叶片颜色均匀一致，无杂色或青斑，触感柔而不腻、韧而不脆，有舒张感、粘手感；较熟指叶片颜色较均匀，无杂色或青斑，触感柔韧度较好，稍有舒张感、粘手感；尚熟指叶片颜色尚均匀，基本无杂色或青斑，触感有一定的柔韧度，略有舒张感、粘手感。

均匀度 uniformity　经发酵后烟叶颜色的协调一致性。

油分 oil　烟叶内含有的一种柔润的半液体或液体物质（芳香油和树脂等），在烟叶外观上表现出油润或枯燥的感觉。

长度 length　从叶片主脉柄端至尖端间的距离。以厘米（cm）表示。

完整度 integrity　叶片完整的程度。完整度分为完整、较完整、单边可用。完整指整片烟叶无破损；较完整指叶片边缘有少量破损，不影响工业使用；单边可用指以主脉为界限，其中一边无破损或有少量破损，不影响工业使用。

部位 position　烟叶在植株上的着生位置。由上而下分为顶叶、上部叶、中部叶、下部叶、脚叶。

身份 body　烟叶厚度、细胞密度或单位叶面积质量的总体体现。

形态 form　烟叶分级后呈现的外观状态。包括蛙腿、把烟、散叶、碎片。茄衣、茄套烟叶形态为把烟，茄芯烟叶形态为蛙腿、把烟、散叶、碎片。

蛙腿 frog strip　将部分主脉去梗后呈现蛙腿形态的烟叶。

把烟 bundle　同一等级一定数量（20 片左右）的烟叶，在烟柄处用同级的 1～2 片烟叶缠绕扎紧形成的一束烟叶。

散叶 loose leaf　分级后不扎把、排列整齐的烟叶。一般为较短的顶叶或脚叶。

碎片 leaf scrap　烟叶生产过程中产生的碎叶。

异味 off-odor　不具有烟草特征气味的明显怪味，可使烟叶吸用价值降低或失去吸用价值。

霉变 molding　不具有烟草特征气味的明显霉味，可使烟叶失去吸用价值。

2. 等级要素

雪茄烟叶等级要素包括类型、质量等级、颜色、部位、形态、长度，具体等级要素及其代码（表征）见表6-4。

表6-4　等级要素及其代码（表征）

等级要素	代码（表征）
类型	Wr（茄衣）；Bi（茄套）；Fi（茄芯）
质量等级	1（优）；2（良）；3（一般）；4（差）
颜色	A（青褐色）；B（黄褐色）；C（浅褐色）；D（中褐色）；E（红褐色）；F（深褐色）；G（黑褐色）
部位	B（上部叶）；C（中部叶）；X（下部叶）；M（混部位）
形态	Bt（把烟）；Fs（蛙腿）；Ll（散叶）；S（碎片）
长度	L（长度≥50cm）；M（35cm＜长度＜50cm）；S（长度≤35cm）

上部叶一般指烟株上部（3～5片）烟叶，中部叶一般指烟株中部（6～8片）烟叶，下部叶一般指烟株下部（3～4片）烟叶，混部位指不同部位茄芯烟叶碎片相混。
茄衣长度分为长（L）、中等（M）；茄套长度分长（L）、中等（M）；茄芯长度分长（L）、中等（M）、短（S）。

3. 质量等级技术要求

（1）茄衣烟叶

茄衣烟叶质量等级技术要求见表6-5。茄衣烟叶的成熟度、油分、身份、均匀度、完整度指标均达到某一质量等级要求时，质量等级定为该等级，否则按最低单项质量等级定级。

表6-5　茄衣烟叶质量等级技术要求

质量等级	成熟度	油分	身份	均匀度	完整度
1	成熟	足	薄	均匀	完整
2	较熟至成熟	较足至足	中等	较均匀	较完整
3	尚熟	尚足	稍厚	尚均匀	单边可用

（2）茄套烟叶

茄套烟叶质量等级技术要求见表6-6。茄套烟叶的成熟度、油分、完整度指标均达到某一质量等级要求时，质量等级定为该等级，否则按最低单项质量等级定级。

表 6-6 茄套烟叶质量等级技术要求

质量等级	成熟度	油分	完整度
1	成熟	足	完整
2	较熟至成熟	较足至足	较完整
3	尚熟	尚足	单边可用
4		未达到 3 级质量要求	

（3）茄芯烟叶

茄芯烟叶质量等级技术要求见表 6-7。茄芯烟叶的成熟度、油分、均匀度指标均达到某一质量等级要求时，质量等级定为该等级，否则按最低单项质量等级定级。

表 6-7 茄芯烟叶质量等级技术要求

质量等级	成熟度	油分	均匀度
1	成熟	足	均匀
2	较熟至成熟	较足至足	较均匀
3	尚熟	尚足	尚均匀
4		未达到 3 级质量要求	

4. 等级编码规则

（1）茄衣烟叶

茄衣烟叶等级要素代码可解析为四个部分，第一部分为类型代码，第二部分为质量等级代码，第三部分为颜色代码，第四部分为长度代码，表示形式如下：Wr（类型代码，茄衣）—X（质量等级代码）—X（颜色代码）—X（长度代码）。

示例：某茄衣烟叶质量等级 2 级、颜色浅褐色、长度 56cm，则其等级要素代码为 Wr—2—C—L。

（2）茄套烟叶

茄套烟叶等级要素代码可解析为三个部分，第一部分为类型代码，第二部分为质量等级代码，第三部分为长度代码，表示形式如下：Bi（类型代码，茄套）—X（质量等级代码）—X（长度代码）。

示例：某茄套烟叶质量等级 3 级、长度 45cm，则其等级要素代码为 Bi—3—M。

（3）茄芯烟叶

茄芯烟叶等级要素代码可解析为五个部分，第一部分为类型代码，第二部分为部位代码，第三部分为质量等级代码，第四部分为形态代码，第五部分为长度代码，表示形式如下：Fi（类型代码，茄芯）—X（部位代码）—X（质量等级代码）—X（形态代码）—X（长度代码）。

示例：某茄芯烟叶为中部叶、质量等级 1 级、形态为蛙腿、长度 33cm，则其等级要素代码为 Fi—C—1—Fs—S。

以 Ll 表示散叶，分为顶叶为主、脚叶为主两个等级，代码依次为 Ll1、Ll2。示例：某散叶以顶叶为主，则其等级要素代码为 Ll1。

以 S 表示碎片，包括单一部位碎片、混部位碎片。碎片等级要素代码可解析为两个部分，第一部分为碎片代码，第二部分为部位代码：S（碎片代码）—X（部位代码）。示例：某碎片为中部叶碎片，则其等级要素代码为 S—C。

5. 其他要求

茄衣、茄套、茄芯烟叶宜按照表 6-8 要求包装。

表 6-8　茄衣、茄套、茄芯烟叶包装要求

类型		包装要求	每包净重（kg）	尺寸（长×宽×高）(cm)
茄衣		纸箱包装，要求包装带不少于 4 根，包装牢固，在纸箱两个宽面打孔（单面三排对称，共 9 孔，孔直径 1cm）	25±0.5	90×55×40
茄套		麻袋包装牢固	50±0.5	80×60×40
茄芯	把烟	麻袋包装牢固	50±0.5	80×60×40
	蛙腿	麻袋包装牢固	50±0.5	80×60×40
	散叶	麻袋包装牢固	100±0.5	120×80×80
	碎片	麻袋包装牢固	100±0.5	120×80×80

注：烟包（箱）上应标识烟叶年份、产地、品种、等级等信息；茄衣、茄套、茄芯烟叶交接水分标准宜为 17.0%±1.0%；烟叶无异味、霉变等现象

三、云南雪茄烟叶分级及质量特点

在雪茄烟叶等级标准研究方面，云南省烟草专卖局于 2021 年启动了"云南雪茄烟叶分级标准研制及验证"项目，针对鲜叶到商业交接烟叶起草发布了《雪茄烟鲜叶收购标准》（Q/YNYC（KJ）.J02—2021）、《雪茄烟叶原烟商业交接等级标准》（Q/YNYC（KJ）.J01—2022）、《雪茄烟叶工商交接等级标准》（Q/YNYC（KJ）.J01—2021）3 个企业标准，充分发挥了雪茄烟鲜叶收购模式、集中晾制的优势，围绕工业企业对雪茄烟叶的使用方向，全面理顺了各环节烟叶等级质量标准和流通体系，解决了云南雪茄烟叶晾制前后以及发酵后的定级问题，贯彻执行了"以质论价，优质优价"的价格政策。

（一）雪茄烟鲜叶分级

为高标准推进云南雪茄烟叶种植开发工作，云南省烟草专卖局结合雪茄烟叶生产实际，提出了"种植在户、服务在社、鲜叶收购、统一晾制、集中发酵、工商协同、市场运作"的生产模式。从 2021 年开始，种植主体生产的雪茄烟叶采取

了"鲜叶收购"模式进行交售，遵照"科学、适用、规范"的原则，制定了《雪茄烟鲜叶收购标准》，解决了云南雪茄烟鲜叶收购规范和当前云南雪茄烟鲜叶收购中的烟叶定级与定价问题，贯彻了"以质论价，优质优价"的价格政策。

1. 鲜叶质量因素

雪茄烟鲜叶外在的特征特性就是外观质量，通过眼观、手摸、叶绿素辅助测量等方法进行判断。主要指标有：叶长（或尺寸）、完整度、均匀度、脉相、身份、成熟度、洁净度等。

1）叶长：从叶片主脉柄端至尖端的距离。

2）完整度：叶片的完整程度。茄衣、茄套烟叶对完整度要求较高。

3）均匀度：鲜叶表面颜色、成熟度、结构和身份均匀一致的程度。

4）脉相：鲜叶支脉的粗细程度。茄衣烟叶要求支脉较细或稍粗，脉相平直。茄芯烟叶对脉相不做要求。

5）身份：烟叶厚度、细胞密度或单位面积重量的总体体现。以厚度表示。茄衣烟叶对身份有严格的要求，应达到薄至稍厚。

6）成熟度：烟叶田间成熟程度，即采摘工艺成熟程度。

7）洁净度：烟叶表面洁净的程度。包括烟叶在田间或采收后受到的农药、化肥、灰尘、泥土和花粉等污染。茄衣烟叶对洁净度有严格要求，要求无任何污染物。

2. 鲜叶等级及其规定

目前云南种植生产的雪茄烟叶主要有茄衣和茄芯烟叶 2 种类型，茄衣烟叶一般采用遮阴栽培（图 6-2），种植过程中需要搭建遮阴棚，生产投入成本较茄芯烟叶要高；茄芯烟叶则采用阳植栽培（图 6-3）。因此，雪茄烟鲜叶收购标准中将其分为两种类型：茄衣鲜叶和茄芯鲜叶。

图 6-2　雪茄茄衣烟叶生产种植方式（阴植）

图 6-3 烟叶茄芯烟叶生产种植方式（阳植）

上、中、下部雪茄鲜烟叶的长度、厚度、主脉粗细和支脉粗细均有明显差异（图 6-4）。研究表明，上部叶（B）、中部叶（C）和下部叶（X）的长度、单叶重及外观质量特征存在明显差异，因此在雪茄鲜烟叶分级标准中，综合考虑着生部位、采收方式（由下至上逐叶采收）和不同部位烟叶质量存在明显差异等因素，将其分为上部、中部和下部 3 组，每个部位分 2 个等级，并设置一个末级。分级通过目测、触感和长度测量综合判定。

图 6-4 下部（左）、中部（中）和上部（右）雪茄鲜烟叶质量特征图

测定不同部位茄衣和茄芯鲜叶与初发酵烟叶的重量及长宽，获得云南各主要产区在相同生产技术措施下各部位茄衣、茄芯烟叶的长度、宽度、长宽收缩率、鲜叶单重和干鲜比，同时调查田间产出烟叶的外观质量特征，系统评价鲜叶调制

前后身份质量特征的变化规律，结果表明病斑、破损、成熟度和组织结构等是影响烟叶质量的主要因素，故将叶长、完整度、均匀度、脉相、身份、成熟度和洁净度作为鲜叶分级的品质指标。

从 2021 年开始，云南种植主体生产的雪茄烟叶采取"鲜叶收购"模式进行交售。云南省烟草专卖局依据国内雪茄制造企业对烟叶原料的实际使用情况，结合雪茄烟叶晾制和农业发酵前后的身份质量特征变化规律，以及各产区雪茄烟叶生产实际，起草发布了企业标准《雪茄烟鲜叶收购标准》[Q/YNYC（KJ）.J02—2021]。

（1）茄衣鲜叶等级及其规定

茄衣鲜叶的品质应符合表 6-9 规定。

表 6-9　茄衣鲜叶等级及其规定

组别	级别	等级代号	叶长（cm）	完整度	均匀度	支脉粗细	厚度	成熟度	洁净度（%）	残伤（%）
上部	1	JYB1	[45，65)	完整	均匀	适中	适中	适熟	100	<5
	2	JYB2	[40，45)，[65，75)	较完整	较均匀	稍粗	稍厚	尚熟、过熟	100	<10
中部	1	JYC1	[50，70)	完整	均匀	适中	适中	适熟	100	<5
	2	JYC2	[45，50)，[70，80)	较完整	较均匀	适中	稍厚	尚熟、过熟	100	<10
下部	1	JYX1	[50，70)	完整	均匀	较细	适中	适熟	100	<5
	2	JYX2	[40，50)，[70，80)	较完整	较均匀	较细	稍薄	尚熟、过熟	≥98	<10
	末级	N	(35，80)						≥90	<20

（2）茄芯鲜叶等级及其规定

茄芯鲜叶的品质应符合表 6-10。

表 6-10　茄芯鲜叶等级及其规定

组别	级别	等级代号	叶长（cm）	成熟度	厚度	完整度	洁净度（%）	残伤（%）
上部	1	JXB1	[30，60)	适熟	适中	完整	100	<10
	2	JXB2	[30，60)	尚熟、过熟	稍薄	较完整	100	<20
中部	1	JXC1	[40，75)	适熟	适中	完整	100	<10
	2	JXC2	[40，75)	尚熟、过熟	稍薄	较完整	100	<20
下部	1	JXX1	[40，75)	适熟	适中	完整	≥95	<10
	2	JXX2	[40，75)	尚熟、过熟	稍薄	较完整	≥90	<20
	末级	N	(30，75)				≥80	<40

（3）评级规则

1）茄衣鲜叶按照部位、长度、完整度、均匀度、支脉粗细、厚度、成熟度和洁净度达到相应等级规定，且残伤不超过该等级的限定值，才定为该等级。

2）茄芯鲜叶按照部位、长度、成熟度、厚度、完整度和洁净度等达到相应等级规定，且残伤不超过该等级的限定值，才定为该等级。

3）茄衣鲜叶叶面撕裂或折断的裂痕超过一半不予分级。

4）鲜叶长度、洁净度、残伤等低于末级规定不予分级。

5）有明显水渍和水浸泡痕迹的鲜叶不予分级。

6）采收后存放时间过长变色的鲜叶不予分级。

（二）雪茄原烟分级

为了更好地保证烟叶质量稳定，对烟叶进行集中发酵和管理，由于国内外尚无晾制后雪茄烟叶的交接标准，为解决云南雪茄烟叶集中发酵和管理的规范问题，云南省烟草专卖局依据国内雪茄制造企业对烟叶原料的质量需求，结合雪茄烟叶晾制和农业发酵前后的身份质量特征变化规律，以及各产区雪茄烟叶生产实际，遵照"科学、适用、规范"的原则，起草发布了企业标准《雪茄烟叶原烟商业交接等级标准》[Q/YNYC（KJ）.J01—2022]。

1. 原烟质量因素

雪茄原烟分级按类型主要分为茄衣和茄芯原烟 2 种，同样其外在的特征特性为外观质量，通过眼观、手摸、鼻闻等方法进行判断。主要指标有：叶长（或尺寸）、完整度、成熟度、油分、身份、均匀度、脉相、残伤和破损等。

1）叶长：从叶片主脉柄端至尖端的距离。

2）完整度：叶片的完整程度。茄衣、茄套原烟对完整度要求较高。

3）成熟度：烟叶田间和调制的成熟程度。

4）油分：烟叶含有的半液体或液体物质（芳香油和树脂等），在外观上表现出油润或枯燥的感觉。

5）身份：烟叶厚度、细胞密度或单位面积重量的总体体现。以厚度表示。茄衣原烟对身份有严格的要求，应达到薄至稍厚。

6）均匀度：烟叶表面颜色和光泽均匀一致的程度。

7）脉相：茄衣原烟支脉粗细平顺的程度。

8）残伤：烟叶受到破坏，受损透过叶背而失去后续加工强度和坚实性的那部分组织（包括烟叶组织受病害或虫害破坏后造成的损伤，以及烟叶成熟度提高而表现出的病斑、焦尖和焦边）。

9）破损：叶片受机械损伤而失去原有的完整性。

2. 原烟等级及其规定

茄衣原烟分为上部、中部、下部 3 组，每组按叶长、完整度、成熟度、油分、身份、均匀度、脉相质量特征分为 1 级、2 级、3 级、末级 4 个等级；茄芯原烟也分为上部、中部和下部 3 组，每组按叶片成熟度、身份、油分、均匀度、残伤、破损等分为 1 级、2 级、3 级、末级 4 个等级。

（1）茄衣原烟等级及其规定

茄衣原烟要求：烟叶应具有叶片薄、叶脉细、组织细致、柔韧性较好等特点。残伤、破损的控制范围是指在不影响工业使用情况下的累计面积。

茄衣原烟质量等级技术要求见表 6-11。茄衣原烟叶长、完整度、成熟度、油分、身份、均匀度、脉相指标均达到某一质量等级要求时，质量等级定为该等级，否则按最低单项质量等级定级。

表 6-11　茄衣原烟等级及其规定

组别	级别	代号	叶长（cm）	完整度	成熟度	油分	身份	均匀度	脉相
上部	1 级	WrB1	≥40	完整	成熟	足	稍薄	均匀	尚细、尚平顺
	2 级	WrB2	>35	完整	成熟	较足	稍薄-中等	较均匀	尚细、尚平顺
	3 级	WrB3	>35	较完整	成熟	尚足	稍薄-中等	尚均匀	稍粗、欠平顺
	末级	WrBN	未达到本组 3 级质量要求						
中部	1 级	WrC1	≥50	完整	成熟	足	薄	均匀	细、平顺
	2 级	WrC2	>40	完整	较熟-成熟	较足	稍薄	较均匀	尚细、尚平顺
	3 级	WrC3	>35	较完整	尚熟	尚足	中等	尚均匀	稍粗、欠平顺
	末级	WrCN	未达到本组 3 级质量要求						
下部	1 级	WrX1	≥50	完整	成熟	较足	薄	均匀	细、平顺
	2 级	WrX2	>40	完整	较熟-成熟	尚足	稍薄	较均匀	尚细、尚平顺
	3 级	WrX3	>35	较完整	尚熟	尚足	稍薄	尚均匀	稍粗、欠平顺
	末级	WrXN	未达到本组 3 级质量要求						

注：完整度的完整指整片烟叶无破损；较完整指叶片边缘或主脉两侧有少量破损，但不影响工业使用

（2）茄芯原烟等级及其规定

茄芯原烟要求：烟叶具有内在质量协调、香气丰富、燃烧性好等特点。残伤、破损的控制范围为累积面积。

茄芯原烟质量等级技术要求见表6-12。茄芯原烟叶长＞15cm，成熟度、身份、油分、均匀度及残伤、破损指标均达到某一质量等级要求时，质量等级定为该等级，否则按最低单项质量等级定级。

表6-12　茄芯原烟等级及其规定

组别	级别	代号	成熟度	身份	油分	均匀度	残伤、破损
上部	1级	FiB1	成熟	稍厚	足	均匀	≤10%
	2级	FiB2	成熟	稍厚	较足	较均匀	≤20%
	3级	FiB3	较熟	厚	尚足	尚均匀	≤30%
	末级	FiBN	未达到本组3级质量要求				
中部	1级	FiC1	成熟	中等-稍厚	足	均匀	≤10%
	2级	FiC2	成熟	中等	较足	较均匀	≤20%
	3级	FiC3	较熟	中等	尚足	尚均匀	≤30%
	末级	FiCN	未达到本组3级质量要求				
下部	1级	FiX1	成熟	中等	较足	均匀	≤10%
	2级	FiX2	成熟	稍薄	尚足	较均匀	≤20%
	3级	FiX3	较熟	稍薄	尚足	尚均匀	≤30%
	末级	FiXN	未达到本组3级质量要求				

注：特殊品种依据特性制作相应的交接实物标样

（3）等级判定原则

1）等级判定以把为单位，逐把进行。

2）残伤和破损面积加和计算。

3）茄衣原烟叶长、完整度、成熟度、油分、身份、均匀度、脉相都达到质量要求，不低于该等级的限定值，才定为该质量等级。茄芯原烟叶长＞15cm，成熟度、身份、油分、均匀度及杂色、残伤、破损指标都达到质量要求，不低于该等级的限定值，才定为该质量等级。

4）茄衣原烟最低可用面积小于5cm×25cm、叶长低于35cm（含35cm），应定为末级。

5）茄芯原烟含有重度杂色、颜色不均匀，定为末级。

6）烟叶沾污不洁净物，如砂土、鸟粪等异物，用手抖动或拍烟，如有异物落下，应定为末级。

7）凡列不进标准级别但尚有使用价值的烟叶为级外烟叶，商业交接双方可以依据上级文件指导价格交接，无指导价格时可按照双方商议价格交接。

8）把内严禁混霜冻、异味、霉变、火烧、掺杂、虫蛀、水分超限等烟叶，否则不予交接。

3. 原烟等级图例

茄衣原烟等级图例见图 6-5～图 6-7；茄芯原烟等级图例见图 6-8～图 6-10。

图 6-5　茄衣原烟等级（上部叶）

从右至左分别为茄衣原烟上部 1 级、上部 2 级、上部 3 级、上部末级

图 6-6　茄衣原烟等级（中部叶）

从右至左分别为茄衣原烟中部 1 级、中部 2 级、中部 3 级、中部末级

图 6-7　茄衣原烟等级（下部叶）

从右至左分别为茄衣原烟下部 1 级、下部 2 级、下部 3 级、下部末级

图 6-8　茄芯原烟等级（上部叶）

从右至左分别为茄芯原烟上部 1 级、上部 2 级、上部 3 级、上部末级

图 6-9　茄芯原烟等级（中部叶）

从右至左分别为茄芯原烟中部 1 级、中部 2 级、中部 3 级、中部末级

图 6-10 茄芯原烟等级（下部叶）

从右至左分别为茄芯原烟下部 1 级、下部 2 级、下部 3 级、下部末级

（三）工商交接雪茄烟叶分级

目前云南雪茄烟叶按《雪茄烟叶工商交接等级标准》（YC/T 588—2021）进行分级和工商交接。

第七章　雪茄烟配方与卷制

一支雪茄，从种子到成品，要经历 500 多个生产步骤、200 多次双手触摸，整个生产周期至少需要 18 个月。雪茄烟的配方设计、卷制工艺和养护均会影响其最终的感官质量。

第一节　雪　茄　烟

雪茄烟被称为"神赐的第十一根手指"，是大航海时代的绮丽瑰宝，具有种植区域稀缺、优质品种稀少、生产工艺独特、原料资源垄断、风格特征别样的特点，从一开始就注定是世界精英的标识之一。

一、雪茄烟结构

一支雪茄由三个部分组成：茄衣、茄套、茄芯（图 7-1）。

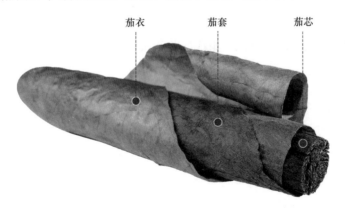

茄衣　　　　　　茄套　　　　　　茄芯

图 7-1　雪茄烟结构组成

（一）茄衣

茄衣是一支雪茄烟的脸面，要求油亮、光滑、美观。优质的茄衣烟叶必然纹理光滑、叶脉细腻、无病虫侵害、油亮又有弹性、颜色均匀，同时具有良好的燃烧性、适宜的烟碱含量、宜人的香气和吃味。

国际上将茄衣烟叶由浅至深依次分为 7 种基础颜色：Double Claro、Claro、Colorado Claro、Colorado、Colorado Maduro、Maduro、Oscuro，对应的颜色分别为青褐色、黄褐色、浅褐色、中褐色、红褐色、深褐色、黑褐色（见图6-1）。

（二）茄套

茄套的主要作用是使雪茄烟成型好和燃烧均匀，更多侧重于助燃作用。高品质的茄套烟叶需要具备以下条件：位于植株的中偏下部位、组织疏松便于空气流通、含氮物质适中、气味适合、叶脉少、弹性强、燃烧性好。

（三）茄芯

茄芯是雪茄配方师艺术的呈现，赋予雪茄内在的品质，更注重表现雪茄烟的个性口味。茄芯烟叶需要种植在阳光充足的地方，并符合以下条件：相对较高的烟碱含量、强烈的口感、具有区域的特征香气与口感、油脂和树脂含量适中、富有弹性、燃烧性良好。

国外一般根据部位将茄芯烟叶分为三类、四类或七类。三分法：Ligero、Seco、Volado。四分法：Ligero、Viso、Seco、Volado。七分法：Medio Tiempo、Corona、Centro Gordo、Centro Fino、Centro Ligero、Uno y Medio、Libre de Pie。

二、雪茄烟分类

雪茄烟一般根据制造方法、组成成分和尺寸可分为不同的类型。

（一）按照生产制造方法分类

按照生产制造方法，雪茄烟可以分为手工雪茄、机制雪茄、卷烟型雪茄三种。手工雪茄和机制雪茄又称传统雪茄，指的是用烟草做茄芯，烟叶作茄衣，烟叶或均质化烟叶作茄套卷制而成，具有明显雪茄型香味特性的烟草制品。

1. 手工雪茄

采用可卷制成条状的较长茄芯烟叶作为茄芯，整支雪茄包括茄芯、茄套、茄衣，完全由人工卷制而成，只使用定型器等简单的工具辅助。

2. 机制雪茄

整支雪茄烟由内到外全部或部分由机器制造。使用短茄芯烟叶作为茄芯，由机器卷胚，手工或机器上茄衣，根据茄衣材质分为天然茄衣机制雪茄和薄片茄衣机制雪茄。

3. 卷烟型雪茄

卷烟型雪茄是指满足《雪茄烟》系列国家标准规定的产品技术要求，茄芯由烟丝构成，烟叶或含有烟草成分的材料作茄衣、茄套（如有）卷制而成，形状像卷烟，一般带有醋纤咀棒或其他复合咀棒，具有明显雪茄型香味特性的烟草制品。

（二）按照组成成分分类

1. 全叶卷雪茄

各部分均由烟叶加工制成的雪茄，先用茄套烟叶将茄芯烟叶卷制成型，然后用茄衣烟叶进行外部卷制加工。

2. 半叶卷雪茄

在卷胚器的作用下，用薄片纸将茄芯烟叶包裹成型，然后用茄衣烟叶进行卷制加工而成的雪茄。

（三）国外雪茄烟分类

1. 美国雪茄烟的分类

美国关于雪茄烟的定义是用天然烟叶或含有烟草成分的材料卷制而成的烟草制品。除了特别说明，小雪茄也被认为是雪茄烟。小雪茄是用于抽吸的烟草卷，全部或部分使用烟草，用含有烟草成分的材料（与天然烟叶不同）卷制而成，每千支重量不超过 4 磅。

烟草制品通常按重量征税，美国以 1000 支雪茄烟重量为标准将雪茄烟分为大雪茄和小雪茄。各州采用的界定标准有所不同，但总体上以每 1000 支重 3 磅（约 1.36kg）左右为分界线，即大于 3 磅的为大雪茄，小于 3 磅的为小雪茄（表 7-1）。

表 7-1　美国雪茄烟分类方法

项目	小雪茄	大雪茄	
		机制雪茄	手卷高级雪茄
茄衣	通常是烟草薄片（再造烟叶）	天然烟叶或再造烟叶	天然烟叶
制造方式	机器制造	机器制造	手卷
包装规格	通常每包 20 支	适合多种销售方式的包装	适合零售的包装
销售方式	广泛的零售分销	广泛的零售分销	一般在专卖店销售
重量	每 1000 支雪茄烟重量在 3 磅或以下	每 1000 支雪茄烟重量超过 3 磅	每 1000 支雪茄烟重量超过 3 磅

纽约州将小雪茄定义为"每 1000 支重量小于 4 磅（1.81kg），完全或部分由

烟草制成，用天然烟叶做茄衣进行卷裹，以吸食为目的的卷状物"，意味着采用天然茄衣烟叶卷制才能被认为是雪茄烟。

2. 欧盟雪茄烟的分类

欧盟将雪茄烟分为三类，Little cigars（小雪茄）、Small cigars 或 Cigarillos（雪茄里罗）和 Cigars（雪茄）。雪茄或雪茄里罗的定义为在正常情况下根据产品特性专用于燃吸消费的烟草制品。小雪茄是使用再造烟叶及含有烟草成分或烟草提取物的材料，由晾烟和发酵烟叶卷制而成的卷烟纸。部分小雪茄有醋纤咀棒，形状像卷烟，相当于卷烟型雪茄。雪茄里罗是纤细的小雪茄，不带卷烟纸和咀棒，相当于机制雪茄。标准雪茄烟和优质雪茄烟具有多种形状与尺寸，一端规则收尾。

欧盟也是按照雪茄烟重量进行征税，并根据烟支中烟草成分含量和单支重量对其进行界定与分类，完全由烟叶制成的烟卷和外部采用烟叶作为茄衣的烟卷，其特征是单支重量应不小于 2.3g 和不大于 10g，且至少 1/3 长度的周长不小于 34mm。单支质量小于 2.3g 的不列入雪茄烟范畴，而是视同卷烟，税率与卷烟完全相同，特点是由混合烟片制成茄芯、具有雪茄自然色泽的茄衣，如为再造烟叶，自然烟草成分含量应达到 75% 以上。

3. 德国雪茄烟的分类

德国烟草制品条例规定雪茄烟将均质化烟叶（homogenized tobacco leaves）作为一种内嵌物组分，烟草成分含量占干物质重量的比例低于 75%。使用人造茄套或均质化烟叶作为茄套的雪茄，如果在包装上没有标明这一点，则应将"使用人造茄套烟叶"信息进行告知，且明显可见和容易辨认；如果烟草成分占茄套重量的比例超过 50%，则应将"使用人造茄套烟叶"信息进行告知；如果烟草成分占均质化烟叶干物质重量的比例超过 75%，则不用将"使用均质化烟叶作为茄衣"信息进行告知。

德国将雪茄分为 Cigar（雪茄）和 Cigarillos（雪茄里罗）两类。雪茄里罗就是短小而纤细的雪茄烟，用完整烟叶卷制；雪茄里罗通常含有少量添加物，可以单支或整盒销售，不带滤嘴。每 1000 支雪茄烟重量不低于 3 磅被认为是大雪茄；每 1000 支雪茄重量不超过 3 磅被认为是小雪茄。不带滤嘴的雪茄里罗不属于小雪茄，带滤嘴的划为小雪茄。

（四）国内雪茄烟分类

根据我国《雪茄烟 第 1 部分：产品分类和抽样技术要求》（GB/T 15269.1—2010）规定，雪茄烟以单支重量划分型号，有大号、中号、小号、微型 4 种（表 7-2）。

表7-2　国内雪茄烟分类

型号	重量（g/支）
大号	$m \geqslant 6.0$
中号	$3.0 \leqslant m < 6.0$
小号	$1.2 \leqslant m < 3.0$
微型	$m < 1.2$

（五）其他雪茄烟分类

雪茄客或雪茄烟销售人群通常把雪茄烟分为高档手工雪茄和其他雪茄。占世界雪茄烟总消费量50%以上的美国，其食品药品监督管理局（FDA）专门通过立法给予高档手工雪茄明确的界定和税收优惠，并以手工艺品区别于其他烟草制品。

美国FDA对高档手工雪茄的界定有四个方面：全手工卷制、全长茄芯烟叶、完整且全天然的茄衣烟叶、无过滤嘴和香料等其他添加剂。

高档手工雪茄外的雪茄烟归为其他雪茄，与烟草制品属同类。其他雪茄包括碎叶卷雪茄、机卷雪茄、香型雪茄和卷烟型雪茄。碎叶卷雪茄的茄衣是完整的茄衣烟叶，但茄芯采用短茄芯（Tripa corta）烟叶或碎叶（picadura）卷制而成，属低端雪茄烟。机卷雪茄采用分切的天然茄衣烟叶或人工合成的纱布茄衣，茄芯为碎叶或烟丝，通过机器卷制而成，属廉价雪茄。香型雪茄与机卷雪茄同类，但添加了香料，有的还配上过滤嘴，属于风味雪茄。雪茄生产企业在生产高档手工雪茄的过程中会产生大量的碎叶，也就会生产若干款碎叶卷雪茄，或者将碎叶集中后销售给那些专业生产碎叶卷雪茄的企业使用。世界上生产机卷雪茄的大公司主要有威力（Villiger系列）、斯维诗（Swisher系列）、丹纳曼（Dannemann系列）和斯堪的纳维亚烟草集团（STG）。

三、雪茄烟规格型号

雪茄烟的味道与其长度和直径有较强关系。小直径的雪茄烟烟叶填充量较小，味道较弱，抽吸时间较短。大直径的雪茄烟所用烟叶多，味道更丰富，抽吸时间较长。

（一）雪茄烟规格

雪茄烟的规格型号多种多样，长短粗细各不相同，数不胜数。雪茄烟的规格通常用环径（ring gauge）和长度（length）两个指标表示；"环径"表示粗细，1环相当于1/64英寸，而1英寸约等于25.4mm。以雪茄烟规格5×50为例，第一个数字"5"表示长度为5英寸（127mm），第二个数字50表示最粗部分的直径为50环，相当于50×1/64=0.78英寸（19.84mm），所以5×50就代表这支雪茄烟长度为127mm，直径为19.84mm。

（二）雪茄烟型号

雪茄烟根据型号，大致上分为规则圆柱形雪茄（Parejos）和异形雪茄（Figurados）两大类。Parejos 型是直上直下的柱形雪茄烟，可以是圆柱形雪茄，也可以是盒压型（用盒子压扁成长方体）雪茄，这一类雪茄烟占大多数。尽管大多数雪茄是圆柱形，但雪茄烟公司也在进行其他尝试，如异形雪茄就是非直筒形的所有雪茄烟。

主流型号有以下几种：小皇冠（Petit Corona）、皇冠（Corona）、胖皇冠（Corona Gorda）、双皇冠（Double Corona）、罗布图（Robusto）、丘吉尔（Churchill）、长矛（Lonsdale）、宾丽（Panetela）、金字塔（Pyramid）、鱼雷（Torpedo）、双头鱼雷（Perfecto）、彪力高（Belicoso）、盘蛇（Culebra），下面会详细介绍这些雪茄的型号。

1. 规则圆柱形雪茄

规则圆柱形雪茄烟体主要是圆柱形，头尾环径一致，尾部开口，头部封闭。规则雪茄根据尺寸分为 Corona、Robusto、Churchill、Panatela（潘那特拉）等。

（1）Corona

为最基础的尺寸，能衡量其他所有尺寸，传统尺寸长 5.5～6 英寸（140～152mm），环径42～44（16.67～17.46mm），如蒙特3号。

（2）Petit Corona

小号皇冠，通常长只有4.5英寸（114mm），环径40～42（15.88～16.67mm），如蒙特4号。

（3）Corona Gorda

也称超级罗布图（Robusto Extra），又称公牛（Toro）。最近越来越流行的尺寸一般是长5.6英寸（142mm）、环径46（18.26mm），但是长6英寸（152mm）、环径50（19.84mm）的尺寸也开始流行起来，如潘趣-潘趣雪茄，乌普曼玛瑙46。

（4）Double Corona

标准尺寸为长7.5～8.5英寸（191～216mm），环径49～52（19.45～20.64mm），如好友蒙特雷双皇冠、帕特加斯超级皇冠等。

（5）Churchill

以丘吉尔命名，为大版的 Corona，是很受欢迎的款式，经典尺寸长 7 英寸（178mm）、环径 47（18.65mm），如罗密欧与朱丽叶丘吉尔。经常说的长丘就是丘吉尔款，还有短丘、小丘、宽丘这三款，其实从名字上就可以辨识其规格型号。

（6）Robusto

又短又胖的"小胖子"，是国际市场上非常主流的一个款式，尺寸通常为长4.75～

5.5 英寸（121~140mm）、环径 48~52（19.05~20.64mm），如帕特加斯 D4、高希霸罗布图、罗密欧短丘、好友贵族二号、雷蒙阿龙特选、胡安洛佩兹精选二号。

（7）Panetela

细长且优雅，此尺寸的流行度近年来有所下降，但还是一种优雅的尺寸，其变化范围长度为 5~7.5 英寸（127~191mm），环径为 34~38（13.49~15.08mm）。在此类别中，长于 7 英寸（178mm）的尺寸通常被称为"巨型宾丽"，如高希霸宾丽。

（8）Lonsdale

通常比皇冠更长，但比宾丽更粗，经典尺寸长 6.5 英寸（165mm）、环径 42（16.67mm），如蒙特 1 号。

2. 异形雪茄

大多数的雪茄烟为 Parejos 型，但一些雪茄烟公司也开发了其他款型，Figurados 型就是非直筒形的所有雪茄烟，也称异形雪茄。

（1）Pyramid

顶部为锥形、尾部开口、茄身为锥体形的雪茄烟，长 6~7 英寸（152~178mm），顶部环径约 40（15.88mm），并逐渐扩大到底部的 52~54（20.64~21.43mm）。这款雪茄烟顶部锥形区口味非常丰富，是一种非常珍贵的雪茄烟型号，如乌普曼 2 号、蒙特 2 号、帕特加斯 P2 等。还有一款金字塔（Pyramid Extra），也称超级鱼雷，目前只有高希霸生产过。

（2）Belicoso

小型的 Pyramid，称短金字塔，也称优良战士，带有略圆的金字塔头，尺寸通常长 5~5.5 英寸（127~140mm），环径 50（19.85mm），如玻利瓦尔彪力高 fino、蒙特小二号、罗密欧彪力高。今天的 Belicoso，通常是 Corona 和 Corona Gorda 加上个锥形头。近些年来可以看到迷你 Belicoso，为短且环径小的雪茄烟加上锥形头。

（3）Torpedo

中间隆起，顶部锥形，头部很尖，呈类似金字塔的形状，许多品牌有鱼雷形雪茄烟。鱼雷款式是古巴雪茄的经典之作，一般会比罗布图略粗 2 环，长接近朗斯代尔，有些品牌还生产短和加长鱼雷形雪茄烟，如大卫杜夫庆典特级 T。

（4）Perfecto

茄头和茄脚都很窄，中间鼓起较粗，与鱼雷形不同的是两头为圆形，此类雪茄烟尾部是封闭的，中间部分比较突出，顶部是圆的，有点像 Parejos 的顶部。Perfecto 的尺寸跨度很大，长 4.5~9 英寸（114~228mm），环径 38~48（15.08~19.05mm），如帕特加斯总统 Partagás Presidente，以及库阿巴的全线雪茄烟均为双鱼雷形。

（5）Culebra

形状比较奇特，由多支雪茄烟像蛇一样缠绕在一起，通常是三支细长雪茄烟缠在一起，长5～6英寸（127～152mm）、环径38（15.08mm），如帕特加斯盘蛇。

此外，还有一些特殊的型号，如世纪系列、经典系列、马杜罗5系列、贝依可系列等，通常具有独特的长度和环径。

（三）古巴知名品牌常规雪茄烟规格型号

抽雪茄的人经常能听到罗布图、丘吉尔、皇冠等，这些我们耳熟能详的名字是雪茄烟的通用名，也就是不同型号雪茄烟的日常称谓。雪茄烟有三类名字，一是工厂名，二是市场名，三是通用名。工厂名就是雪茄烟在工厂内的代号，如高希霸长矛在工厂名录内其实称为高希霸拉吉托1号（Laguito 1号）。市场名是雪茄烟在市场上的名字，如上面的高希霸长矛就是市场名。雪茄的通用名是其常用或俚语名称，用于标识具有相似形状、环尺寸和长度的特定雪茄类型。这些名称在日常交流中被广泛使用，帮助消费者识别和区分不同的雪茄型号。例如，高希霸长矛通常称为长宾丽，而丘吉尔因经典和优雅的特性，被广泛用于各种雪茄品牌。通用名的使用在雪茄行业非常普遍，并且可能在不同尺寸的雪茄上有所差异，但代表了雪茄的基本特征和用途。按理说雪茄烟的日常称谓并不具有唯一性，而是一类特定长度雪茄烟的共同名字。不过由于每一个品牌在一个尺寸上通常只会生产一款雪茄烟，因此品牌加上通用名就能特指某一款雪茄烟，事实上雪茄烟型号就是用品牌加上通用名来命名的，如罗密欧与朱丽叶丘吉尔。以古巴雪茄为例，集中介绍了主要雪茄烟的通用名及对应的尺寸（表7-3和图7-2～图7-7）。

表7-3　古巴雪茄通用名及型号尺寸

通用名	环径	长度（mm）
Giant Corona（巨型皇冠）		200以上
Double Corona（双皇冠）	45～49	170～199
Grand Corona（大皇冠）		140～169
Corona Extra（超级皇冠）		139
Lonsdale（朗斯代尔）		160以上
Long Corona（长皇冠）	40～44	最长159
Corona（皇冠）		131～144
Petit Corona（小皇冠）		最长130
Giant Robusto（巨型罗布图）		200以上
Double Robusto（双罗布图）		160～199
Robusto Extra（超级罗布图）	所有	140～159
Robusto（罗布图）		120～139
Petit Robusto（小罗布图）		119

续表

通用名	环径	长度（mm）
Giant Perfecto（巨型完美）		200 以上
Double Perfecto（双重完美）	50 以上	170～199
Perfecto（完美）		130～169
Petit Perfecto（小完美）		129
Double Pyramid（双金字塔）		170 以上
Pyramid（金字塔）	所有	136～169
Petit Pyramid（小金字塔）		135
Long Panetela（长宾丽）		170 以上
Panetela（宾丽）	35～39	140～169
Short Panetela（短宾丽）		最长 139
Slim Panetela（细宾丽）	34	140 以上
Small Panetela（小宾丽）		最长 139
Churchill（丘吉尔）	47	178
Culebra（盘蛇）	所有	长度不固定
Cigarillo（小雪茄）	小于 29	最长 109

图 7-2　高希霸常规型号

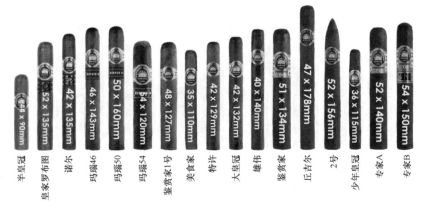

图 7-3　乌普曼常规型号

图 7-4　好友常规型号

图 7-5　蒙特常规型号

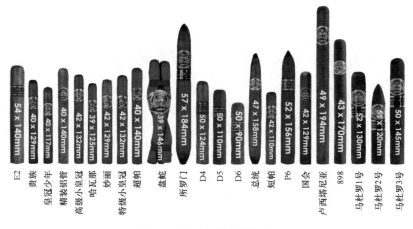

图 7-6　帕特加斯常规型号

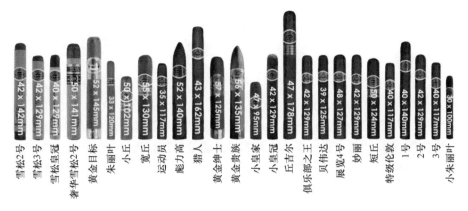

图 7-7 罗密欧与朱丽叶常规型号

仅古巴，雪茄烟的通用名分类就接近 30 种，但古巴地区通用名对应的尺寸比较规范，其他包括多米尼加、洪都拉斯、尼加拉瓜等地也在使用这些雪茄烟的通用名，不过对应的尺寸更为复杂。

第二节 雪茄烟配方

配方是雪茄烟生产最重要也是最艺术化的环节，每个单一规格的雪茄烟都有不同的配方。配方师是整个雪茄烟生产环节的灵魂人物，从原料中挑选合适的烟叶并且按比例调配出一个规格和品质达到预期目标的雪茄烟是配方师的工作。

一、配方原则

一款雪茄烟配方的预期目标和原则主要包括以下几个方面：第一，形状、尺寸、环径、外观颜色；第二，燃烧性、架构、烟灰颜色、香气、吃味、浓烈度、丰富度；第三，复杂性、持久性、一致性；第四，市场偏好、目标客户群体等。

任何一个规格的高档手工雪茄都需要根据烟草品种或烟叶部位按拟定的比例卷制而成，原则上由 1 片茄衣烟叶、1～2 片茄套烟叶、3～5 种不同品种和不同部位的茄芯烟叶组合而成。古巴大多采用 2 片茄套烟叶和 3 种茄芯烟叶；非古雪茄采用 1 片茄套烟叶，但是茄芯甚至会用到 5～7 种烟叶。Ligero、Seco、Volado 部位的烟叶在一支雪茄烟茄芯中的配比和摆放位置在雪茄烟配方中起到至关重要的作用。

配方赋予一支雪茄烟精神和灵魂。不同的烟叶具有不同的特性，相同的烟叶品种因产地和年份不同而受到小气候与环境的影响，因此特性也不尽相同，即使同品种、同产地的烟叶也会因不同年份的气候条件不同而产生差异。甜酸苦咸辣乃个人喜好，各种烟叶的甜酸苦咸辣特征与强度各异，没有好与坏之分，唯有适合与否。

　　一款合适的配方，首先要合理搭配平衡不同来源、不同特性的烟叶，五味平衡则雪茄烟生产已成功一半，当然众口难调，有人好甜，有人好辣，也有人好苦，但是大多数人还是喜好搭配平衡；其次是均匀燃烧和抽吸畅通的结构；最后是舒适愉悦的香气和吃味。雪茄烟叶的香韵特征通常经感官质量评价得知，常见的香韵特征（也称风味特征）见图 7-8。

图 7-8　雪茄烟风味轮盘

　　一款优秀的雪茄烟配方，还需要考虑香气和吃味的丰富度与持久度，而要做到这点就需要丰富的烟叶库存；另外是保证同款的成千上万支雪茄烟，甚至是每年每批次雪茄烟的稳定性与一致性，这就需要确保烟叶原料一致。所以充足而丰富的烟叶原料储备是设计一款优秀雪茄烟配方的前提。

酸甜苦咸辣没有优劣，但搭配平衡是大多数人的喜好；香气和吃味是每一款烟叶固有的特性，了解单料烟的特征特性，储备各种烟叶香型和吃味的丰富特点是对优秀配方师的考验；不同品种、不同产地、不同部位烟叶的使用可使一支雪茄烟的香气和吃味从抽吸前段、中段到后段不断发生变化，而丰富且持久的香气和吃味是一款雪茄烟配方的绝对加分点。

茄衣在一支雪茄烟配方中起到至关重要的作用，就常规尺寸的雪茄烟而言，茄衣只占雪茄烟总重量的5%，但其在总原料成本中占比高，几乎近半。从技术上讲，有些人认为茄衣对雪茄烟的影响主要局限于视觉上，只有有限的味道贡献，另一些人则认为恰恰相反。无论如何，茄衣是一支雪茄烟最昂贵的部分。

茄衣是一支雪茄烟的脸面，必须足以使一支雪茄烟赏心悦目，包括颜色均匀、筋脉细腻、光泽亮丽、无斑点和污痕、组织结构疏松，弹性良好，尺寸足够，还需要有很好的可燃性、舒适而丰富的香气。这些要求都需要茄衣烟叶在前期的选种与种植、后期的发酵与醇化上比茄芯和茄套烟叶付出更多的时间及呵护，而茄衣烟叶以其对一支雪茄烟口味特殊而重要的贡献作为回报。

首先体现在对视觉的冲击上，消费者对一支雪茄烟的第一眼印象就是茄衣，漂亮和有吸引力的茄衣绝对会增加雪茄烟的吸引力，第一印象很重要。

其次体现在对嗅觉的冲击上，在点燃雪茄烟之前，将其在鼻子底下转动、嗅闻而获得的优质香气源于茄衣，也是一支雪茄烟在开始品吸前的一个加分点。

最后体现在对味蕾的冲击上，在雪茄烟燃烧的最早阶段（刚点燃），最先被观察到的从茄脚处升起的白蓝色烟雾和被嗅到的香气，自然来自茄衣，这些先入为主的直接香气，是对一支雪茄烟的整体感知非常重要的组成部分。因此，茄衣被认为对一支雪茄烟的吃味有绝对贡献。

反对者的观点则认为，上述概念是高度理论性的，重量占比仅为5%的茄衣，与品种和重量都占绝对优势的茄套及茄芯相比，影响力非常有限，而且茄衣色浅则味淡，色深则味烈。但是，如下的实际测试会告诉我们一些事实。

首先，白烟是雪茄烟燃烧阶段干蒸馏的结果，此过程称为碳化。在此期间，只有烟叶中最易挥发的芳香类化合物同烟雾一同挥发，大分子将留在烟支原料中。其次，这种白烟直接进入品尝者的鼻子，产生所谓的直接嗅觉，而直接嗅觉在雪茄烟的一般品尝中非常重要，可先入为主。要察觉到白烟的重要性，测试非常简单：抽吸一口雪茄烟，同时堵住鼻孔，你一定会察觉到这种"捏住鼻子"的抽吸和正常完整的抽吸间有很大的香气差异。

雪茄烟的香气源自其燃烧后产生的白烟，主要由茄衣决定，这一点通过茄衣替换测试可以得到证实（图7-9）。测试茄衣香气和吃味的方法有多种，替换测试就是其中一种比较科学的方法，首先测试抽一支由浅色淡雅的康涅狄格茄衣烟叶品种卷制的雪茄烟，抽吸几厘米记住其香气特征，然后熄火、切除碳化部分、拆除茄衣，再用另外一种颜色深且味道更强烈的哈瓦那茄衣烟叶品种卷制剩余的雪茄，重新抽吸并比较差异。太神奇了！你似乎在品鉴两支完全不同的雪茄烟，但是我们已经看到，除了茄衣更换，雪茄烟其余部分是完全一样的。由于茄衣不同，两支雪茄烟的感官差异可以很容易地达到50%，这就是替换茄衣所带来的有趣变化。在雪茄客中有很多关于茄衣对雪茄烟芳香感知影响的辩论，但茄衣替换测试告诉了我们什么是事实。茄衣虽然只占雪茄烟总重量的 5%，但其对雪茄烟芳香感知的影响很大，而这只是以一支中等尺寸的雪茄烟为例，雪茄烟越小茄衣重量占比越大，对香气及口感的影响就越大，雪茄烟越大茄衣重量占比反而越小，影响也相应减小。

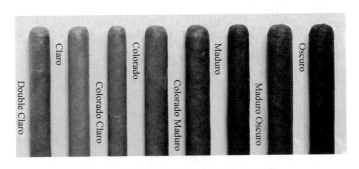

图 7-9　不同颜色茄衣烟叶卷制的雪茄

　　相同品种的茄衣烟叶，因生长在烟草植株的不同部位而颜色不一，由下而上颜色由浅至深，同样受光照影响，色浅则味淡，色深则味烈，与茄芯烟叶同理。另外，茄衣烟叶还因品种不同（如'Sumatra''San Andreas''Cameroon''Negrito San Vicente'等）和后期发酵发生颜色深浅变化，发酵时间短或温度低，茄衣烟叶就色浅而油亮，只用这种茄衣烟叶的雪茄烟在口感上较烈、稍苦；发酵时间长或温度高，茄衣烟叶就色深而欠光滑，如 Maduro 和 Oscuro 烟叶。所以在较长时间和较低温度下经过多次循环堆垛发酵生产的 Maduro 茄衣为最佳。

　　注意浓郁和浓烈有别，浓郁指香气和味道，浓烈指劲头。所以茄衣烟叶只有在相同品种中才表现出色深则劲烈；经过深度发酵的不同茄衣烟叶品种正好相反，色深则味道更浓郁，但劲头相对温和。

　　茄衣烟叶不能决定一支雪茄烟的劲头浓烈与清淡，但茄衣色深代表口感甜润、味道浓郁、劲头温和、架构饱满；色浅则代表口感干涩、淡寡、浓烈、架构单薄。在配方中，深色茄衣烟叶更建议与泥土味、坚果香、皮革味等浓郁型茄芯烟叶搭配；浅色茄衣烟叶更建议搭配花香、果香、奶油味、甜润度高的茄芯烟叶（图7-10）。

图 7-10　不同颜色茄衣烟叶

厄瓜多尔的茄衣烟叶是茄衣话题中无论如何都无法回避的。厄瓜多尔是当今世界使用最普遍茄衣烟叶的产地，其茄衣烟叶被公认是除古巴茄衣烟叶外制作理想茄衣的最好烟叶。厄瓜多尔是一个位于南美洲西北部的小国家，但拥有 32 座活火山。火山灰造就的富含矿物质的肥沃土壤及当地多山的自然环境、多云的湿润气候对优良烟叶的种植起到至关重要的作用，加上常年密布的众多而厚实的云层导致的散射光，具有生产优质茄衣烟叶的独特气候环境条件。因为茄衣烟叶通常需要遮阴栽培，而阳光直射影响烟叶的色泽和质地，所以厄瓜多尔厚实的云层就好比一张用于遮阴的天然纱网。厄瓜多尔的火山灰肥沃了土壤，为烟叶生长提供了养分，而多云的天气为茄衣烟叶种植创造了天然的遮阴环境，大自然赐予了厄瓜多尔得天独厚的自然环境和气候条件（图 7-11）。今天，厄瓜多尔茄衣烟叶在全

图 7-11　厄瓜多尔雪茄烟叶产区生态气候条件

球范围内供不应求，很多农场主的烟田基本被全球性大公司签约包销，如 General Cigar、Altadis、Davidoff 等公司。

为了保证一支雪茄烟的外观颜值和优良的内在品质具有吸引力，我们必须给予更多的种植呵护、更复杂的处理工艺及额外的人力、物力和时间，才能确保产出漂亮而香气丰富的茄衣烟叶。我们都知道，茄衣烟叶的生产成本要比茄套和茄芯烟叶高。一张优秀高质量的茄衣烟叶，不但要具有靓丽瞩目的外表，更要拥有丰富而芳香的味道，只有这样才能受到世界顶级雪茄烟制造商的追捧，才能为一款优秀的雪茄烟配方提供保障。

二、国产雪茄烟配方案例

以雪茄客集团为例：2016 年末至 2017 年初雪茄客集团与山东中烟联合开发的泰山（Mount Tai）UNO 系列雪茄烟，是雪茄客集团历经 12 年推出的第一款新品雪茄烟，也是我国雪茄烟工厂选用多米尼加烟叶出品的第一款雪茄烟。

泰山 UNO 系列雪茄烟由山东中烟出品，经由中国烟草销售总公司网络配送，在雪茄客集团各门店及俱乐部独家经销。泰山 UNO 系列雪茄烟：UNO No.1，45 环径，长 142mm，5 支铁盒装（图 7-12）；UNO No.2，50 环径，长 127mm，10 支木盒装（图 7-13）；UNO No.3，52 环径，长 146mm，10 支木盒装（图 7-13）。

2017 年下半年至 2018 年上半年雪茄客集团为四川中烟研发的长城国礼外交家（Great Wall National Presents Diplomat）系列雪茄烟相继亮相并得到好评。此系列雪茄烟皆选用雪茄客集团位于多米尼加圣地亚哥市 CAC International Tobacco 工厂的陈年多米尼加、尼加拉瓜、厄瓜多尔烟叶原料，是对四川中烟成立百年的一个

图 7-12　泰山 UNO No.1

图 7-13　泰山 UNO No.2（左）和泰山 UNO No.3（右）

完整献礼。国礼代表最高的礼遇规格，是邦交友谊的见证，长城雪茄曾是中国的国礼，有史为证。希望长城雪茄能够承载强大祖国的大国外交，延续雪茄烟作为国礼相赠外国贵宾的传统，作为我国对外交流的友好使者，见证邦交友谊。

长城国礼外交家系列：Sport，35 环径，长 117mm，5 支铁盒装（图 7-14）；Robusto，50 环径，长 124mm，10 支木盒装；Salomon，47 环径，长 147mm，8 支木盒装。

图 7-14　长城国礼外交家-Sport

安徽中烟开发的王冠蓝色假日 Reyes 雪茄烟（图 7-15），2018 年 11 月 1 日在安徽合肥成功发布，以此开启高端雪茄烟销售的新模式，标志着中国雪茄烟新时代的到来。王冠蓝色假日 Reyes 除常规版外，还有一款深圳特区限量版"奇迹深圳（Amazing Shenzhen）1978-2018 纪念版"（由安徽中烟与深圳烟草进出口有限公司合作出品），专门投放深圳市场。同时，首批王冠蓝色假日 Reyes 选择在深圳市场上市，是有史以来第一款专为深圳市场定制的雪茄烟，也是我国雪茄烟史上第一款地区限量版雪茄烟，以此为深圳改革开放 40 周年献上一份贺礼！王冠蓝色假日 Reyes 于 2019 年底正式全国入网销售。

图 7-15　王冠蓝色假日 Reyes

雪茄客集团 2019～2020 年为湖北中烟开发了黄鹤楼盒压系列雪茄烟，并委托荷兰 Vrijdag 公司对黄鹤楼雪茄烟茄标进行了重新设计。由雪茄客集团进行配方、支型与包装设计的新品"黄鹤楼盒压 Box Press 系列"雪茄烟是我国雪茄烟史上第一款盒压雪茄烟。

雪茄客集团与云南省烟草农业科学研究院合作规模化种植雪茄烟叶始于 2020 年，采用云南 2020～2022 年生产的雪茄烟叶设计了概念产品配方（图 7-16），从而为云南雪茄烟叶在国产雪茄烟配方中使用提供了借鉴。

图 7-16　云南雪茄烟叶概念产品

第三节　雪茄烟卷制

一支雪茄烟的卷制流程包括原料预处理、茄胚卷制、茄衣卷制和卷制后烟支处理与养护。

一、卷制工具准备

卷制工具包括：卷制桌椅、卷制面板（卷烟板）、裁切刀、烟刀和轮刀、定型模具（优先选用木制，由上下两片组成，各有半个雪茄型凹槽，合起来正好是一支雪茄烟空腔，一般以 10 支雪茄烟空腔为一个模具）、压烟定型器、取帽器、环规尺（环径量具）、电子秤、植物胶（图 7-17）。

卷制桌椅	卷制面板	烟刀和轮刀
裁切刀	定型模具	取帽器
压烟定型器	环规尺	电子秤	植物胶

图 7-17 雪茄烟卷制工具

二、原料预处理

雪茄烟叶外在的特征特性就是其外观质量，通过眼观、手摸、鼻闻等方法进行判断。衡量雪茄烟叶外观质量的主要指标有：大小（或尺寸）、完整度、均匀度、油分、身份、脉相、成熟度、颜色等。衡量雪茄烟叶内在质量的主要指标有：香气、烟气、味道、浓度、杂气、余味、燃烧性、灰色、凝灰度，以及主要化学成分及其协调性指标等。所以在使用时，应根据生产需要，按照产品配方或卷烟要求及叶组配方要求，领取足量雪茄烟叶原料进行分选和卷制。烟叶应无霉变、异味、污染、水浸雨淋及未经杀虫处理。

（一）工艺任务

根据烟叶类型、烟支规格等，将烟叶整选分类，剔除霉变、污染、严重破损等不符合质量要求的烟叶。

（二）技术要点

茄衣烟叶注重大小、完整度、均匀度、颜色、身份、脉相、韧性、病斑等指标；茄套烟叶注重大小、身份、完整度、韧性等指标；茄芯烟叶注重大小、身份、部位、成熟度等指标。

（三）备料步骤

雪茄烟卷制前需要进行卷制备料，包括茄芯、茄套和茄衣烟叶原料的整选，见图 7-18，步骤如下。

图 7-18 雪茄烟卷制备料

1. 茄芯烟叶备料

1）回潮：采用喷雾或超声波雾化加湿，回潮烟叶含水量为 25%～35%。

2）高温除杂：将回潮后的烟叶堆放于温湿度可控的平衡箱或房间，升温到 45℃±1℃，湿度为 80%±3%，处理 3～5 天，其间每天翻烟一次，通风换气 30min。注意观测记录烟叶温度、水分变化及霉变情况。

3）抽梗：处理结束的烟叶进行人工抽梗。抽去叶片下部 1/2～3/4 左右的粗主脉，留叶尖部分 1/4～1/2 左右的较细主脉，主脉较粗的相应去除较多（图 7-18）。将抽梗后的烟叶捋平，叠放并上压平面重物 30min 以上以使叶片保持平展状态。压平的叶片置于筛网上晾至含水量为 14%～17%。

4）贮存：制备好的茄芯烟叶标识清楚产地、等级、类型、生产日期等信息，用麻片、纸箱包装或置于橡木桶中保存，如烟叶存放时间过长，须在使用前回潮至含水量为 14%～17%。

2. 茄衣、茄套烟叶备料

1）挑选：按配方要求分选茄衣和茄套烟叶。解把选叶，剔除霉变、虫蛀、破损等不符合质量要求的烟叶。

2）回潮：将茄衣/茄套烟叶挂在温湿度可控的平衡箱或房间的晾竿上进行回潮，温度 30～35℃，湿度 80%～90%，处理 1～3 天。目标含水量：茄衣烟叶 25%～29%，茄套烟叶 20%～24%。

3）平衡：挑选回潮烟叶，整齐扎把后装袋平衡水分，以烟叶不霉变、糟烂为准。每天翻烟抖把一次。

4）抽梗：平衡好的烟叶抽去主脉，剔除不合格烟叶。分左手叶和右手叶自然叠放（图 7-18）。平衡含水量至：茄衣烟叶 25%～29%，茄套烟叶 20%～24%。

5）贮存：处理好的茄衣、茄套烟叶装袋后冷存待用。冷藏温度为 2～6℃，冷藏时间不超过 5 天。

三、卷制工艺

高档手工雪茄卷制的核心是茄芯烟叶摆放，每一片茄芯烟叶在一支雪茄烟里的位置与顺序至关重要，每一种茄芯烟叶在一支雪茄烟配方里起到不同的作用。古巴雪茄通常使用 2 片茄套烟叶，非古雪茄通常使用 1 片茄套烟叶。茄胚的卷制工艺不尽相同，主要包括"筒状"卷制法、"折叠"卷制法、"书型"卷制法、包裹卷制法、束式卷制法和机械辅助卷制法。雪茄烟的具体卷制工序如图 7-19 所示。

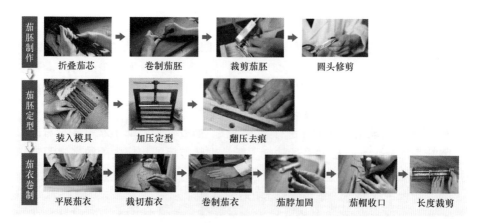

图 7-19　雪茄烟卷制工序

（一）茄胚制作

一般情况下，将不同品种、部位和产地的烟叶置于工作台上成堆铺开。右手边依次排列 3～5 种不同部位（上部、中部和下部）的茄芯烟叶，左手边是茄套和茄衣烟叶。首先将茄套烟叶平铺在卷烟板上，叶脉向上（叶片背面），靠主脉一边朝向自己，这样当雪茄烟卷制完成后叶脉就会在内部，外表就会更光滑。按配方要求及比例称重后，依次把不同的茄芯烟叶捏在掌心，将燃烧缓慢的上部烟叶置于中心，具有最丰富香气的中部烟叶和较薄、香气和浓郁度相对较次但可控制燃烧性的下部烟叶围绕在外围，在手中折叠或卷起、对齐、排列和围绕，超烟支长度剪切下来的烟叶按顺序折叠或卷起、对齐、排列和围绕；每片烟叶以叶尖朝向茄脚，在距大于所需烟支长度 0.5～1cm 的地方掐断，掐下的烟叶按上述顺序依次填入形成茄芯；将茄芯置于平铺在卷烟板上的茄套烟叶叶尖位置上，与茄套烟叶支脉的方向平行一致，向相应的方向上卷固定茄芯烟叶（左手叶从左边起，右手叶从右边起），卷制过程中注意茄芯烟叶不能扭曲，确保每片烟叶及烟叶间有清晰和畅通的烟气通道，卷上茄套烟叶形成茄胚。

（二）茄胚定型

茄胚卷制完成后置入模具进行压力定型。压模定型一般需要 2～6h，视卷烟师水平和烟支规格的复杂度而定，技术熟练的卷烟师和相对比较简单的规格所需的压模定型时间短，其间还需要进行一次 180°和一次 90°的翻转，避免产生两条压痕或者边线。茄胚卷制时，手感很重要，尤其是全手工模式，用力必须适当，太松会造成雪茄烟松散或通透性过大，太紧使雪茄烟过硬而影响通透性。烟叶过少，雪茄烟太松，燃烧太快，烟叶过多，雪茄烟较紧实，影响抽吸通畅性，二者都会影响一支雪茄烟抽吸的愉悦感。优秀的卷烟师必须能够确保同型号的每一支雪茄烟用料质量一致。应根据烟支的大小和配方，确定烟支重量，进而测算所需的烟叶数量和重量，称量好烟叶后卷制。有条件的公司，可采用仪器测试雪茄烟通透性，即测量吸阻。

（三）茄衣卷制

雪茄烟卷制的最后一道工序为上茄衣，茄胚定型后就可开始上茄衣。首先对茄衣烟叶质量进行判定，然后将叶背朝上，平铺绷紧烟叶，用烟刀或轮刀在适当的位置上进行裁切，沿叶缘修切整齐边角，尽可能少切叶尖和叶缘。茄衣烟叶裁好后，放置茄胚，从一角开始卷制。茄衣卷制完毕后，从裁切茄衣剩下的烟叶中切取一块制作茄帽并粘贴上，之后用切割刀将雪茄烟剪切成所需长度，同时修剪茄脚，至此一支雪茄烟的卷制完成。完成后，测量尺寸和观察卷制工艺及茄衣的完美程度，通过目测判断形状、外观和卷制手法是否正确，通过触摸鉴定是否有过软或过硬的节点，然后由品鉴师随机抽取成品来品吸。

四、烟支养护

雪茄烟卷制完成后，用雪梨纸或专用雪茄烟包装纸包裹好，一般是 25 或 50 支一包，在上面签名并标注日期及其他信息如尺寸、规格、烟叶使用情况等。

（一）新卷制烟支的处理养护

新卷制雪茄烟支的最佳处理方式是置于雪松木盒/框，并存放于一个温湿度恒定的醇化室，以便使卷制过程中因卷制要求不同导致水分存在差异的不同烟叶达到一致与平衡，通常需要 2～3 周。或者将新卷制的烟支常温放置 2 天，然后置于水分平衡箱或培养箱，缓慢升温到 35～40℃（每天升 5～10℃，最高不超过 50℃），湿度 50%，平衡 3～5 天，之后 2 天平稳调整温湿度，降温至 20℃，湿度由 50% 调至 70% 后保持平稳。

（二）雪茄烟支的长期养护

将水分平衡后的烟支移入长期醇化房或雪茄烟柜，保持温度20℃，湿度65%～70%，开始时 1～3 天翻动 1 次，观察雪茄烟是否正常。醇化 3 个月以上。

（三）雪茄烟的评吸准备

待品吸的雪茄烟需移入温度为20℃、湿度为60%～65%的雪茄烟柜中放置2～

3 天。

五、国外卷制工艺流程案例

雪茄烟卷制是一门手艺活。古巴近 200 年来一直以同样的方式重复着雪茄烟的卷制，一支完美的雪茄烟源自一系列完善的工作。卷制车间（La Galera）是雪茄烟工厂最值得展现的一个部门，每一位卷烟师就如同一位厨师，根据配方用各种烟叶和辅料卷制出一款完美的雪茄烟。雪茄烟卷制首个也是最重要的一个环节就是茄胚的卷制和定型。茄芯（tripa）是雪茄烟最核心的部分，由生长在烟草植株不同部位（上部、中部和下部）的若干种烟叶组成，见图 7-20；茄套（capote）把全部茄芯烟叶包裹起来，形成茄胚，一般取烟株的下部叶或中部叶；茄衣（capa）包裹在雪茄烟最外层，必须靓丽、光滑、均匀、有弹性，一般取烟株的中部叶。有瑕疵的茄衣会被用作茄套，较优的中下部茄芯烟叶也会被用作茄套（图 7-20）。

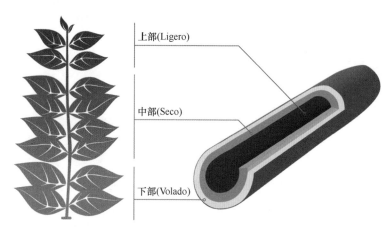

上部(Ligero)

中部(Seco)

下部(Volado)

图 7-20　雪茄烟茄芯排列位置解剖结构及其用料取材

（一）卷制流程

卷烟师每天开工时领取一包按配方而定的不同品种和质量的烟叶，并被告知当天卷制雪茄烟的品规、数量和烟叶配比，卷烟师将不同的烟叶在工作台上成堆铺开便开始了一天的工作，右手边依次排列不同品种和不同部位的茄芯烟叶，左手边是茄套和茄衣烟叶。该包烟叶包括当天卷制雪茄烟所需要的茄衣烟叶、茄套烟叶和 3～5 种不同的茄芯烟叶，总量上可满足每个卷烟师当天的卷制指标需求。卷烟师一天的卷制指标视雪茄烟的品规而定，一般 50～300 支/人。古巴雪茄以单人全手工独立完成；非古雪茄的卷烟师通常两人为一组搭配工作，一人以手动机械辅助完成茄胚卷制，另一人上茄衣，两位卷烟师需要保持速度一致，成为一对完美搭档。

除桌椅外，国外的卷烟师（torcedor）还需要一块实木卷烟板、一把平板烟叶刀、一把取帽器、一把裁切刀、一碟无色无味全天然的植物胶、一把长度和环径量具，这便是卷烟师的全部家当。最重要的是，卷烟师需要具有丰富的经验和从日积月累的实践中获得的熟练的卷制技巧。

（二）古巴模式

古巴雪茄卷制模式首先将茄套烟叶平铺在卷烟板上，通常选择 2 片，叶脉向上，这样当雪茄烟卷制完成后叶脉便会在内部，外表就会更光滑。然后卷烟师按配方要求及比例依次选择不同的茄芯烟叶，在手中折叠或卷起、对齐、排列和围绕，超烟支长度剪切下来的烟叶按顺序折叠或卷、对齐、排列和围绕，每片烟叶以叶尖朝向茄脚；将较厚、口感浓郁、主要为雪茄烟提供浓烈度、燃烧缓慢的上部烟叶（Ligero）放在中心位置，具有最丰富香气的中部烟叶（Seco）和较薄、香气和浓郁度相对较次但起到控制燃烧性的下部烟叶（Volado）围绕在外围，形成茄芯，确保每片烟叶及烟叶间有清晰和畅通的烟气通道。雪茄烟卷制时，手感很重要，用力必须适当，太松会造成雪茄烟松散或通透性过大，太紧会使雪茄烟过硬而影响通透性，尤其在古巴的全手工模式中更为重要。

（三）非古模式

非古雪茄卷制模式是将茄套烟叶置于手动辅助机械的厚帆布上，通常选择1～2 片，将茄芯烟叶单片折叠后置于茄套烟叶上，片片重叠，通过手动摇杆带动帆布卷起茄套和茄芯烟叶，成品雪茄烟的平均抽吸通畅度、燃烧均匀度、质量一致性皆优于古巴雪茄。

古巴模式和非古模式都需要确定合适的烟叶用量，烟叶过多，雪茄烟较紧实，影响抽吸通畅性；烟叶过少，雪茄烟太松，燃烧太快。优秀的卷烟师必须确保同型号的每一支雪茄烟用料质量一致，靠双手凭经验来拿捏判断。

当所有的茄芯烟叶都按上述要求被拿捏在一个掌心中并成把、成束时，便可将该束烟叶放在已经平铺在卷烟板上的茄套烟叶上，卷上茄套便形成茄胚，然后置入模具进行压力定型。压模定型时间一般为 30～60min，视卷烟师的水平和烟支规格的复杂度而定，技术熟练的卷烟师和相对比较简单的规格所需的压模定型时间短，其间还需要进行一次 90°的翻转，避免产生两条压痕或者边线。完成压模定型的茄胚会随机进行最低吸阻抽检，由吸阻检测机器完成（图 7-21），这就是一支未穿上茄衣的雪茄规格。

图 7-21 雪茄茄胚吸阻检测

（四）茄胚卷制

茄胚的卷制工艺不尽相同，而卷制工艺决定了一支雪茄规格的优劣，主要包括"筒状"卷制法、"折叠"卷制法、"书型"卷制法、机械辅助卷制法。

1. "筒状"卷制法

"筒状"卷制（Entubado）法是最传统、最古老的卷制方法。每片茄芯烟叶被细致地卷制成一个筒，犹如一个小烟囱；筒筒相叠，Ligero 居中，Seco 和 Volado围绕之形成一个大筒，仿佛一个由若干个小烟囱组成的大烟囱（图 7-22），因此烟气得以自由、充分地穿过每一片烟叶，给体验者带来更多、更丰富的香气和味蕾冲击。这种卷制方式能够确保各种烟叶实现最合理的配置，每片烟叶的味道可以被尽可能地体验到，同时有较强的主线味道贯穿其中，并具有明显的变化。但这

图 7-22 "筒状"卷制法（左）和"折叠"卷制法（右）

种方法复杂、困难、费时，是难度系数最大的卷制方法，很考验卷烟师的掌上功夫，只有技术相当娴熟的卷烟师才能胜任，也只有顶级雪茄烟才会选择，如富恩特 OpusX 系列。

2. "折叠"卷制法

"折叠"卷制（Plegable）法类似"筒状"卷制法，只是每片烟叶被折叠成若干个褶皱（图 7-22）。该方法较简单和节约时间，对卷烟师来说更容易掌握，出品率更高，也能很好地保证烟气比较完整地在茄芯中通过，现在大多数古巴雪茄采用该方法卷制，弊端是容易把烟叶压碎。

3. "书型"卷制法

"书型"卷制（Libro）法是简单地将每片茄芯烟叶重叠起来，如同一本书，然后一起卷起来，当然还是 Ligero 在最上面，以便其被卷制在最中心。从品质角度而言，通过这种方法卷制的雪茄烟气不够通畅、缺乏丰富度、没有层次感，无法保持雪茄烟口感的稳定性，且雪茄烟容易爆裂、极易烧偏（因书脊部位燃烧相对缓慢）。但从生产角度而言，该方法极易掌握，人员培训非常简单，雪茄烟出品明显高效，是廉价雪茄烟的首选卷制方法。

4. 机械辅助卷制法

机械辅助卷制（Lieberman 或 Timsco）法的名字来自首款辅助卷制机器的发明者或制造商，其是一款原理相当简单但非常有效的手动机械，用于辅助雪茄茄胚的卷制：铁艺结构，中间一个洞，洞中一块帆布或橡胶片，帆布下方一条凹槽，一个摇杆手柄控制帆布。卷制时，茄套烟叶置于帆布上，茄芯烟叶一片片折叠后重叠置于茄套烟叶上，转动摇杆手柄，使得帆布辅助茄套烟叶卷起茄芯烟叶，最终完成茄胚卷制（图 7-23）。该方法可大量节约时间，出品更加高效，而且雪茄烟抽吸畅通、燃烧均匀、品质均一持续。通过该方法卷制的雪茄烟仍然被视为优质雪茄烟（premium cigars），称为手工雪茄（Hecho a Mano）。但是，为了与机械辅助卷制相区别，古巴将全过程人工卷制成的雪茄烟称为全手工雪茄（Totalmente a Mano），只有短茄芯（tripa corta）雪茄烟才会用这种机器。

在古巴，尤其是 Habanos 的四大雪茄工厂，圆柱形 Parejos 尺寸的雪茄烟都严格要求采用筒状卷制法。尽管相对于其他卷制方法，这种方法比较耗时，但卷制成的雪茄烟质量更能体现一个卷烟师的价值。对于异形雪茄，尤其是一支 Figurados 型 Torpedo 或 Diadema，并不是任何人都具备卷制手艺，即使在古巴，也只有最优秀的卷烟师才能胜任，而且每天的产量非常有限，普通形状和尺寸一个卷烟师一天可以卷制一两百支，而所罗门（Salomon）尺寸一个卷烟师全天只能

图 7-23 机械辅助卷制法

卷制 50 支左右。另外，因为茄芯前端比后端大，后端因超过雪茄烟长度而被撕下来的烟叶要补充到前端，这样才能把前端填充起来，使其变得更大，还不够时要额外添加，填充时必须均匀一致，这样抽吸时雪茄烟不容易烧偏。由于雪茄烟一头大而另一头较小，在卷制茄套烟叶和茄衣烟叶时会发生倾斜，但要保证不打结，这是所罗门尺寸卷制中难度最大的地方。圆柱形雪茄中的细长尺寸 Lancero、Panetel 卷制难度也很大，因为环径越小燃烧时温度越高，抽吸时越浓烈，卷制时也就越难，而且细长茄芯容易变成麻花状，烟气无法通畅通过。

（五）上茄衣

雪茄烟定型后就可上茄衣来完成最后的工序。为了让茄衣烟叶体现出其张力，要绷紧烟叶，这样雪茄烟才会形成纹路细腻的外观，比较漂亮。首先将茄衣烟叶平铺在卷烟板上，筋脉向上，以便卷制完成后光滑的叶面为雪茄烟的外表。用裁切刀修切整齐边角，尽可能少切，因为一张茄衣烟叶最甜美、口感最好的部分为叶尖和叶缘。然后将雪茄茄胚置于茄衣烟叶上，使茄衣烟叶叶尖对茄脚开始卷制，这样茄衣烟叶叶尾将对应茄头。最后将剪切剩下的茄衣烟叶制成茄帽并粘贴上，在切割台上切割成预设长度，修剪茄脚，至此一支雪茄烟的卷制完成。卷制完成后，用纸将雪茄烟包装成 25 或 50 支一包，卷烟师和检验师分别在上面签名并标注日期以及其他信息如品牌、尺寸、规格、烟叶使用情况等，以便追溯产品来源（图 7-24）。

图 7-24　雪茄烟包装

　　每支雪茄烟在卷制过程中，会经历三道检查。首先，仪器测试通透性，即雪茄烟的吸阻。其次，测量尺寸和观察卷制工艺及茄衣的完美程度，通过目测判断形状、外观和卷制手法是否正确，通过触摸鉴定是否有过软或过硬的节点。最后，由品鉴师随机抽取成品来品吸。工厂针对每个卷烟师都有一个质量破损范围的规定，给每个卷烟师带来无形的压力。

　　每一包 25 或 50 支雪茄烟都需要经过重量检测，以确认烟叶使用数量符合要求。每种雪茄烟都有其重量，取决于尺寸和配方。重量检测的重要性在于，烟叶太多，雪茄烟会抽不动，烟叶太少，雪茄烟捏起来太软，燃烧太快，都会影响一支雪茄烟抽吸的愉悦感。

　　在多米尼加雪茄烟卷制工厂里（图 7-25），一个技术娴熟的卷烟师一天最多卷制 500 支普通尺寸的圆柱形雪茄，这已是极限，一般情况下每天的卷制指标是 150～300 支，具体数量会根据尺寸而定。而异形雪茄如 Torpedo、Diadema、Lancero、

图 7-25　多米尼加雪茄烟卷制工厂

Figurados，每日仅能卷制 50～120 支，非古雪茄的两人工作组借助卷制机器通常卷制 300～500 支/天。同样，卷制指标视卷制方法也不尽相同。卷烟师分 1～9 级，级别越高，能够胜任的雪茄烟卷制尺寸就越多直至异形雪茄，工资也就越高。同样一支雪茄烟，不同级别的卷烟师卷制所得的工资不一样。通常经过 6 个月的培训可以卷制出一支合格的雪茄烟；1～2 年的卷制实践能够胜任卷制普通圆柱形雪茄，并且产量达到 100 支/天左右；4～7 年的工作经历可以达到 7 级卷烟师，能够胜任卷制异形雪茄；一般需要 10～20 年才能达到 9 级卷烟师（maestro torcedor）。

（六）卷制后工艺

卷制完成的雪茄烟置于雪松木框，并存放于一个温湿度恒定的醇化室，以便使卷制过程中因卷制要求不同导致湿度不一的不同烟叶在此达到一致与平衡，通常需要 2～3 周，形象地称之为"结婚"。然后移入长期醇化房作为库存储备，普通商业雪茄烟会在醇化房醇化 3～6 个月，限量版、年份版、特定雪茄烟醇化 1～3 年甚至更久（图 7-26）。不幸的是由于市场供需关系，如今很多雪茄烟包括很多古巴雪茄在上述 2 个醇化环节所用的时间大打折扣。

图 7-26　雪茄烟醇化

醇化后，雪茄烟出库并再次检查，随后进入分色环节，分色最多可达 60 级，女性对颜色较为敏感，因此该工作皆由女工完成，尽量确保每一盒雪茄烟颜色基本一致（图 7-27）。

雪茄烟分色完成后开始贴茄标，要求高低一致，以便装盒后茄标在同一高度。装盒时确保每一盒的雪茄烟从右到左的颜色由浅至深，以及最优质的雪茄烟在上层（图 7-28）。非古雪茄的这一环节可以省略，因为只有古巴雪茄是完全裸装的，非古雪茄大多数会穿上"玻璃纸"（cellophane）外套，以减少每一盒雪茄烟支间的色差。出厂到达消费者手中后我们通常建议进行 3～12 个月的再次稳定、养护和醇化，以使每一支雪茄烟达到最佳的品鉴状态。

图 7-27 雪茄烟分色

图 7-28 雪茄烟贴茄标和装盒

现在，你可以享用一支雪茄烟了，但记得感谢成千上万的卷烟师，中美洲雪茄烟生产国专门设立了一个卷烟师节，以向其致敬，是其辛勤的劳动和奉献，才有了今天你手中的这支优质雪茄烟。

第八章 雪茄烟品鉴与零售终端

雪茄是一种文化符号，这种文化从一颗小小的种子开始萌发。雪茄烟叶种植包括育苗、移栽、田间种植及采收环节，共需4～5个月，加工处理包括晾制（约需6周）、堆垛发酵（需6～12月）、醇化（需1～2年）。烟叶的加工处理是一个相当耗时、费力和费钱的过程，相较烟叶的种植需要更长的时间、人力和金钱，那些精雕细琢、耗时费力、拥有复杂发酵过程和漫长醇化岁月的优质雪茄烟珍贵得如同一件艺术品。所以，用于卷制高档手工雪茄的任何一片烟叶的种植和加工至少需要2～3年。

第一节 雪茄烟品鉴

一支上好的雪茄烟，味道是干净、平滑、甜润、舒适、令人愉悦的，散发着木香、豆香、皮革香、泥土香、太妃糖香、奶香的味道，均由晾制、发酵、醇化过程带来。刚采摘下来的烟叶在很大程度上是看不出质量好坏的，主要基于地理位置、土壤、气候、收获季节等因素来判断烟叶质量，是依据烟叶自身属性加以判断的。晾制和发酵过程是决定烟叶最终品质的关键环节，尤其是发酵过程可以在很大程度上提升烟叶品质，甚至具有无限的发挥空间，堪称魔法。醇化是一个缓慢的自然发酵过程，烟叶的品质和个性会得到进一步提升。

每支雪茄烟都被赋予了"生命"，其品鉴一般是局部循环，利用部分感觉器官进行评吸，烟气进入口腔稍事停顿后从口腔、鼻腔徐徐排出。

雪茄烟的品鉴一般分验、闻、切、点、品几个步骤（图8-1）。

（1）验

一支雪茄烟的品鉴从验看茄衣、卷制工艺、养护水准开始。先看茄衣是否破损，茄脚是否爆裂，雪茄烟体是否虫蛀、长霉。再验茄衣的尺寸、卷制松紧度、湿度是否合适。

（2）闻

通过嗅闻茄脚来感知和判断这款雪茄烟配方的优劣，以及是否因养护不当而产生了异味甚至是霉变产生的异味。

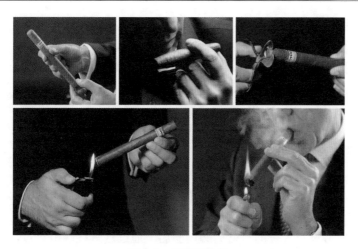

图 8-1　雪茄烟品鉴

（3）切、点

雪茄烟切、点都需要专业的工具，而且工具的选择完全因人而异。切可选雪茄烟剪刀、雪茄烟平口切刀、雪茄烟"V"形切刀、雪茄烟打孔器等，而且切口大小各有所好，可大可小。点可选雪茄烟专用喷枪、雪茄烟专用无磷火柴、点火杉木条等，也非常个性化。

（4）品

雪茄烟的抽吸必须控制速度，抽吸太频繁会导致雪茄烟燃烧过快而过热，无法享受芳香和吃味；抽吸过慢超过 2min，雪茄烟会自动熄火，需要再次点燃。

烧偏的雪茄烟需要通过抽吸时转动来调整，因为每个人口腔的出气点不一，转动雪茄烟可以实现燃烧平衡。烧偏过度需要补火。

熄火雪茄烟再次点燃时需要尽可能多地去除烟灰，甚至是炭化结块的部分，然后重新点燃。

雪茄烟的熄火需要温柔对待，轻轻放下即可。

评判一支雪茄烟，首先是考量卷制工艺，包括茄衣选材的尺寸、用料数量、卷制松紧度、茄脚切口平整度等。其次是点燃后观察燃烧性、烟灰颜色和紧实度、抽吸通畅度。再次是通过抽吸评判平衡度、香气特点和吃味特征，以及是否令人愉悦。最后也是加分点是品味雪茄烟前、中、后段的香气和吃味变化，以及香气和吃味的持久度。

第二节　雪茄烟品牌介绍

雪茄烟最先兴起于欧美地区，已经拥有成熟的产品口味并具有一定规模的消费人群，所以国外雪茄烟在市场上一直占据着龙头地位。我国雪茄烟体量虽然不大，但近年来一直在迅速发展。据统计，随着我国中产阶级崛起，近年来国产雪茄烟市场销量增长迅速。目前，我国雪茄产业已形成四川中烟、山东中烟、湖北中烟、安徽中烟四大颇具规模的雪茄烟生产基地，并形成了"长城""泰山""黄鹤楼""王冠"等几大国产雪茄烟主力品牌。

一、国外雪茄烟品牌

国外雪茄烟品牌历史悠久，积累了大量的消费群体，拥有一群忠实粉丝。国外雪茄烟在营销策略上比国内雪茄烟略胜一筹，在一些较发达的沿海地区、一线城市、旅游城市设有大量的直营店和体验店，通过这些终端销售点，实现了雪茄烟宣传、展示、销售一条龙的市场营销，还针对高端消费人群推出专属定制服务，极大地满足了国内高消费人群的消费欲望。

（一）古巴雪茄烟品牌

世界知名的品牌雪茄烟多产自古巴，所以国内消费者将雪茄烟分为古巴雪茄和非古雪茄（非古巴生产的雪茄烟）。目前，非古雪茄的主要产地有多米尼加、尼加拉瓜、洪都拉斯、美国康涅狄格州等。古巴目前还在生产的雪茄烟品牌有 40多个，常见的有 27 个，每个品牌背后都有一个饱经沧桑的故事。

1. BOLÍVAR（玻利瓦尔）（图 8-2）

图 8-2　BOLÍVAR

品牌历史：BOLÍVAR 创建于 1927 年，加工工厂为 Partagás（帕特加斯），烟叶原料产地为比那尔德里奥的阿瓦霍和帕蒂多。

Simon Bolivar 是一位古巴人喜欢且欧洲人普遍了解的美洲历史上的"解放者"，被称为"南美的乔治▪华盛顿"。其逝世近一个世纪后，1927 年西班牙企业家 Joséos

Rocha 将委内瑞拉这位著名英雄人物的名字注册为雪茄烟品牌。最初该品牌在哈瓦那 San Miguel 街 961 号的一个工厂生产，1944 年该品牌由 Partagás 的所有者 Cifuentes 获得，并在 520 号工厂生产的品牌中形成一条生产线。

产品特色：从一开始该品牌的雪茄烟就因其特点和美丽的包装、突出的美洲英雄面部肖像而闻名，所有的王冠系列都非常著名，如 Corona Extra、Corona Junior、Corona Gigsnte、Petit Corona 等，浓度中等，味道独特，香气宜人。其红棕色的茄衣备受英国消费者赞赏。

规格型号：BOLÍVAR Tubos、Bonita、Churchill、Corona、Corona Extra、Corona Gigante、Corona Junior、Demi Tasse、Inmensa、Lonsdale、Panetela、Petit Corona、Regentes y Royal Corona。

2. COHIBA（高希霸）（图 8-3）

图 8-3　COHIBA

品牌历史：COHIBA 创建于 1966 年，当时为总统菲德尔·卡斯特罗（Fidel Castro）特制，属顶级机密，但现已成为世界知名的雪茄烟品牌，在 El Laguito 工厂生产。烟叶原料产地为比那尔德里奥 San Juan y Martinez 和 San Luis 两地 5 个最好的种植园。起初，古巴境外所见到的该品牌雪茄烟只是送给各国元首及外交官的礼物。自 1982 年起，高希霸雪茄烟公开在市场上进行发售，但数量有限。该品牌名源自一古印第安单词 Taino，即把烟叶捆在一起的意思，也是当时哥伦布首次见到古巴原始居民时其所吸的一种烟草，即雪茄烟最初的形式。

产品特色：高希霸在哈瓦那品牌雪茄烟中独具特色，所用的三种茄芯烟叶 Seco、Ligero 和稀有的 Medio Tiempo 均采用传统的桶内发酵方式，这种独特的工艺使高希霸产品具有特别芬芳和香味。高希霸所有规格的雪茄烟均是全手工制作。其中，传统系列：中等浓度到浓郁；1492 系列：中等浓度；Maduro 5 系列：中等浓度到浓郁；Behike 系列：浓郁。

规格型号：高希霸有 4 个系列。首先是传统系列，有 6 种规格，1966～1989

年上市。其次是 1492 系列，有 5 种规格，1992 年上市，当时是为了纪念哥伦布到达古巴 500 周年，后来在 2002 年新增一个规格，名称是 Siglo VI。再次是 Maduro 5 系列，有 3 种规格，均采用深色、陈放 5 年的 Maduro 烟叶作为茄衣，2007 年上市。最后是 Behike 系列，有 3 种规格，2010 年上市，是所有产品中最特别的，茄芯采用稀有的 Medio Tiempo 烟叶，只取在阳光下种植的顶上两片叶子，给雪茄烟带来了异常丰富的口感。

3. MONTECRISTO（蒙特）（图 8-4）

图 8-4　MONTECRISTO

品牌历史：MONTECRISTO 创建于 1935 年，是全世界最知名的哈瓦那雪茄烟中最受推崇的品牌，在 H. Upmann 工厂生产，是很多哈瓦那雪茄烟消费者衡量其他品牌的标准。蒙特这个名字来源于亚历山大·大仲马的著名小说《基督山伯爵》所述的英雄人物，当时在雪茄烟卷制工厂里卷烟师经常听教堂读经者讲书，而这本书为其最喜欢的读物。

产品特色：覆盖了各种层次雪茄烟爱好者的需求。不同产品的配方根据目标消费群体偏好进行开发。所有规格都是全手工卷制，中等浓度至浓郁，Open 系列产品为浓香型和中等香型，无论是新还是老吸烟者，都会给其带来与众不同的香味和口感。

规格型号：蒙特产品包括一系列规格，采用数字 1～5 编号。日前，根据消费者的偏好，蒙特生产各种型号的雪茄烟，2004 年上市环径 52 的埃德蒙（Edmundo）产品和短款产品小埃德蒙（Petit Edmundo），源自大仲马小说中人物 Edmundo Dantes 的名字；2009 年 MONTECRISTO Open 系列 4 种规格新产品上市。古巴每年出口的雪茄烟中约有 50% 是该品牌，是古巴出口量最大的雪茄烟品牌。

4. ROMEO Y JULIETA（罗密欧与朱丽叶）（图 8-5）

品牌历史：ROMEO Y JULIETA 创建于 1875 年，名称来自威廉姆·莎士比亚的爱情悲剧小说。20 世纪早期，得益于 Don Pepin Rodríguez 这个天才销售员，该品牌的雪茄烟赢得国际声望，温斯顿·丘吉尔（Winston Churchill）是这个品牌的忠实热爱者。

图 8-5　ROMEO Y JULIETA

产品特色：以均衡和芳香的风格成为哈瓦那雪茄烟的经典之作，现仍然享誉世界。有各种规格的长芯全手工制作系列，涵盖哈瓦那雪茄烟的各种规格，浓度中等，适宜初级雪茄客。

产品规格：1946 年丘吉尔访问古巴首都哈瓦那后，该品牌将其名字印在雪茄烟标环上作为纪念，并成为最著名的尺寸型号——罗密欧与朱丽叶之丘吉尔。21 世纪丘吉尔系列又增加 2 种规格，第一种称为短丘吉尔，罗布图尺寸，2006 年新增；第二种在 2010 年第 12 届哈瓦那雪茄节推出，称为宽丘吉尔（Wide Churchill），代表了一种吸烟爱好者追求粗壮型雪茄烟的趋势。

5. PARTAGÁS（帕特加斯）（图 8-6）

图 8-6　PARTAGÁS

品牌历史：PARTAGÁS 是哈瓦那雪茄烟中最老的品牌之一，由 Don Jaime Partagás

在 1845 年创立。如果说哈瓦那有一个非常著名的雪茄烟工厂，那就是 Partagás，位于古巴国会大厦正背后工业街 520 号，由 Don Jaime Partagás 于 1845 年创办，并以其名字命名，生产雪茄烟至今。PARTAGÁS 雪茄烟的出色品质使其先后三次赢得在巴黎举办的国际雪茄博览会金牌，另外该品牌发明了 8-9-8 雪茄的展示方法。

产品特色：以深刻朴实的口感很快得到人们的认可，具有特别浓郁的口感。

产品规格：PARTAGÁS 雪茄烟的形状和尺寸都很引人注目，如巨皇冠（Lusitania）和 8-9-8 雪茄，后者以其装盒方法而命名。最知名的是喜维亚 D4 号（Serie D No. 4），是 20 世纪 30 年代著名的字母系列新加入的罗布图尺寸雪茄烟。2005 年新增一种产品名为喜维亚 P2 号 Piramide 的雪茄烟，很受浓香型哈瓦那雪茄烟爱好者的喜爱。

6. HOYO DE MONTERREY（蒙特利）（图 8-7）

图 8-7　HOYO DE MONTERREY

品牌历史：HOYO DE MONTERREY 创建于 1865 年，起源于 San Juan y Martinez 小镇，位于下维尔他烟草产区的中心位置。蒙特利种植园是古巴烟草种植地区最大的一级种植园，经烟草研究院和监管委员会批准可以种植哈瓦那雪茄烟叶，通过 San Juan y Martinez 小镇的中央广场正门可进入种植园，中央广场的正门刻有"奥约·德·蒙特利，Joséo Gener，1860 年"字样。Joséo Gener 是西班牙人，来自塔拉戈纳省，哈瓦那雪茄烟使用其农场名字作为名称是在 1865 年。

产品特色：其混合芳香受到清香型哈瓦那雪茄烟爱好者的青睐，口感清淡但不失典雅、丰富。

产品规格：该品牌因其双皇冠和两款受人推崇的产品逍遥 1 号（Epicure No.1）和 2 号（Epicure No.2）而出名，2008 年新增尺寸较长的 Epicure Especial 产品，还有一种标准的细长型雪茄烟 Le Hoyo Series。蒙特利是首次推出小罗布图（Petit Robusto）尺寸雪茄烟的品牌，2005 年推出的这个 50 环径、较短的雪茄烟适合那些喜欢厚重感但又不总是有时间来享受的吸烟者。

7. H. UPMANN（乌普曼）（图 8-8）

品牌历史：H. UPMANN 创立于 1844 年，Herman Upmann 是德国的一位银行家，非常喜欢古巴雪茄，1844 年搬迁至哈瓦那，在经营银行业务的同时开始雪茄烟的制造，20 世纪 20 年代早期其银行关闭停业，但雪茄烟制造还继续，2007 年擢升为一线品牌，肯尼迪总统曾是这个品牌雪茄烟的忠实爱好者。

图 8-8　H. UPMANN

产品特色：浓度中等，口感顺滑，层次丰富，为清淡到中等浓度口味古巴雪茄的典范。

产品规格：从该品牌雪茄烟的烟盒上可以找到 19 世纪以来其在国际展会上所荣获的 11 个以上金牌。最著名的规格是 2008 年上市的新品 Magnum 46 和 Magnum 50。其他重要规格还有温斯顿先生（Sir Winston）、鉴赏家 1 号和 2011 年上市的尺寸较小的短皇冠（Corona Junior）与半皇冠（Half Corona）。

8. PUNCH（潘趣）（图 8-9）

图 8-9　PUNCH

品牌历史：PUNCH 是哈瓦那雪茄烟最古老的品牌之一，由 Juan Valle & Co 公司的 Don Manuel Lopez 于 1840 年创建，这个名称的灵感源于 19 世纪十分流行的英国木偶剧，里面有一个小气且脾气败坏的角色 Mr. Punch。该品牌的雪茄烟主要针对当时繁荣的英国市场，大家可以看到盒子上有木偶先生正享受着雪茄烟和陪伴他的宠物。1931 年潘趣与蒙特利联手，两个品牌从那时起到现在均在同一家工厂生产，现在这家工厂是 La Corona。

产品特色：味道丰富，木香、坚果香、咖啡香、烤香十足。Punch Coronations 的特色是具有强烈的木质芳香，口味比较清淡，是评价相当卓越的雪茄烟，其具有独特的木质香味，一旦品尝过你便会爱上古巴雪茄，比较适合初学者。

产品规格：常规品规产量不稳定，近年削减了不少常规款，注重推出特别版和纪念版。

9. VEGAS ROBAINA（维加斯·罗宾纳）（图 8-10）

图 8-10　VEGAS ROBAINA

品牌历史：VEGAS ROBAINA（VR）是 Habanos 于 1997 年推出的新品牌之一，经过不到十年已成为古巴雪茄中不可或缺的代表性产品。自 1845 年，罗宾纳家族开始在下维尔他烟草种植区圣路易斯区 Cuchillas de Barbacoa 的珍贵土地上种植烟草。VR 之名来自大名鼎鼎的 Don Alejandro Robaina，其是古巴最优秀的茄衣烟叶种植者及卷烟大师之一。VR 对种植雪茄烟叶的古巴农民来说是一种礼物，因为 Don Alejandro Robaina 带领农民种植最好的茄衣烟叶成为那个时代的传奇。事实上，该品牌给所有不知名的烟草种植者都带来了荣誉，其知识和技能铸就了哈瓦那雪茄烟今天的辉煌。

产品特色：在 H. Upmann 工厂由最佳的卷烟师制作，传承了古巴所有不知名烟叶种植生产者的经验、技术和文化，产品结合消费者的口味偏好进行配方，每一款均为手工卷制。

产品规格：只有 5 种尺寸，但都是精品。

10. TRINIDAD（千里达/特立尼达）（图 8-11）

品牌历史：TRINIDAD 创建于 1969 年，是根据 16 世纪古城 La Santísima

Trinidad 命名的，其位于古巴的南海岸，被联合国教育、科学及文化组织列为世界文化遗产。像高希霸一样，该品牌的雪茄烟由 El Laguito 工厂生产，仅作为礼物送给外交官员，直到 1998 年才公开小量发售。

图 8-11　TRINIDAD

产品特色：采用的茄衣烟叶颜色较深，口感丰富，带有土味，以豆香、花香为主，虽然款式少，但味道好。尾端有非常经典的小辫子，上市之初就定义为高端雪茄烟。近年来推出的 Robusto Extra 也备受雪茄客喜爱。

产品规格：一开始只有一种规格 Fundadores。2003 年新增 3 种规格：Reyes、Coloniales 和 Robusto Extra。与此同时，其外观设计和烟标都随着品牌的提升而更新换代。2009 年又增添了一个品规 Robustos T。

11. CUABA（库阿巴）（图 8-12）

图 8-12　CUABA

品牌历史：CUABA 创建于 1996 年，在伦敦问世，是 19 世纪末雪茄烟的灵魂。该名字有一段悠久的历史，来源于古巴土著泰诺人（Taíno），用于描写本土的一种灌木，最早原住民经常用其制作火把，在宗教仪式上用于点燃雪茄烟（Cohiba），直到现在还可以看到古巴农民经常使用一束 Cuaba 点燃炉灶或黑夜在乡村行走时用来照明。

产品特色：因独特的外形而出名，被称为 Doble figurado，在 19 世纪末是哈瓦那雪茄烟的流行样式。一个世纪后的 1996 年，这种有特色的传统风格的雪茄烟成为新的潮流。浓度中等至浓郁。

产品规格：起初仅有 4 种相对较小的规格，是雪茄爱好者喜爱的复古品规，包括 Divinos、Exclusivos、Generosos、Tradicional y Disstinguidos。从 2003 年开始 3 种大规格 Distinguido、Salomon 和 Diadema 作为标准系列产品开始发售。

（二）多米尼加雪茄烟品牌

多米尼加是世界雪茄烟制造厂的聚集地，是非古雪茄的主要产地，雪茄烟制造厂多分布在"世界雪茄之都"圣地亚哥，多米尼加中高端雪茄烟品牌主要有 ARTURO FUENTE、Davidoff、LA AURORA 等，其系列品规产品主要销往欧洲市场。

1. ARTURO FUENTE（阿图罗·富恩特）（图 8-13）

图 8-13　ARTURO FUENTE

品牌历史：ARTURO FUENTE 创建于 1912 年，以创始人 Arturo Fuente 的名字命名，已有 100 多年的历史，是世界上最大的手工雪茄生产商之一。历经三代从一间雪茄烟家庭作坊发展到今日的雪茄烟巨头，经历了革命动荡、工厂火灾、贸易禁运等，最终在多米尼加圣地亚哥发展壮大，通过建立专属的雪茄烟叶种植庄园，制作只使用多米尼加烟叶原料的雪茄烟，2018 年初在尼加拉瓜建造雪茄烟卷制工厂。

品牌特色：有多款 Maduro 茄衣产品，产品风格多样，采用喀麦隆中等浓度茄衣烟叶，茄套和茄芯采用多米尼加烟叶，经过精心调配，产生强烈的橙皮、泥土和咖啡等风味。OpusX 和海明威等系列产品获得全世界消费者的认可。

产品规格：在多米尼加工厂生产的有 12 个系列，包括特级珍藏、陈年、巨著、海明威、卡巴古巴、唐卡洛斯和庄园等。

2. Davidoff（大卫杜夫）（图 8-14）

图 8-14　Davidoff

品牌历史：Davidoff 创建于 1969 年，第一支名为 Davidoff 的雪茄烟在古巴问世，那时 Davidoff 与高希霸由同一家工厂生产，也就是赫赫有名的 El Laguito。1991年起，Davidoff 停止在古巴生产，并在 1992 年停止销售，创始人 Zino Davidoff 将生产线转移至多米尼加。1906 年 Zino Davidoff 出生于乌克兰的一个小城，1911年全家搬到瑞士日内瓦，其父亲开了一个销售香烟和烟斗的商店，由于对烟草耳濡目染，成年后 Zino Davidoff 决定到南美洲深入烟草行业源头学习更多相关知识，刚到南美洲时他在阿根廷和巴西的小工厂工作，后来到古巴学到更全面的烟叶种植和雪茄烟生产相关知识，手上有欧洲客户，又对古巴雪茄非常了解，于是他顺理成章地做起了欧洲的古巴雪茄贸易。

产品特色：坚持高品质理念，可定制满足不同客户需求的各种各样的雪茄烟。雪茄哲学：从种植烟草到商店售卖，历经千辛万苦和百道工序，以最真诚的爱，献给雪茄客。在过去 50 年，从未间断的美好品质藏在 Davidoff 雪茄烟里。

产品规格：产品系列包括雪茄烟、雪茄烟配件、斗烟、斗烟配件等，核心雪茄烟产品系列包括千禧（Millenium）、顶级（Grand Cru）、签名（Signature）和庆典（Aniversario）等，由于雪茄烟上有标志性的白色茄标，因此坊间俗称其为白标。2013 年扩充尼加拉瓜黑标产品线，后来又加入雅玛萨（Yamasá）和埃斯库里奥（Escurio）。此外，还涉足香水、化妆品、服装等多个领域，满足了消费者追求高品质生活的需求。

3. LA AURORA（拉奥罗拉/狮子王）（图 8-15）

品牌历史：LA AURORA 是多米尼加最古老的雪茄烟品牌，1903 年 10 月在圣地亚哥成立，创始人是 Eduardo León Jimenes，其父亲和祖父都是烟叶种植者。LA AURORA 是多米尼加领先的雪茄烟公司，其产品销往全球 60 多个国家和地区，使 Eduardo León Jimenes 集团成为多米尼加最大的商业公司。

产品特色：1987 年推出新的品牌莱昂·希门尼斯，使用康涅狄格茄衣烟叶，均匀细致的茄衣是该产品的一大特色。1997 年尝试在多米尼加种植优质的茄衣烟

图 8-15　LA AURORA

叶，发酵后用于生产一款雪茄烟来纪念公司的百年诞辰，也就是 LA AURORA 100 años，这个系列全部采用多米尼加烟叶，2004 年被美国著名的行业杂志 *Cigar Aficionado* 评选为年度最佳雪茄烟。

（三）尼加拉瓜雪茄烟品牌

1. OLIVA（奥利瓦）（图 8-16）

图 8-16　OLIVA

　　品牌历史：OLIVA 的故事起源于 1886 年，那时 Melanio Oliva 已有志于从事雪茄行业，他一腔热忱，选择在古巴最好的雪茄烟叶种植地 Pinar Del Río 种植了他的第一株烟叶，从此踏足烟叶种植经营领域。1895 年古巴爆发内战，Melanio Oliva 为了参军而暂停种植业务，直到 1898 年古巴战事结束后才恢复，20 世纪 20 年代初将其雪茄烟叶业务交予儿子 Facundo Oliva 接管。随着菲德尔·卡斯特罗（Fidel Castro）在古巴登上国家元首的地位，古巴雪茄行业形势发生变化，Facundo Oliva 的儿子 Gilberto Oliva 的角色从雪茄烟叶种植者转向雪茄烟叶经销商，到 60 年代他将目光拓展到全世界，致力于寻找有优质风土的地方来重现古巴雪茄烟叶的独特口味，于是这个家族的第三代传承人先后到洪都拉斯、巴拿马、墨西哥探索，最后将家族产业植根于尼加拉瓜，从而实现重现古巴雪茄烟叶风味的宗旨。时至今日，OLIVA 在尼加拉瓜建立了第二大雪茄烟叶种植园。

产品特色：得到行业内专家和消费者的大量绝佳评价，如杂志 *Cigar Aficionado* 在 2014 年授予 V 系列米拉尼奥·双尖鱼雷（OLIVA Serie V Melanio Figurado）年度最佳雪茄烟称号，并得到 96 分的高分。

产品规格：有 V 系列、NUB 系列、G 系列和 O 系列 4 个类型。

2. Padron（帕德龙）（图 8-17）

图 8-17　Padron

品牌历史：Padron 由 Jose O. Padron 于 1964 年在美国佛罗里达州的迈阿密创立，一直生产高端手工雪茄。虽然 Padron 家族为最大的雪茄烟企业之一，但旗下产品产量少，在美国市场供不应求。Padron 在中美洲拥有两家公司，一家是尼加拉瓜 的 Tabacos Cubanica S.A. 公司，另一家是洪都拉斯的 Tabacos Centro-americanos S.A. 公司。Padron 一直秉承注重质量而不看数量。

产品特色：原料烟叶均产自尼加拉瓜，至少要经过 3 年醇化，中等浓度至浓郁，抽吸顺畅，带有泥土味、奶油香、胡椒香和独特醇厚的酱香。

产品规格：有 Padron 基础系列、Padron 1964 系列、Padron 1926 系列和 Padron Family Reserve 系列。

3. MY FATHER（我的父亲）（图 8-18）

图 8-18　MY FATHER

品牌历史：MY FATHER 品牌是一个家族产业，创始人 José Pepin Garcia 出生于古巴，曾是哈瓦那著名的卷烟师。2003 年 Garcia 家族成员在哈瓦那建立第一个小雪茄工厂，后来 José Pepin Garcia 的儿子秘密前往尼加拉瓜，从事新雪茄烟的配方设计工作，并将品牌命名为 MY FATHER，以向 Garcia 致敬，并于 2008 年首次亮相，此后一直在不断扩张并屡获殊荣。现在，Garcia 家族已拥有两大雪茄烟工厂，一家精品工厂位于多拉尔，拥有 12 个雪茄烟配方及由 Garcia 本人训练的卷制专家团队；另一个是尼加拉瓜 Estelí 的 Garcia 家庭工业园，拥有 300 多个熟练的雪茄烟卷制工人。Garcia 家族每年生产数百万支雪茄烟。

产品特色：混合雪茄烟具有比较高的浓郁度和强烈的风味，因独特的强度、丰富度和辛辣的香气相结合而闻名于世。

产品规格：有 3 个系列 MY FATHER Le Bijou 1922、特别版和基础系列。基础系列有 6 种规格，采用数字 1～6 编号。

二、国内雪茄烟品牌

（一）长城（图 8-19）

图 8-19　长城

长城是国产雪茄烟的领军品牌，长城雪茄厂是目前亚洲最大的雪茄烟生产基地，年产能 50 亿支。从创牌伊始，长城雪茄烟产品销量、销售额、市场份额一直稳居国产雪茄烟第一。长城的多款雪茄烟产品先后上榜 *Cigar Journal* 和 *Cigars Lover* 国际杂志，斩获盲评高分。

长城雪茄烟产品结构丰富，手工雪茄产品主要有 4 个系列：GL 系列、国际系列、132 系列和盛世系列；机制雪茄有迷你、骑士、醇雅、132 醇味和毛氏等系列。

GL 系列包括 GL1 号、GL3 号、胜利、GJ6 号、生肖版等。国际系列包括唯佳金字塔、揽胜 1 号、揽胜 3 号经典等。132 系列包括 132 益川老坊 3、132 奇迹、红色 132、132 记忆、毛氏 1 号等。盛世系列包括经典 2 号、盛世奇迹、盛世

3 号、盛世 6 号等（图 8-20）。

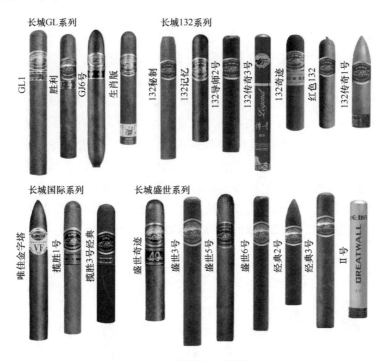

图 8-20　长城手工雪茄产品

迷你系列包括迷你原味、迷你咖啡、迷你香草、132 迷你 2 号和 132 迷你 3 号。骑士系列包括骑士 1 号和骑士 3 号。醇雅系列包括醇雅奶香和醇雅陈皮薄荷。毛氏系列包括毛氏 2 号和毛氏 13 号。

（二）黄鹤楼（图 8-21）

图 8-21　黄鹤楼

湖北中烟为 20 世纪初南洋烟草公司的汉口分公司，下设武汉、襄阳、三峡、红安、广水、恩施 6 个卷烟厂，其中三峡厂承担雪茄烟研发、生产任务。2018 年黄鹤楼品牌跨越双千亿（销量过千亿支，销售额过千亿元）大关，成为行业第五个千亿品牌。黄鹤楼品牌始终倾心打造"雪雅香"品类文化和坚持"香、甜、醇、净、柔"风格定位，包括雪之梦、雪之韵和雪之景三大系列。

雪之梦系列包括公爵、雪之梦 2 号、雪之梦 3 号、雪之梦 5 号、雪之梦 6 号、雪之梦 7 号、雪之梦 8 号、雪之梦 9 号、雪之梦 10 号，均为手工雪茄，主攻单支零售 50 元以上的高端雪茄烟市场，与进口雪茄烟竞争，主要满足专业品鉴、尝试消费和礼品消费需求。雪之韵系列包括雪之韵 2 号、雪之韵 6 号，主要为半机制雪茄，主攻单支零售 10~30 元的中端雪茄烟市场，主要针对雪茄客日常消费和入门消费者品鉴。雪之景系列包括雪之景 2 号、雪之景 9 号、雪之景 10 号、迷你醇味，主要为机制雪茄，承接卷烟消费向雪茄烟消费的迁移与引导（图 8-22）。

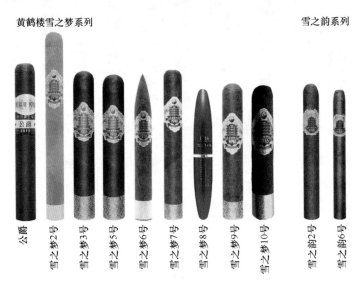

图 8-22 黄鹤楼手工雪茄产品

（三）泰山（图 8-23）

泰山品牌发展历史悠久。早在清朝光绪年间以兖州为核心的雪茄烟叶种植与生产就已开始，山东兖州人创办了全国第一家琴记雪茄烟厂，不但使山东成为我国近代烟草工业的发祥地，更使其成为东方雪茄烟的原生地。从清朝光绪年间的"贡烟"到现在的山东雪茄烟，始终坚持以品质为根、以文化为媒。

2018 年山东中烟建立具有自主知识产权的泰山雪茄烟特色工艺技术体系和质量控制标准，形成泰山、将军两大品牌的巅峰、战神、3G、巴哈马、豹五大系列。

图 8-23　泰山

手工雪茄由巅峰和战神系列构成，巅峰系列包括巅峰 2 号、巅峰 5 号、巅峰 6 号和都市丛林；战神系列包括战神 1 号、战神 3 号、战神 4 号、战神 5 号、超级战神、将军 6H 和大力神（图 8-24）。机制雪茄烟由战神荣耀、巴哈马和 3G 系列构成，3G 系列包括 3G 原味、3G 沉香、3G 咖啡、3G 水蜜桃。

图 8-24　泰山手工雪茄产品

泰山品牌的雪茄烟架构清晰、梯次合理、风味各具特色，得到国内外雪茄烟爱好者的广泛好评，一直致力于结合国内口味倾力打造"暖、甜、香"品类，具有山东茄韵的显著特征。

（四）王冠（图 8-25）

王冠雪茄烟厂是我国一家拥有百年历史的手工卷烟工厂。王冠品牌自 1978 年创立以来，以优秀的品质深受我国雪茄烟消费者的喜爱。1997 年安徽中烟与多

图 8-25　王冠

米尼加雪茄烟公司开展技术合作，聘请该公司经验丰富、技艺高超的雪茄烟技术人员为其培训出百余名专业的高档雪茄烟技师，大大提升了生产技术水平。该品牌的产品包括国风系列、假日系列、国粹系列和原味系列。

国风系列包括梅兰竹菊、茶马古道、智者 010 和古建三绝等。国粹系列包括小国粹、大国粹、国粹风度、国粹满堂彩等。假日系列包括蓝色假日、假日阳光、假日黄金海岸等。原味系列（机制）包括原味 1 号、原味 2 号、原味 3 号、原味 9 号等（图 8-26）。

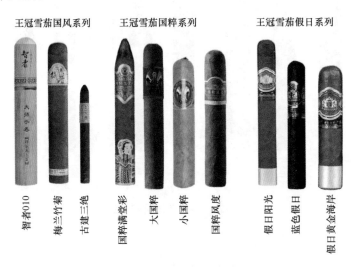

图 8-26　王冠手工雪茄产品

王冠品牌致力于精选全球优质烟叶原料，以打造"温、润、醇、实"的中国味道，成为中式雪茄烟的"典范代表"。同时，王冠品牌不断探索"中高端"手工雪茄的发展道路，以打造中式雪茄烟标志性文化品牌，助力开创"中式雪茄烟新时代"。

第三节　雪茄零售终端

一家专业的雪茄零售终端究竟专业在哪里？

首先，必须区分雪茄与其他异味烟草制品，包括香型雪茄、过滤嘴雪茄、非天然茄衣雪茄等，不然充其量只能是一家卖雪茄的商店。因为谁都不希望他的一支高档雪茄被廉价的异味所污染。

其次，必须具备一个雪茄养护环境，即雪茄柜或雪茄房，可供整盒雪茄养护。

最后，必须有一个品抽环境，因为有时消费者会先抽一支再决定是否购买整盒雪茄。

一家专业的雪茄吧呢？

除上述要求外，一家专业的雪茄吧还必须包括：私人雪茄储存柜，以供会员储存和代为养护雪茄；专业的雪茄配件供使用及销售；舒适的雪茄品鉴环境；与雪茄相适配的灯光、音乐、书刊、饮品等（图8-27）。

图 8-27　雪茄零售终端

一、零售终端建设

（一）硬件建设

硬件包括雪茄养护环境、空调系统、墙地和窗帘、沙发和灯光等。

1. 雪茄养护环境

雪茄养护环境是整个雪茄零售终端的灵魂。根据现有场地状况及相关预算，可供选择的雪茄养护环境包括步入式雪茄房、电子雪茄柜、木制雪茄柜、雪茄保湿箱，其中步入式雪茄房为最佳。雪茄养护环境的用途主要是供门店库存、展示和销售雪茄；代客储存和养护雪茄（图8-28）。

图 8-28　雪茄养护环境

专业的雪茄零售终端一定要具备专业的雪茄养护设施。雪茄零售终端无关大小，纵观世界各地的雪茄零售终端，尤其是欧洲，有些甚至已是百年老店，但依旧是一家开设在靠近商业区的闹中取静小道上的不起眼小店，有些甚至进去后都没有站的地方，但雪茄品种齐全、养护精到！当然一个步入式雪茄保湿房，其本身就构成雪茄零售终端的一道独特和养眼的风景！

雪茄养护设施为金贵的雪茄提供珍藏的地方，并非哗众取宠，而是必须具备。众所周知，雪茄养护的基本条件就是双70，即温度70°F（相当于20℃左右），湿度70%，这就需要我们为雪茄建立一个良好的符合要求的存放空间。基于以上条件，雪茄保湿房可以根据每个店的实际情况，或大到20～30m²，或小到4～5m²，又或只是一个雪茄保湿柜或雪茄保湿盒，但选材一定要慎重！西班牙雪松木是当仁不让的最佳选择，如果预算有限，与雪茄直接接触的表面用雪松木，而其他部位用其他木材替代，或退而求其次，选用加拿大、南美雪松木，就和是用法国橡木桶还是波兰橡木桶来陈酿葡萄酒一样。保湿房禁止选用有异味的装修，其会破坏雪茄醇厚的茄香，因为烟草非常容易吸附周围的味道。

2. 空调系统

雪茄零售终端要具备独立的空调系统，绝对不能接入中央空调，以确保排出的烟气未被别人吸入而成为二手烟。雪茄保湿房还要具备能够24h运行的静音空调、补水空调，以保障恒温恒湿。品鉴区域要配备独立运行的新风和排风系统，并且可根据抽烟人数分级开启，以控制室内空气交换频次。

这一硬件在整个雪茄零售终端建设中无论是应控烟法律要求，还是应雪茄养护需求或消费者诉求都是必须的，为第二重要。

3. 地板、墙饰与窗帘

雪茄零售终端建议选用实木地板，不要全铺厚重的地毯，可以选用一小块加以点缀，但必须经常拿去户外清洁。墙饰建议选择木质护墙板、油漆涂料或者包皮革，杜绝选用墙布、墙纸。也不建议选择过于厚重的窗帘。上述选材主要是有利于烟味散发，可保持环境清新、不留杂气杂味。

4. 沙发

推荐选择皮质、宽大、舒服、大进深、宽扶手、高靠背的沙发，总之要让雪茄客一次就能舒适地坐上 45min 以上，这是抽一支雪茄所需的最少时间。

5. 灯光

柔和的暖光源、间接非直射光源，要让人感觉舒适和温馨（图 8-29）。

图 8-29　雪茄零售终端环境

（二）软件配置

软件包括配饰、音乐与视频、休闲读物、适配饮品等（图 8-30）。

1. 配饰

分为知识性和趣味性配饰，知识性配饰包括雪茄尺寸图、雪茄品牌图、雪茄种植和生产过程图等；趣味性配饰包括印第安雕像、雪茄名人照片、雪茄烟田与雪茄工厂照片、雪茄茄标、雪茄盒贴等，都强烈建议用作门店软装饰。

2. 音乐与视频

拉丁、爵士、古典音乐被较多推荐用来搭配令人愉悦与快乐的雪茄。其他还有经典歌剧、巴萨诺瓦（Bossa Nova）等，代表性的是诺拉琼斯、小野丽莎、帕瓦罗蒂、波切利等音乐剧。或者选择加勒比音乐，节奏明显，每个音符都透着快乐和激情！

图 8-30　雪茄零售终端软件配置

3. 休闲读物

中外雪茄相关杂志、书刊是第一推荐。一本专业的雪茄杂志对于一个专业的雪茄零售终端是必不可少的，雪茄客习惯从中了解雪茄新品、休闲指南，还有雪茄客的活动预告等。

4. 适配饮品

如果问雪茄客抽雪茄时会搭配什么饮品？回答虽然五花八门，但是细细总结一下也就是那些答案：酒、水、茶、咖啡等，根据个人喜好皆可（图 8-31）。最常见的选择肯定是酒，尤以烈性酒较配，如干邑、威士忌、朗姆酒、白兰地等，其中干邑、威士忌等烈酒被大多数雪茄客所钟爱。茶也可，建议发酵茶，如普洱、乌龙、铁观音、红茶。咖啡也是雪茄的好搭档，是让人心情平静的良药，尤其是在咖啡文化发达的西方，很多人认为雪茄和咖啡是理所当然的最佳搭档。或者只

图 8-31　雪茄配饮

是一杯温水。何种选择完全都是个人喜好，如果选择加勒比风情的朗姆酒，耳边还有欢快的加勒比音乐，那就仿佛置身于阳光照射的快乐加勒比海岸，是许多雪茄客喜欢的那种雪茄起源地原汁原味的感觉。

5. 专业雪茄用具

供雪茄客现场使用的雪茄用具要齐全、合适，包括雪茄剪刀、雪茄切刀、"V"形切刀、打孔器、喷枪、火柴、杉木条等，必须规格齐全，因为个人喜好不同。此外，还需要配备雪茄专用烟灰缸、雪茄支架、雪茄疏通针等。

二、零售终端建设风格

（一）中式古朴典雅风格

中式古朴典雅风格的主要特征是以木材为主要建材，充分发挥木材的物理性能，创造出独特的木结构或穿斗式结构，讲究构架制原则，建筑构件规格化，重视横向布局，用装修构件分合空间，注重环境与建筑的协调，用环境创造古朴典雅的氛围，运用水墨画、雕刻、书法和工艺美术、家具陈设等艺术手段来营造意境（图 8-32）。

图 8-32　中式古朴典雅风格零售终端

（二）加勒比海拉丁风情

加勒比海的建筑风格深受其历史背景和地理位置影响，融合了荷兰和西班牙殖民地的建筑特色，呈现出色彩鲜艳明快的特点，让人感觉仿佛来到了童话小镇。加勒比海拉丁风情雪茄零售终端的墙上常常绘制壁画，给人一种欢快热情的感觉，还设有酒水吧台，特别重要的是整个音乐系统的配置是非常完善的。总的来说，加勒比海拉丁风情是多元文化的体现，融合了不同历史时期和地域的特征，形成了丰富多彩的建筑和装饰特点（图 8-33）。

图 8-33　加勒比海拉丁风情雪茄零售终端

建设专业的雪茄零售终端目的是为雪茄消费者创造一个舒适的选购和享用环境。

三、零售终端建设模式

（一）哈伯纳斯（Habanos）模式

Habanos 模式即以高端消费者体验为核心的商业运作模式，在产品上通过追求品质、创新、独特性等来引领消费者进行高端消费体验。Habanos 公司是在终端成立高端俱乐部,同时在全球 50 多个国家拥有超过 140 家门店的全球特许雪茄门店，施行会员制，会定期策划一些专题活动，让消费者体验高端生活；在经销合作商上集中资源在重点有潜力的客户上，帮助客户成长，将其变成合伙人，形成市场典范。

Habanos 模式有四类线下店：哈瓦那之家、高希霸俱乐部、Habanos 专卖店、Habanos 体验店。

1. 哈瓦那之家

很多国家的不少城市有哈瓦那之家（La Casa del Habanos，LCDH），店里销售的都是古巴雪茄，是古巴雪茄运营商 Habanos 公司旗下的一类雪茄零售终端。

哈瓦那之家的建立其实早于 Habanos 公司，原本是隶属于古巴国家烟草公司的特许经营店，早在 1990 年第一家哈瓦那之家就在墨西哥开业，现在全球已经超过 150 家。1994 年 Habanos 公司成立，古巴雪茄特许经营权转移到 Habanos 公司，形成由 Habanos 公司统一管理的哈瓦那之家雪茄零售店。

一个哈瓦那之家通常只能销售 Habanos 公司旗下的古巴雪茄，拥有吸烟室，也可以寄存雪茄，每年还能拥有专门为哈瓦那之家零售店制作的特别版本。

2. 高希霸俱乐部

高希霸俱乐部以 Habanos 最顶级的雪茄品牌高希霸命名，属于会所形式，是 Habanos 模式四类线下店中功能最齐全的，除了雪茄之外，还提供各类酒水饮料，不少高希霸俱乐部还会提供精致的餐饮。

3. Habanos 专卖店

Habanos 专卖店是由 Habanos 公司代理商开设的线下雪茄零售终端，由当地代理商独立运营和管理，最大的特点是店里不仅销售 Habanos 公司旗下的古巴雪茄，还会销售其他地区的雪茄，不过店里必须有 50% 以上的雪茄来自 Habanos 公司。

4. Habanos 体验店

Habanos 体验店是最近兴起的一类新形式的实体店，分为 Habanos 朗致和 Habanos 特勒斯两类。严格来说不是雪茄专门店，而是以雪茄文化为主的高档餐厅。这类店由 Habanos 公司分区大代理商在自己的市场领域跟某些高端餐饮店合作开设，让这些餐饮店代理销售雪茄，并举办雪茄相关社交活动。全球第一家 Habanos 体验店 2017 年在意大利开业，到现在为止全世界也就四五家。

（二）大卫杜夫（Davidoff）品牌旗舰店

Davidoff 是世界各地公认的雪茄烟品牌，其"作物到店"的理念始于品牌的创始人 Zino Davidoff，并已奠定基础。如今，此理念已经发展成 Davidoff 品牌与众不同的深厚传统，每个环节的严苛与一致锻造了品质精良的雪茄。位于日内瓦的 Davidoff 品牌旗舰店的设计以时尚、高科技为主，混合了瑞士风格，具有超大的 LED 显示屏和隐藏式扬声器。曼哈顿 2000 平方英尺（1 英尺=0.3048m）的 Davidoff 品牌旗舰店正在寻找全面控制显示屏和扬声器的方案，以使音视频系统自动化运作并便于使用，同时提供不受干扰的细致视觉体验。Davidoff 品牌旗舰店一般由 5 个区域组成，分别为门廊区、销售区、吸烟区、休息区和办公区，通过与暗装音频系统相结合，提供了一种无形的音频体验。

Davidoff 品牌旗舰店遍布全球，目前已发展到 700 家，我国主要分布在香港、澳门、厦门等。Davidoff 香港半岛品牌旗舰店于 1973 年开设在历史悠久的九龙半岛酒店，是 Davidoff 雪茄在亚洲的第一家品牌旗舰店。

（三）长城优品生活馆

长城优品生活馆类似于古巴 Habanos 公司旗下的哈瓦那之家，是国内首个集烟草、咖啡、轻食、书籍与文创产品五大生活元素于一体的以雪茄烟草文化为主题的烟草跨界集合店，是文化、思想、格调的综合呈现。在轻消费的同时，传播雪茄文化，让更多人有机会与雪茄进行第一次轻松的亲密接触。

目前，已在上海、江苏、湖南、云南、青海、内蒙古6个省份开办34家长城优品生活馆，其中直营店6家，加盟店28家，辐射成都22区市县。长城优品生活馆从成都走向四川，又扩张至全国，将成都经验普及到四面八方，不仅创造了雪茄行业的新动能，还打造了一个新的四川文化品牌符号。2018年被评为行业终端创新第一名，2019年被评为四川十大文创品牌。

（四）雪茄吧

雪茄吧是诸多雪茄零售终端的一个统称，作为雪茄客和雪茄交流的桥梁，在雪茄文化传播上有极其重要的作用。因此雪茄吧要求较高，需要设立保湿屋、展销区、配件区、评鉴区、VIP柜、文化传播区等多个功能区域。

雪茄吧多数是民营个体经济，设计风格多样、形式多样。目前国内的雪茄吧主要有1916品牌旗舰店、战神品牌旗舰店、王冠品牌旗舰店、雪茄客及其他雪茄体验馆吧。

雪茄客俱乐部成立于2006年，目前在上海、北京、深圳等城市开设了5家门店，是一个聚集生活在中国的对雪茄文化感兴趣的雪茄客交流平台，采取自愿加入和退出方式，宗旨是为中国专业的雪茄迷提供优质的雪茄和服务，满足其各类需求，让会员相互协同，身心健康，共创美好的事业和生活。

四、零售终端服务

（一）雪茄文化普及

雪茄零售终端客服专员必须了解雪茄知识。雪茄专业知识是每一位雪茄零售终端店长和店员必须具备的，可以不知其所以然，但必须知其然，至少是粗线条的、基础的知识。

1. 雪茄原料

雪茄烟叶从育苗到田间种植需时4个多月。茄芯烟叶采用阳植栽培，茄衣烟叶大多采用阴植栽培，烟叶加工包括自然风干6周左右、发酵6～12个月、醇化12～24个月，任何一片被用来卷制高档手工雪茄的烟叶都需经历至少2～3年的生产周期。

2. 卷制工艺

首先是烟叶原料准备，包括加湿还原、去梗、分级，然后是雪茄卷制，之后是雪茄养护 3～12 个月，最后是雪茄杀虫、加标、盒装、储运、分销。到消费者手中得经过 1 年。

3. 雪茄结构

一支高档手工雪茄包括茄芯、茄套、茄衣三部分。

4. 高档手工雪茄

定义为全长烟叶卷制的全天然、全手工、品质稳定一致的雪茄。

5. 雪茄醇化

高档雪茄卷制完成后还必须进一步醇化，包括在工厂、门店以及销售期间、个人购买后，以使其达到最佳的享用状态。雪茄醇化需要恒温恒湿环境，一般在温度为 20℃、湿度为 70% 的条件下醇化养护（图 8-34）。

图 8-34　雪茄醇化房

雪茄零售终端客服专员还必须及时了解行业动态和发展趋势。最新动态包括新品、年份版、限量版、地区版、年度雪茄评分和获奖雪茄，雪茄行业每年会出很多新品，而且会对雪茄进行评选。发展趋势包括浓淡、口味、尺寸、形状、烟叶产地等。

（二）侍茄服务

侍茄服务主要包括雪茄养护、雪茄与配饮推荐及雪茄切、点服务。

1. 雪茄养护

好的品质固然重要，但是雪茄养护更为重要，因为一支高品质的雪茄如果养护不当将会在你手上毁于一旦。雪茄烟叶的处理工艺决定了其不仅在种植过程中具有生命，而且采摘后生命还在延续，包括晾制、发酵和醇化过程，使生命达到最鼎盛阶段，然后是卷制及成品雪茄的进一步陈年。我们就是在期待其生命的延续，以使其在某一天达到可供我们享用的最佳状态，或者保值升值。

雪茄如何养护？分两部分：物理养护和人为养护。

雪茄养护所用到的承载装置或环境设施必须用雪松木制造或建造而成。无论是最小的旅行用便携式雪茄盒，家或办公室的雪茄保湿箱或雪茄柜，还是大型步入式雪茄房，所选用材质必须是雪松木，而且必须是无漆无胶的原材，至少确保内壁如此。高档手工雪茄和香型雪茄绝对不能同处一室。

雪茄养护的外部环境必须恒温恒湿，必须养护在双 70 的温湿度环境下，即湿度 70%，温度 70°F。千万不能放冰箱养护，因为一旦处于 14℃ 以下雪茄即停止生命（陈年），可以通过空调和加湿器调节温湿度，但运作指标必须恒定。

雪茄养护所需的其他配件包括一个精准的温湿度计，烟叶甲虫捕虫剂。一旦发现烟甲虫，环境内的所有雪茄必须进行杀虫处理，然后严格检查并剔除已被甲虫啃咬过的雪茄。温湿度计需要定期调校，捕虫剂应具有时效性。

雪茄养护中，由一位接受过培训的专业人员戴上手套定时检查每一支雪茄，包括定期调整雪茄房和翻转雪茄箱中雪茄位置；定期通过手指拿捏检查雪茄干湿度；翻转每一支雪茄检查其是否发霉、爆裂破损等。

雪茄养护中，定期开门或开箱以使养护环境通风换气。因为在陈化过程中雪茄的生命还在延续，消耗氧气的同时会释放异味，所以需要定期进行空气交换。

雪茄零售终端不仅对自己的库存雪茄进行养护，还为老客户或会员提供专业的养护服务，客人可以将自己购买或收藏的雪茄放到店里的私人雪茄柜存放，让门店代为养护和保管。雪茄的养护质量是一个雪茄客最为关注的问题。

雪茄零售终端提供专业服务时，服务人员首先要戴上白手套，因为客人最终会将你递上的雪茄送入口中；然后切雪茄时必须询问对方对切口大小的喜好，因为这是非常个性化的；最后点雪茄时需要询问是否需要代点服务，以及选用何种点燃方式。

2. 雪茄推荐

如何挑选一支好雪茄？这是雪茄零售终端的店长最常被问及的一个问题。无论是作为消费者购买雪茄，还是以雪茄零售终端店长的身份向顾客推荐雪茄，店长通常采用的方法是逐步缩小目标范围，因为合适的才是最好的。

其一是时间，你有多少时间来抽这支雪茄？尽管我们常说没有抽完的雪茄可以留待下次再抽，但即使将已经炭化的部分全部切除，剩下的那段雪茄单独放入保湿袋中还是会有一股焦糊味，进而影响继续享用雪茄。因此，建议有多少时间就选择一支尺寸合适的雪茄，可以避免客人过度消费的尴尬局面。一支 Petit Corona 适合 20min 享用，一支 Corona 适合 30min 享用，一支 Robusto 适合 40min 享用，一支 Pyramid 适合 50min 享用，一支 Churchill 适合 60min 享用。这是缩小雪茄选择范围的第一步，雪茄的选择由个人所处的状况决定。

其二是尺寸，尤指雪茄的环径，你偏好什么尺寸的雪茄？在相同的时间范围内，可选雪茄可以是细一点长一点的，也可以是粗一点短一点的。雪茄粗细选择属于个人偏好，通常情况下瘦小个偏好细点的雪茄，高胖个偏好粗点的雪茄，这样拿在手上看上去比较适配。这是缩小雪茄选择范围的第二步。

其三是形状，你喜好什么形状的雪茄？大多数雪茄是圆柱形的 Parejos，一些是金字塔形的 Pyramid，一些是鱼雷形的 Torpedo，也有双尖鱼雷形的，还有鸭嘴形的 Chisel、蛇形的 Culebra、不规则形的 Figurados、Salomon 等，哪种选择还是因人而异。这是缩小雪茄选择范围的第三步。

其四是浓郁度，你喜好怎样浓郁度的雪茄？雪茄有浓烈型的，是大多数美国雪茄客的选择，也有中等偏浓烈型的、中等浓烈型的、中等偏淡型的、淡雅型的。个人对雪茄浓烈度的接受程度不同，当然选择也不尽相同，属个人适宜性问题，绝对要适配，尤其对于雪茄入门者不能过于浓烈，否则会晕、会适得其反。这是缩小雪茄选择范围的第四步。

其二至四三个问题完全由个人对雪茄的喜好决定，此刻可被你选择或是推荐的雪茄缩小到只剩下 4～5 个品规，接下来的三步便是最终决定步骤。

其五是价格，请问你预设的价格范围是多少？每位消费者心里都有一个价格底线，这样的提问方式可谓一点不失体面，也许去掉一个最高价和最低价，只剩下 2～3 款雪茄。这是缩小雪茄选择范围的第五步。

其六是场合，请问你会在什么场合品抽？请客送礼当然要贵一点而且是大牌货，参加聚会活动当然要好一点，自家抽吸当然要实惠一点，剩下的选择不是其一就是其二。这便是缩小雪茄选择范围的第六步。

其七是质量，此时你已无须多言雪茄的选择，顾而言他吧，带他参观一下雪茄房，雪茄的质量自然很重要，但正确的养护方法决定着雪茄质量。这便是缩小雪茄选择范围的最后一步。

因此，逐步缩小选择范围是雪茄销售的基本技巧。

（三）文创产品介绍

文创产品包括雪茄配件、酒、咖啡、礼品等。别小看这些配角，雪茄品吸环境的营造往往离不开他们。尤其是那些兼有雪茄俱乐部或者会所性质的雪茄零售终端，其并不是只销售雪茄，更多的是提供与雪茄相关的各类产品和服务，营造一种独特的雪茄文化氛围。如果说雪茄零售终端的雪茄选择要充分考虑消费者的类型、茄龄、习惯等因素，那么这些因素同样适用于配套产品选择，各种档次和风格都应兼顾到。雪茄保湿盒、雪茄皮套、打火机、喷火枪、雪茄剪刀、雪茄专用烟灰缸等，无论是知名的进口品牌，还是经国内先进工艺制成的外贸出口品牌，都能找到心仪其的主人。其中，光保湿盒就分为家庭用、办公室用、旅行用、会朋友用、车用、收藏用等。文创产品是提升雪茄销售业绩、进一步促进雪茄销售的营销手段（图8-35）。

图 8-35　雪茄文创产品

正确的尺寸、形状和浓郁度，良好的养护，合适的工具，完美的环境，美妙的音乐，恰当的配饮，当你拥有这一切，那么此时此刻的选择对你来说一定是一支最佳的雪茄，享受一段美好时光吧！

五、一支雪茄的诞生

雪茄对烟叶原料的质量要求较高，烟叶原料的生产环节主要包括选择适宜区、选择良种、培育壮苗、栽培管理、适熟采收、晾制、农业发酵、工业发酵、醇化养护、分拣分级、手工卷制和烟支养护等过程（图8-36），从一粒种子到一支雪茄，整个生产周期至少需要 18 个月，雪茄生产属于资金投入大、技术含量高、劳动用工多、生产周期长的设施农业。一支雪茄的诞生是科技与经验的结晶。

放眼世界，非古雪茄烟叶产区依然离不开古巴种子、古巴工艺，无不严格遵循"古巴方法"、种植"古巴品种"和执行"古巴技术"。只有每一个环节都百分之百执行到位，才能以匠心铸就"黄金烟叶"。因为独特的气候条件、稀缺的优良品种、精益的生产工艺，雪茄从一开始就注定是世界精英的标识之一。

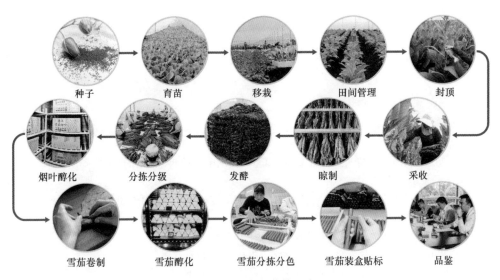

图 8-36　一支雪茄的诞生

参 考 文 献

蔡斌, 耿召良, 高华军, 等. 2019. 国产雪茄原料生产技术研究现状. 中国烟草学报, 25(6): 110-119.

邓弋戈. 2021. 鄂西南雪茄烟品种筛选及施氮量和调制密度对烟叶品质的影响. 郑州: 河南农业大学硕士学位论文.

杜佳, 徐世杰, 徐丽芬, 等. 2017. 海南茄衣人工发酵过程中非挥发性有机酸的变化. 西北农林科技大学学报(自然科学版), 45(6): 83-88.

韩富根. 2010. 烟草化学. 北京: 中国农业出版社: 1-345.

胡荣海. 2007. 云南烟草栽培学. 北京: 科学出版社: 197-495.

江鸿. 2013. 留叶数和成熟度对雪茄烟叶生长与品质的影响. 雅安: 四川农业大学硕士学位论文.

金敖熙. 1980. 雪茄与晒晾烟. 中国烟草, (2): 41-43.

金敖熙. 1982. 雪茄烟生产技术. 北京: 轻工业出版社: 1-127.

寇明钰, 汪长国, 戴亚, 等. 2012. 蛋白酶降解雪茄芯叶蛋白质及发酵条件优化//2012 年中国烟草学会工业专业委员会烟草工艺学术研讨会论文集. 杭州: 2012 年中国烟草学会工业专业委员会烟草工艺学术研讨会.

李林林, 王荣浩, 陈栋, 等. 2019. 基于模糊数学综合评价雪茄烟用美拉德反应产物的加香效果. 烟草科技, 52(11): 41-49.

李宁, 汪长国, 曾代龙, 等. 2012. 蜡样芽孢杆菌(*Bacillus cereus*)筛选鉴定及在雪茄烟叶发酵中的应用研究. 中国烟草学报, 18(2): 65-69.

刘敏. 2017. 不同有机物配施化肥对植烟土壤和烟株营养效应的研究. 郑州: 河南农业大学硕士学位论文.

刘子涵. 2022. 不同肥料处理对海南雪茄烟生长及烟叶品质的影响研究. 郑州: 郑州工业大学硕士学位论文.

罗梅浩, 李正跃. 2011. 烟草昆虫学. 北京: 中国农业出版社: 1-38.

莫娇. 2017. 马杜罗茄衣发酵过程中常规化学成分和中性气物质变化规律研究. 郑州: 河南农业大学硕士学位论文.

饶雄飞, 樊俊, 吴哲宽, 等. 2023. 晾制湿度对雪茄茄衣烟叶颜色的影响. 烟草科技, 56(8): 28-34.

时向东, 张晓娟, 汪文杰, 等. 2006. 雪茄外包皮烟人工发酵过程中香气物质的变化. 中国烟草科学, (1): 1-4.

谈文, 吴元华. 1995. 烟草病理学教程. 北京: 中国科技出版社: 1-165.

陶健, 刘好宝, 辛玉华, 等. 2017. 古巴 Pinar del Río 省优质雪茄烟种植区主要生态因子特征研究. 中国烟草学报, 23(5): 56.

佟道儒. 1997. 烟草育种学. 北京: 中国农业出版社: 1-215.

万德建, 吴创, 杜佳, 等. 2017. 雪茄烟叶发酵方法研究进展. 山西农业科学, 45(7): 1211-1214.

许美玲, 李永平. 2009. 烟草种质资源图鉴. 北京: 科学出版社: 1-20.

闫克玉, 赵献章. 2003. 烟叶分级. 北京: 中国农业出版社: 1-170.

闫新甫. 2011. 中外烟叶等级标准与应用指南. 北京: 中国标准出版社: 1-800.

杨焕文, 刘彦中, 崔明午, 等. 2000. 深色晾烟晾制过程中一些重要化学成分的变化. 华中农业大学学报, (4): 399-402.

杨荣洲. 2022. 不同施肥栽培技术对雪茄烟生长和品质生理的影响. 武汉: 华中农业大学硕士学位论文.

杨月先, 李宗平, 付庆灵, 等. 2022. 采收和晾制方式对雪茄烟中上部烟叶品质的影响. 烟草科技, 55(8): 28-34.

姚芳. 2017. 海南茄衣叶面微生物鉴定及其在人工发酵过程对雪茄烟叶品质的影响. 郑州: 河南农业大学硕士学位论文.

叶科媛, 刘路路, 卢瑞琳, 等. 2022. 不同成熟度和晾制方式对雪茄烟叶品质的影响. 浙江农业科学, 63(7): 1584-1587.

张嘉雯, 卢绍浩, 赵铭钦, 等. 2020. 植烟密度对雪茄烟叶碳氮代谢及品质的影响. 中国烟草科学, 41(4): 95-100.

张倩颖, 罗诚, 李东亮, 等. 2020. 雪茄烟叶调制及发酵技术研究进展. 中国烟草学报, 26(4): 1-6.

张思唯, 李金奥, 刘博远, 等. 2022. 打顶方式对雪茄烟烟叶氮素积累及品质的影响. 作物杂志, (1): 184-189.

朱换换. 2015. 钾肥对海南茄衣生长发育和品质的影响. 郑州: 河南农业大学硕士学位论文.

Dixon L F, Darkis F R, Wolf F A, et al. 1936. Tobacco1: Natural aging of fluecured cigarette tobaccos. Industrial & Engineering Chemistry, 28(2): 180-189.

English C F, Bell E J, Berger A J. 1967. Isolation of thermophiles from broadleaf tobacco and effect of pure culture inoculation on cigar aroma and mildness. Applied Microbiology, 15(1): 117-119.

Espino Marrero E M, Uriarte Mosquera B E, Cordero Hernández P L. 2012. Instructivo Técnico para el Cultivo de Tabaco en Cuba. Instituto de Investigaciones del Tabaco & Ministerio de la Agricultura: 1-148.

Frankenburg W G. 1946. Chemical changes in the harvested tobacco leaf: Part I. Chcmical and enzymic conversions during the curing process. Advances in Enzymology and Related Areas of Molecular Biology, (6): 309-387.

Frankenburg W G. 1950. Chemical changes in the harvested tobacco leaf. II. Chemical and enzymic conversions during fermentation and aging. Advances in Enzymology and Related Areas of Molecular Biology, 10: 325-441.

Frankenburg W G, Gottscho A M. 1952. Nitrogen compounds in fermented cigar leaves. Industrial & Engineering Chemistry, 44(2): 301-305.

Jensen C, Parmele H. 1950. Fermentation of cigar-type tobacco. Industrial & Engineering Chemistry, 42(3): 519-521.

Maillard L C. 1912. Action des acids amines sur les sucres: Formation des melanoidines par voie methodique Comptes R. Acad Sci, 2: 66-68.

Mederos A G. 2012. Morphological, chemical and physical characterization of the cultivar 'Criollo

2010'. Cuba Tabaco, 13(2): 24-29.

Neuberg C, Burkard J. 1930. Some new nitrogenfree components of tobacco smoke. Biochemistry, 243: 172-475.

Pérez M C G. 2004. Instructivo tecnico para el acopio y beneficio del tabaco negro al sol ensartado. Instituto de Investigaciones del Tabaco: 1-140.

Reid J J, Gribbons M F, Haley D E. 1944. The fermentation of cigar leaf tobacco as influenced by the addition of yeast. Journal of Agricultural Research, 69(9): 373-381.

Zelitch I, Zucker M. 1958. Changes in oxidative enzyme activity during the curing of Connecticut shade tobacco. Plant Physiology, 33: 151-155.

附录　雪茄烟叶分级标准

1. 行业标准

YC/T 588—2021 雪茄烟叶工商交接等级标准。

2. 地方标准

1）DB53/T 1193—2023 雪茄烟叶鲜叶分级。

2）DB42/T 1549—2020 雪茄烟叶等级质量规范。

3. 云南省烟草专卖局（公司）企业标准

1）Q/YNYC（KJ）.J01—2022 雪茄烟叶原烟商业交接等级标准。

2）Q/YNYC（KJ）.J01—2021 雪茄烟叶工商交接等级标准。